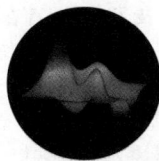

科学与工程
计算技术丛书

控制系统
建模、仿真与设计

基于MATLAB/Simulink的
分析与实现

李怡然　孙中奇　吴楚格◎编著

清华大学出版社

北京

内 容 简 介

本书面向高等学校理工科专业学生和行业工程技术人员,旨在帮助理工科专业低年级学生和相关行业没有编程基础的工程技术人员了解计算机程序设计的基本思想和方法,熟练掌握 MATLAB 工具,引导读者从计算机程序设计的基本概念逐渐过渡到工程实践应用。

全书共分为五篇:第一篇 MATLAB 程序设计基础(第 1～4 章),主要介绍 MATLAB 的基本应用、矩阵和矩阵运算、图形绘制与数据可视化和 MATLAB 程序设计基本方法;第二篇 MATLAB 在自动控制理论中的应用(第 5～9 章),主要介绍使用 MATLAB 工具箱完成线性系统的建模、性质分析、时域响应分析、根轨迹和频域分析方法;第三篇 Simulink 在自动控制理论中的应用(第 10～15 章),主要介绍 Simulink 的基本用法、控制系统典型环节的仿真、控制系统稳定性分析与稳态误差仿真、系统串联校正器设计、PID 控制器设计和非线性系统仿真与分析;第四篇典型控制系统实验(第 16、17 章),选取典型被控对象直流电机系统和旋转倒立摆系统,综合应用 MATLAB、Simulink 及相关工具箱完成硬件在环系统建模、仿真与控制器设计;第五篇项目制控制系统设计案例(第 18、19 章)给出了两个项目制控制系统设计案例"垃圾分拣系统设计"和"平衡球传递系统设计",以项目案例牵引学生进一步深入理解控制系统建模、仿真与设计的方法,培养学生创新意识和综合能力。

本书适合作为高等院校理工科专业本科生和高职高专学生、各类培训机构的教材,也适用于其他专业和行业的工程技术人员作为控制系统仿真、计算机辅助设计等工程应用的自学入门参考读物。

图书在版编目(CIP)数据

控制系统建模、仿真与设计 : 基于 MATLAB/Simulink 的分析与实现 / 李怡然,孙中奇,吴楚格编著.
北京 : 清华大学出版社, 2025. 6. --(科学与工程计算技术丛书). -- ISBN 978-7-302-69355-0

Ⅰ. TP273

中国国家版本馆 CIP 数据核字第 2025NC9107 号

策划编辑:盛东亮
责任编辑:范德一
封面设计:李召霞
责任校对:时翠兰
责任印制:沈　露

出版发行:清华大学出版社
　　　网　　址:https://www.tup.com.cn,https://www.wqxuetang.com
　　　地　　址:北京清华大学学研大厦 A 座　　　邮　　编:100084
　　　社　总　机:010-83470000　　　邮　　购:010-62786544
　　　投稿与读者服务:010-62776969,c-service@tup.tsinghua.edu.cn
　　　质量反馈:010-62772015,zhiliang@tup.tsinghua.edu.cn
　　　课件下载:https://www.tup.com.cn,010-83470236
印　装　者:三河市龙大印装有限公司
经　　销:全国新华书店
开　　本:203mm×260mm　　　印　张:14.25　　　字　　数:371 千字
版　　次:2025 年 7 月第 1 版　　　印　　次:2025 年 7 月第 1 次印刷
印　　数:1～1500
定　　价:59.00 元

产品编号:107624-01

　　党的二十大报告指出,教育、科技、人才是全面建设社会主义现代化国家的基础性、战略性支撑。"以本为本"是大学教育的时代内涵,研究型大学的本科教育必须要融合和依托学科发展,将学科发展特色和精神内涵与知识传授的要求相统一,从而形成以学科背景丰富知识体系、以知识体系传承学科发展的良性互动。本书将工程项目案例融入控制系统设计中,加强案例应用对知识理解的作用,注重控制系统建模、仿真和设计实现,通过基础性设计、综合性设计和项目研究设计等,进一步丰富本书的内容并提升挑战度。

　　控制科学的知识体系一直处于动态发展中,被控对象纷繁复杂,控制性能指标要求日益严格,控制理论与应用技术日新月异。经历了以频域控制为基础的经典控制理论、线性多变量系统控制理论、非线性控制理论等发展阶段,未来的控制科学将向网络化和智能化方向发展。"自动控制理论"和"现代控制理论"是自动化类专业的核心课程,以多门基础理论课程为基础,同时也是后续多门综合类课程的先修课程。课程内容理论性强、概念繁多、数学推导复杂,是解决实际控制系统性能分析、控制器设计等复杂工程问题的基础理论课程。在学习过程中,学生普遍出现对控制系统工程知识接触较少,对控制系统尚无整体认知的问题。本书按照"建模-仿真-系统-场景"的思路,建立多学科融合的特色体系,循序渐进地展开控制系统建模、仿真和设计的方法,并通过创新案例提高学生解决复杂问题的综合能力。

夏元清

2025 年 1 月

于北京市海淀区中关村

　　MATLAB 是一个功能十分强大的开发平台,具有极其丰富的功能,在计算机程序设计、科学计算和数据分析、系统建模仿真与辅助设计和大部分行业(如通信、自动控制、大数据、人工智能和机器学习、金融等)的工程实践中都得到了广泛的应用。与传统的计算机编程语言相比,MATLAB 在解决技术问题方面具有许多优势,主要包括如下几方面。

　　(1)使用方便。MATLAB 是一种解释型程序设计语言,既可以用脚本命令的形式实现程序算法中的各步操作,也可以用于执行大型的程序。使用内置的 MATLAB 集成开发环境,可以轻松地编写、修改和调试程序。

　　(2)平台独立性。MATLAB 支持许多不同的计算机系统,例如,Windows、Linux 和 macOS。在任何平台上编写的程序和数据都可以在所有其他平台上运行和访问。因此,用 MATLAB 编写的程序可以在用户需要发生变化时迁移到新的平台。

　　(3)MATLAB 编译器。MATLAB 的灵活性和平台独立性是通过将 MATLAB 程序编译成独立于设备的代码,然后在运行时解释代码指令来实现的。MATLAB 提供了一个单独的 MATLAB 编译器,可以将 MATLAB 程序编译成真正的可执行文件,其运行速度超过解释的代码。

　　(4)丰富的预定义函数库。MATLAB 提供了大量的预定义函数库,为许多基本技术任务提供了经过测试和预打包的诸多解决方案。除了内置的大型函数库,还有许多特殊用途的工具箱可用于帮助用户解决特定工程领域的复杂问题。例如,利用附加工具箱可以解决信号处理、控制系统、通信、图像处理、人工智能、深度学习和神经网络等方面的工程问题。

　　(5)设备独立的绘图功能。与大多数计算机语言不同,MATLAB 有许多完整的绘图命令,以实现科学计算数据的可视化和图形图像的处理,图像可以显示在计算机所支持的任何图形输出设备上。这些功能使 MATLAB 成为一个用于计算数据可视化的优秀工具,在各种工程领域得到大量应用。

　　(6)图形化的用户界面。MATLAB 系统包括允许程序员为其程序交互式构建图形用户界面的工具。有了这种功能,程序员可以设计出复杂的数据分析程序,可以由相对没有经验的用户操作。

　　本书主要面向具有计算机基础但还没有编程基础的工程技术人员、高等学校低年级学生。从基础的程序设计开始,紧扣理工科专业的人才培养方案和必备专业知识结构,涵盖了控制系统建模、仿真与控制器设计的知识点和控制系统综合设计案例,逐步引导读者进入专业基础课和专业课程的学习。

　　全书主要内容分为五篇,第一篇主要介绍 MATLAB 的基本应用、矩阵和矩阵运算、图形绘制与数据可视化和 MATLAB 程序设计基本方法;第二篇主要介绍使用 MATLAB 工具箱完成线性系统的建模、性质分析、时域响应分析、根轨迹和频域分析方法;第三篇主要介绍 Simulink 的基本用法、控制系统典型环节的仿真、控制系统稳定性分析与稳态误差仿真、系统串联校正器设计、PID 控制器设计和非线性系统仿真与设计;第四篇以典型被控对象直流电机和旋转倒立摆系统为例,综合应用 MATLAB 和 Simulink 及相关工具箱完成硬件在环系统建模、仿真与控制器设计;第五篇给出了两个项目制的控制系统设计案例"垃圾分拣系统设计"和"平衡球传递系统设计",以项目案例为牵引使

前 言

学生进一步深入理解控制系统建模、仿真与设计的方法,培养学生创新意识和综合能力。

本书的主要特色如下。

(1) 内容浅显易懂。本书主要面向控制理论初学者,引导读者打开控制系统建模、仿真与设计的大门,快速掌握控制系统分析和设计的基本概念和方法。章节内容循序渐进、浅显易懂,语言表述严谨、逻辑性强。

(2) 讲练同步融合。各章节在相关内容讲授之后,立即安排适量的例题和同步练习题。所有例题代码都在 MATLAB R2023a 版本上调试通过,同步练习题可以帮助读者自我检查对当前内容的掌握情况,以便及时跟进。

(3) 面向工程应用。控制系统的设计主要是面向工程应用,本书专门用了一整篇(第五篇)的篇幅,介绍控制系统设计在工程中的实际应用,提高学习者的主观能动性和综合能力。

在本书的撰写过程中,特别感谢聂敏老师、杜欣悦同学的大力支持。由于时间仓促,书中难免存在疏漏和不足之处,恳请读者批评指正。

李怡然

2025 年 1 月

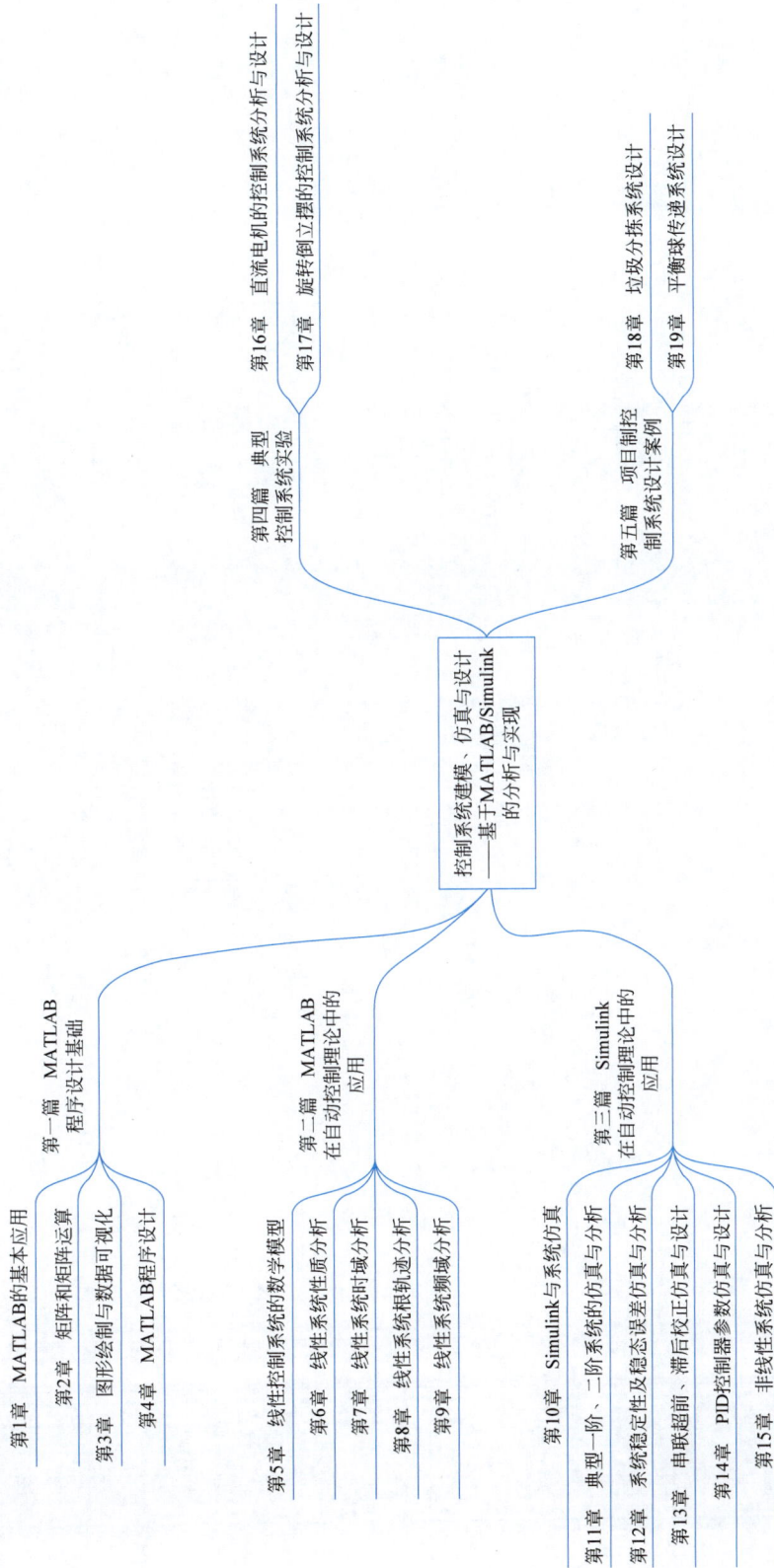

知 识 结 构

控制系统建模、仿真与设计
——基于MATLAB/Simulink
的分析与实现

第一篇 MATLAB
程序设计基础

第1章 MATLAB的基本应用

第2章 矩阵和矩阵运算

第3章 图形绘制与数据可视化

第4章 MATLAB程序设计

第二篇 MATLAB
在自动控制理论中的
应用

第5章 线性控制系统的数学模型

第6章 线性系统性质分析

第7章 线性系统时域分析

第8章 线性系统根轨迹分析

第9章 线性系统频域分析

第三篇 Simulink
在自动控制理论中的
应用

第10章 Simulink与系统仿真

第11章 典型一阶、二阶系统的仿真与分析

第12章 系统稳定性及稳态误差仿真与分析

第13章 串联超前、滞后校正仿真与设计

第14章 PID控制器参数仿真与设计

第15章 非线性系统仿真与分析

第四篇 典型
控制系统实验

第16章 直流电机的控制系统分析与设计

第17章 旋转倒立摆的控制系统分析与设计

第五篇 项目制控
制系统设计案例

第18章 垃圾分拣系统设计

第19章 平衡球传递系统设计

目录

目录

目录

第三篇　Simulink 在自动控制理论中的应用

目录

目录

第五篇　项目制控制系统设计案例

视频目录

第 一 篇
MATLAB程序设计基础

本篇主要介绍 MATLAB 程序设计的基本概念,并以 MATLAB R2023a 版本为平台,介绍 MATLAB 程序设计的基础知识。MATLAB 程序设计的基本内容包括程序中的基本数据类型、变量及其基本运算、绘图、典型应用程序的基本结构,以及函数(子程序)的创建和使用方法。本篇将对这些问题进行详细介绍,具体包括如下章节。

第 1 章　MATLAB 的基本应用

第 2 章　矩阵和矩阵运算

第 3 章　图形绘制与数据可视化

第 4 章　MATLAB 程序设计

本章在 MATLAB 相关概念的基础上,重点介绍 MATLAB 集成窗口环境的基本使用方法,主要内容如下。

(1) MATLAB 语言的基本知识,了解 MATLAB 基本界面操作。

(2) 了解 MATLAB 命令行的基本操作。

(3) 熟悉脚本命令和程序的基本概念,掌握创建、编辑、保存和运行脚本程序的基本方法。

1.1 MATLAB 入门

MATLAB 的名字取自矩阵实验室(Matrix Laboratory),是美国 MathWorks 公司出品的商业科学计算软件。MATLAB 是主要面对科学计算、可视化以及交互式程序设计计算环境。MATLAB 包括 MATLAB 和 Simulink 两大部分,在数据分析、无线通信、深度学习、图像处理与计算机视觉、信号处理、量化金融与风险管理、机器人、控制系统等领域有广泛应用。MATLAB 图标如图 1-1 所示。

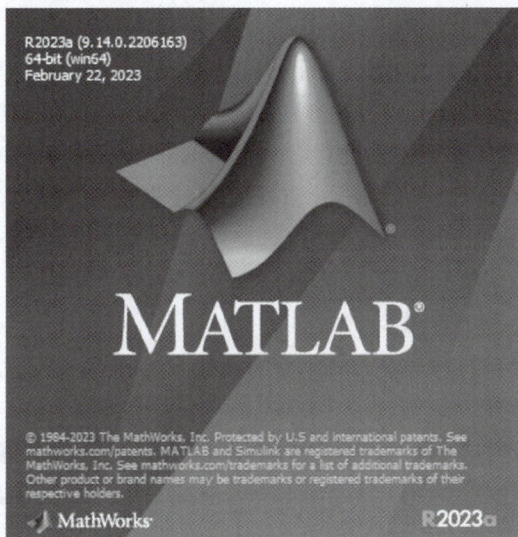

图 1-1　MATLAB 图标

借助 MATLAB 这一高级编程语言,用户能够直接进行矩阵和数组运算,进行科学计算、数据分析、算法开发、模型创建和可视化等工作,为科学研究、工程设计及必须进行有效数值计算的众多科学领域提供一种全面的解决方案,在很大程度上摆脱了传统非交互式程序设计语言的编辑模式。相比于传统的编程语言,MATLAB 有诸多的优点,主要包括如下几方面。

(1)易用性。MATLAB 是一种解释型语言,简单易用,可直接在命令行窗口输入命令行求解表达式的值,也可执行预先编写好的大型程序。在 MATLAB 集成开发环境下,可以方便地编写、修改和调试程序。

(2)平台独立性。MATLAB 支持许多操作系统,提供了大量的平台独立的措施。在某个平台上编写的程序,在其他平台上同样可以正常运行;在某个平台上编写的数据文件也可以在其他平台上编译。因此,用户可以根据需要把 MATLAB 编写的程序移植到新平台。

(3)预定义函数和工具箱。MATLAB 具有强大的预定义函数库,它提供了许多已测试和打包过的基本工程问题的函数,不需要重复工作,让编程更简单。同时,它还提供了多种经过专业开发、严格测试并拥有完善的帮助文档的工具箱,涵盖了众多领域,极大地方便了使用者。

(4)强大的绘图功能。MATLAB 提供了一系列的绘图函数,用户不需要过多地考虑绘图的细节,只需要提供一些基本参数就能得到所需图形,这类函数称为高层绘图函数。此外,MATLAB 还提供了直接对图形句柄进行操作的低层绘图操作,这类操作将图形的每个图形元素(如坐标轴、曲线、文字等)作为一个独立的对象,系统给每个对象分配一个句柄,可以通过句柄对该图形元素进行操作,而不影响其他部分。

(5)交互式应用程序。MATLAB 程序可看到不同的算法如何处理数据。在获得所需结果之前反复迭代,自动生成 MATLAB 程序,以便对工作进行重现或自动处理,设计出便于操作的、功能复杂的数据分析程序。

(6)扩展能力。只需更改少量代码,就能将 MATLAB 程序扩展到群集、图形处理单元(Graphics Processing Unit,GPU)和云上运行,无须重写代码或学习大数据编程和内存溢出技术。支持将 MATLAB 程序部署到云平台和企业系统,并能与数据源和业务系统集成。

(7)支持在嵌入式设备中运行。MATLAB 代码可以自动转换为 C/C++ 和 HDL 代码,从而在嵌入式设备中运行。MATLAB 与 Simulink 配合以支持基于模型的设计,用于多域仿真、自动生成代码,以及嵌入式系统的测试和验证,成为基于模型的设计(Model-based Design,MBD)方法。

想要获取正版的 MATLAB,需要在 MathWorks 公司官网注册成为用户,先下载 MATLAB 试用版软件,后续根据进一步需求可以进行购买。安装好 MATLAB 软件后,双击桌面图标,可以打开如图 1-2 所示的默认布局界面。桌面主要包括下列区域。

当前文件夹:当前访问的文件路径中存储文件。

命令行窗口:用户可以直接在命令行中输入命令(命令行由提示符">>"开始)。

工作区:显示用户创建或从文件导入的数据。

MATLAB 界面的布局形式可以根据个人编程习惯,单击"布局"按钮进行修改,如图 1-2 所示。

以上是安装 MALTAB 软件后,显示给用户的界面基本情况,用户可在 MATLAB 命令行窗口中输入语句,实现相应的功能。

MATLAB 集成了很多工具箱,不同版本的 MATLAB 工具箱更新程度不同,若要查询工具箱种类及工具箱版本,可直接在 MATLAB 命令行窗口输入 ver 命令,按 Enter 键即可得到 MATLAB 版本信息,如图 1-3 所示。

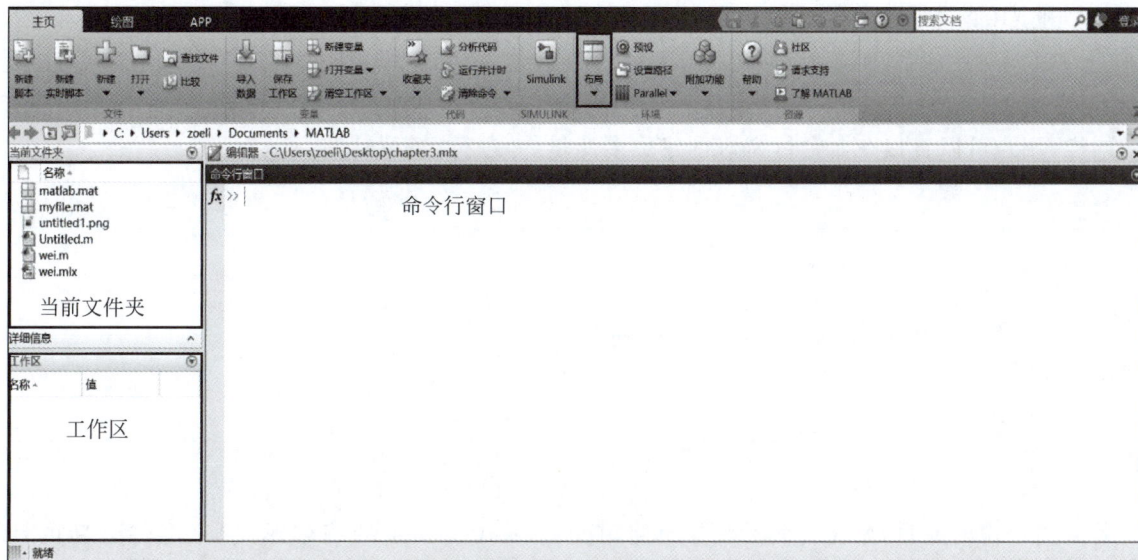

图 1-2　MATLAB 启动界面

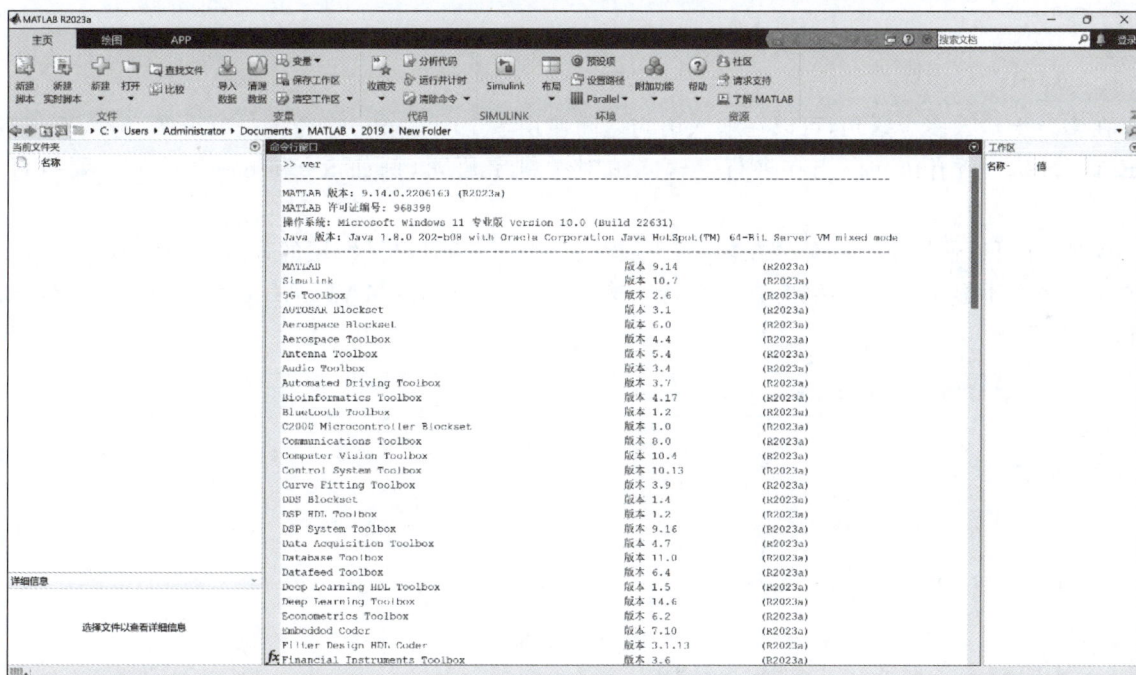

图 1-3　MATLAB 版本信息查看界面

1.2　命令行窗口

使用 MATLAB 时,用户直接在命令行窗口中输入各个语句即可输入命令并显示结果。例如,创建名为 a 的变量,并按 Enter 键执行。

```
a = 1
```

MATLAB 会将变量 a 添加到工作区,并在命令行窗口中显示结果。

```
a =
    1
```

同样,用户可以直接在命令行窗口创建更多变量,并进行运算,例如,

```
b = 2
```
```
b =
    2
```
```
c = a + b
```
```
c =
    3
```
```
d = cos(a)
```
```
d =
    0.5403
```

若未指定输出变量,MATLAB 将自动使用变量 ans(answer 的缩略形式)来存储最新的计算结果。

```
sin(a)
```
```
ans =
    0.8415
```

在多行上输入多个语句,可以在输入语句之间使用 Shift+Enter 组合键进行分隔,输入完成后,按 Enter 键执行所有语句。当在多行上输入成对关键字语句(例如 for 和 end)时,不需要执行此操作。

此外,还可以使用逗号或分号在同一行上输入多个语句,以逗号结尾的命令会显示其结果,以分号结尾的命令不显示结果。例如,在命令行上输入以下三个语句,MATLAB 在命令窗口中仅显示 A 和 C 的值。

```
A = magic(5),B = ones(5) * 4.7;C = A./B
```
```
A =
    17    24     1     8    15
    23     5     7    14    16
     4     6    13    20    22
    10    12    19    21     3
    11    18    25     2     9
C =
    3.6170    5.1064    0.2128    1.7021    3.1915
    4.8936    1.0638    1.4894    2.9787    3.4043
    0.8511    1.2766    2.7660    4.2553    4.6809
    2.1277    2.5532    4.0426    4.4681    0.6383
    2.3404    3.8298    5.3191    0.4255    1.9149
```

Tips:

- MATLAB 区分大小写,它的命令和函数全是小写的。MATLAB 中变量名是以字母开头,可以由字母、数字或下画线组成,最多 63 个字符。
- 注释符(%)后面的内容为注释,对 MATLAB 的计算不产生任何影响。

- 按向上箭头键（↑）和向下箭头键（↓）可以重新调用以前的命令，在空白命令行中或在输入命令的前几个字符之后按箭头键。例如，要重新调用命令 b＝2，可以输入 b，然后按向上箭头键。
- 可以计算已在命令行窗口中的任何语句。选择命令行窗口中想要执行的语句并右击，在下拉菜单中选择"执行所选内容"选项。

所有输入的变量会在工作区进行显示和存储，如图1-4所示。

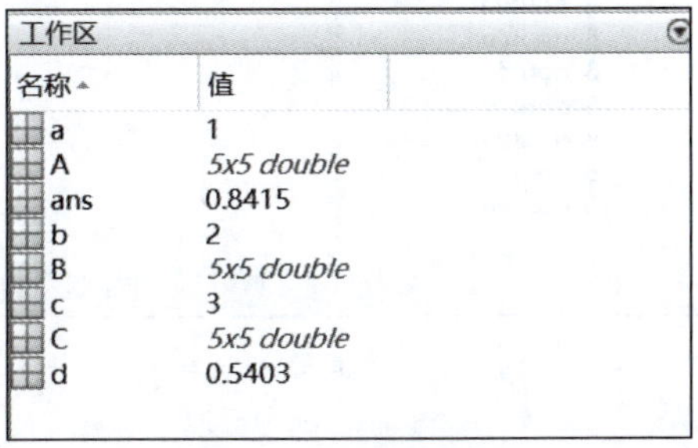

图 1-4　工作区变量

工作区变量包含在 MATLAB 中创建或从数据文件或其他程序导入的变量。使用 who 命令可以查看当前工作区中所有的变量名，使用 whos 命令可以查看工作区所有变量名及其数据结构、占用空间等信息。

```
whos
  Name      Size          Bytes   Class     Attributes
  A         5x5             200   double
  B         5x5             200   double
  C         5x5             200   double
  a         1x1               8   double
  ans       1x1               8   double
  b         1x1               8   double
  c         1x1               8   double
  d         1x1               8   double
```

要清除工作区中的某些变量，直接在 clear 命令后面列出这些变量名即可，变量名之间用空格分隔。想要清除工作区中所有变量，直接输入 clear 命令并按 Enter 键执行即可。

需要注意的是，退出 MATLAB 后工作区变量不会保留，但可使用 save 命令保存数据以供将来使用，保存后系统会以二进制的 .mat 文件将工作区所有变量保存在当前工作文件夹中，默认文件名为 MATLAB.mat，也可以自定义文件名，实例中将工作区变量保存名为 myfile.mat。

```
save myfile.mat
```

使用 load 命令将 myfile.mat 文件中的数据还原到工作区，或者单击"主页→导入数据"按钮进行数据导入，单击"导入数据"按钮后会出现如图1-5所示的数据导入向导，按照向导提示即可导入 .mat 文件数据到工作区。

```
load myfile.mat
```

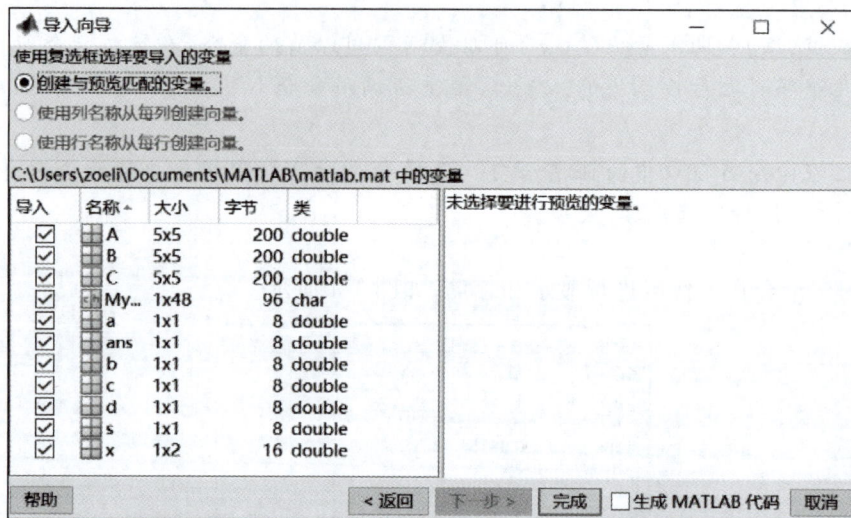

图 1-5　数据导入向导

1.3　脚本和实时脚本

除了在命令行窗口中直接输入命令,还可以创建脚本和实时脚本以编辑和调试具有一定复杂功能的代码段。

1.3.1　脚本

脚本包含多行连续的 MATLAB 命令和函数调用的文件,脚本文件的扩展名为.m,一般称为.m文件。创建脚本的方式有两种,第一种是单击"主页→新建脚本"按钮 ;第二种是直接在命令行中使用 edit 命令,例如要新建一个名为 mysphere.m 的脚本文件。

```
edit mysphere.m
```

编写代码时,可以使用%符号添加代码注释,方便其他人员理解代码,且有助于记忆,例如:

```
%绘制一个半径为 r 的球体.
[x,y,z] = sphere;              %创建一个球体
r = 2;
surf(x*r,y*r,z*r)              %给球体的三个坐标赋值并绘制
axis equal                     %设置坐标轴为等长.
%计算表面积和体积.
A = 4*pi*r^2;
V = (4/3)*pi*r^3;
```

将脚本文件保存为.m 文件后,单击"运行"按钮 运行脚本,或在命令行窗口中直接输入脚本名称运行脚本。

1.3.2　实时脚本

实时脚本可以通过设置文本格式添加代码的说明和注释,进一步增强代码的可读性,有助于用户查看代码的输出并进行交互,实时脚本可以输入文本、方程和图像进行标注,并可分解进行运行。

创建脚本的方式有两种,第一种是单击"主页→文件部分→新建实时脚本"按钮▤;第二种是直接在命令行中使用 edit 命令。例如,要新建一个名为 mysphere.mlx 的脚本文件,编译环境如图 1-6 所示。

```
edit mysphere.mlx
```

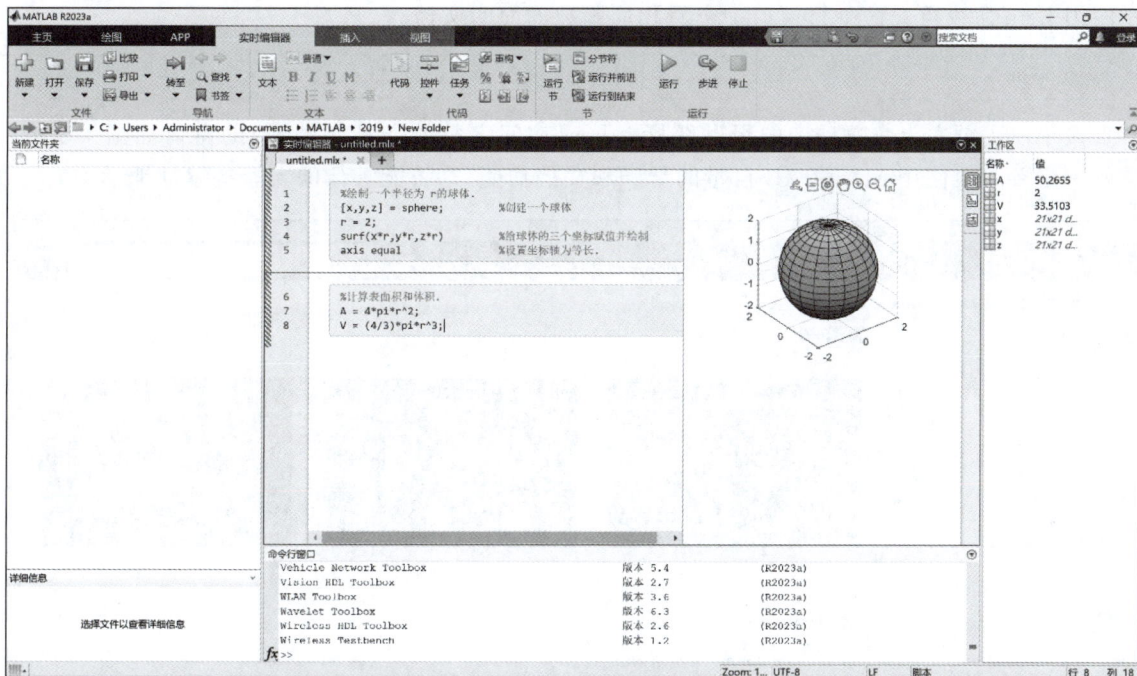

图 1-6　实时脚本编译环境

在实时脚本文件中,单击"实时编译器→代码"按钮▤,即可插入可执行的代码;单击"实时编辑器→文本"按钮▤,插入文本文字,可以在右侧下拉菜单中设置不同大纲级别和不同字体。若想要某一段代码实现一组功能并进行单独调试,可以单击"分节符"按钮▤添加小节;单独分节的代码可以单击"运行节"按钮▤或直接双击该代码段左侧的蓝色区域进行单独运行。

用户如果想要在文本中插入方程对代码内容进行详细注释,可以单击"插入→方程"按钮Σ,编辑并插入方程。用户也可以根据需要插入图像、超链接等对象,如图 1-7 所示。

图 1-7　实时脚本中允许插入的对象

1.3.3 帮助和文档

所有 MATLAB 函数都有帮助文档,这些文档也包含一些介绍函数输入、输出和调用语法的示例,其强大而详细的功能足以支撑用户自学。从命令行访问帮助文档有多种方法,例如使用 doc 命令在单独的窗口中打开函数文档。

```
doc mean
```

在键入函数输入参数的左括号之后暂停,此时命令行窗口中会显示相应函数的提示框,在提示框右下角有蓝色字体"更多帮助…",单击此链接也可以打开函数的帮助文档。

使用 help 命令可在命令行窗口中查看相应函数的简明文档。

```
help mean
```

直接单击主页右上角选项卡的帮助图标❓可以访问完整的产品文档,帮助窗口如图 1-8 所示。初学者一定要习惯使用 MATLAB 自带的帮助和文档功能,这将能够帮助大家持续性地学习。

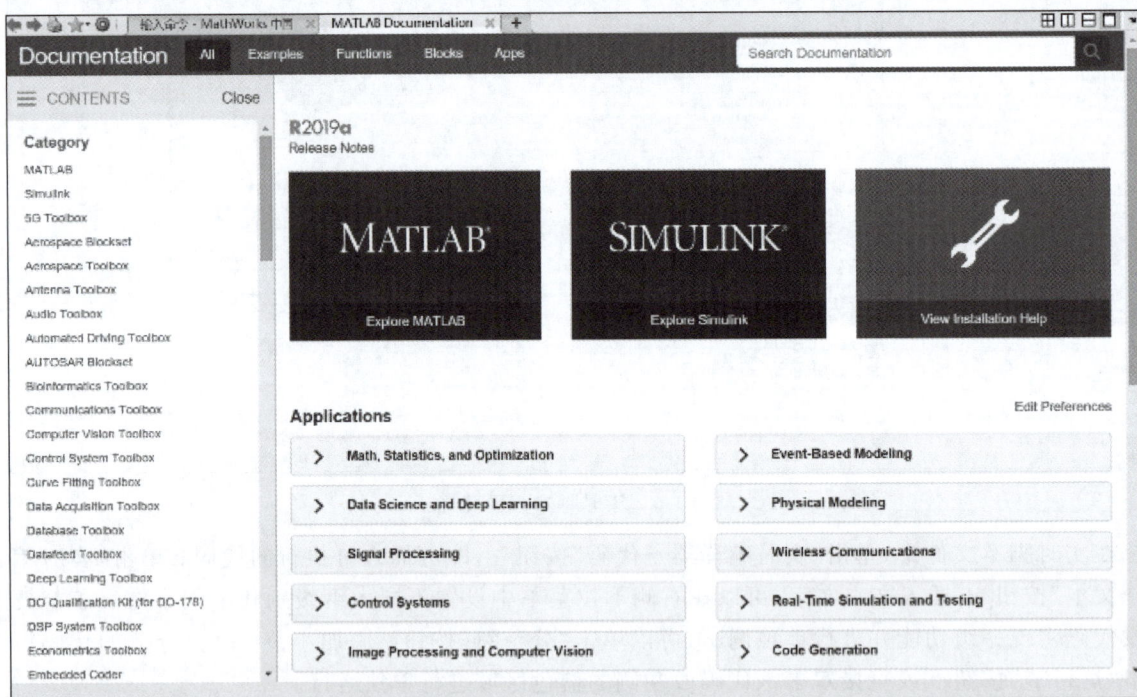

图 1-8 MATLAB 的帮助窗口

Tips:
- MATLAB 是在指定路径中查找脚本及其他文件的。要运行脚本,该文件必须位于当前文件夹或搜索路径中的某个文件夹内。在默认情况下,当前文件夹为安装程序创建的 MATLAB 文件夹。

- 若要将程序存储在其他文件夹，或者要运行其他文件夹中的程序，需要将该文件夹路径添加到搜索路径。具体方法为：单击"主页→设置路径"按钮 设置路径，将弹出如图 1-9 所示的设置路径对话框，单击"添加文件夹…"按钮，即可根据提示将用户需要的文件夹添加到搜索路径中。

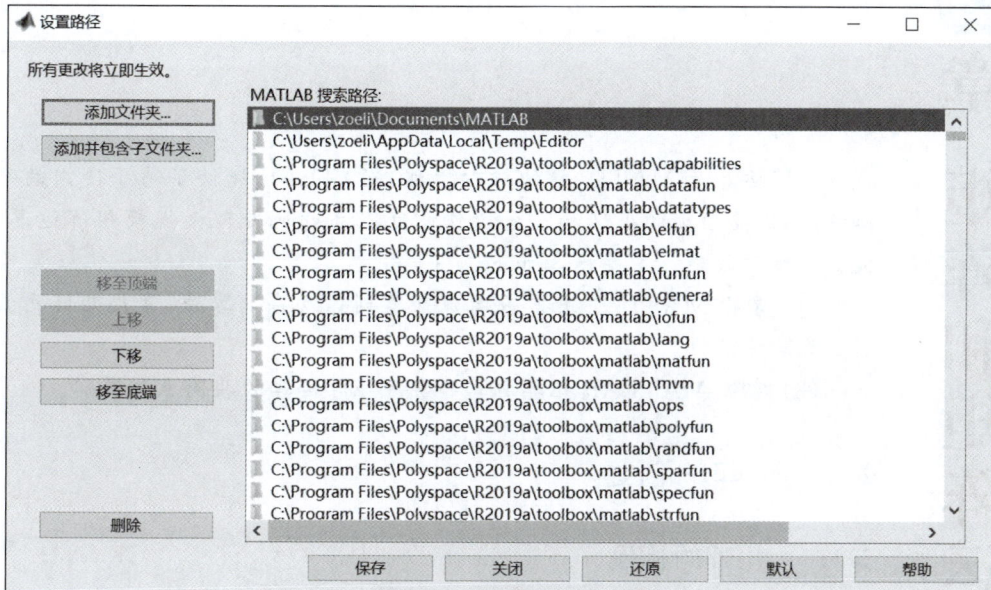

图 1-9　设置路径对话框

第2章 矩阵和矩阵运算

矩阵运算是 MATLAB 的核心操作,MATLAB 提供了易于使用的矩阵操作语法,不需要烦琐的循环和索引操作便可以高效地处理大规模矩阵运算,极大地提高了编程效率。主要内容如下。

(1) 掌握 MATLAB 矩阵及特殊矩阵创建及存储方法,掌握矩阵元素位置索引及删除方法。

(2) 掌握 MATLAB 矩阵运算和实际矩阵运算的共同点和区别。

2.1 矩阵的创建

2.1.1 矩阵的构建

矩阵是 MATLAB 最基本的数据结构。为了尽可能简化运算,MATLAB 将所有变量都看作矩阵或多维数组。MATLAB 将标量看作 1×1 维矩阵,将向量看作只包含 1 行或 1 列的矩阵。矩阵是按行和列排列的元素的二维矩形数组,矩阵的元素可以是数字、逻辑值(true 或 false)、日期和时间、字符串或者其他MATLAB 数据类型,即使一个数字也能以矩阵的形式存储。例如,包含值为 100的变量 A 被存储为 double 类型的 1×1 维矩阵。

```
A = 100;
whos A
```

```
Name      Size              Bytes  Class     Attributes
A         1×1                   8  double
```

矩阵以方括号为分隔符,一行数据的元素之间用空格或逗号分隔,行与行之间用分号分隔。例如,创建只有一行的矩阵(行向量),包含 4 个数字元素。用size()函数可以测取返回的矩阵行和列的数量。

```
A = [12 62 93 -8]
sz = size(A)
```

```
A = 1×4
    12    62    93    -8
sz = 1×2
     1     4
```

再创建一个 2 行 2 列的矩阵 $\boldsymbol{B}$。

```
B = [12  62;93  -8]
sz = size(B)
```

```
B = 2×2
   12   62
   93   -8
sz = 1×2
    2    2
```

另外,可以创建复数矩阵,其中,复数位可以由 i 或 j 代表,例如:

```
C = [i+9i,2+8i,3+7j;4+6j  5+5i,6+4i;7+3i,8+2j  1i]
```

```
C =
   0.0000+10.0000i   2.0000+8.0000i   3.0000+7.0000i
   4.0000+ 6.0000i   5.0000+5.0000i   6.0000+4.0000i
   7.0000+ 3.0000i   8.0000+2.0000i   0.0000+1.0000i
```

可以通过 R＝real(C),I＝imag(C)函数提取复数矩阵实部和虚部。

```
R = real(C)
I = imag(C)
```

```
R =
     0    2    3
     4    5    6
     7    8    0
I =
    10    8    7
     6    5    4
     3    2    1
```

> **Tips:**
>
> 使用 size()命令与 length()命令可以测量矩阵或向量的维度,size(A)返回一个行向量,其元素是矩阵 A 的相应维度的长度。length(A)返回矩阵 A 中最大维度的值:对于向量,长度仅仅是元素数量;对于具有更多维度的矩阵,即为 max(size(A));空数组的长度为零。

2.1.2 创建特殊矩阵

MATLAB 中有许多函数可以帮助用户创建具有特定值或特定结构的矩阵。例如,zeros()函数和 ones()函数可以创建元素全部为 0 或全部为 1 的矩阵,函数的参数分别是矩阵的行数和列数。

```
A = zeros(3,2)
```

```
A = 3×2
     0    0
     0    0
     0    0
```

```
B = ones(2,4)
```

```
B = 2×4
     1    1    1    1
     1    1    1    1
```

eye()函数可以创建单位阵,输入参数为单位阵的维度。

```
C = eye(3)

C = 3×3
     1     0     0
     0     1     0
     0     0     1
```

diag()函数将输入元素放在矩阵的对角线上。例如,创建一个行向量 **D**,其中包含 4 个元素。然后创建一个 4×4 矩阵 **E**,其对角元素是 **D** 的元素。

```
D = [12 62 93 − 8];
E = diag(D)

E = 4×4
    12     0     0     0
     0    62     0     0
     0     0    93     0
     0     0     0    −8
```

magic()函数可以创建每行、每列,以及主、副对角线上各 *n* 个元素之和都相等的魔方阵,输入参数为魔方阵的维数。

```
F = magic(4)

F =
    16     2     3    13
     5    11    10     8
     9     7     6    12
     4    14    15     1
```

rand()函数可以返回一个在区间(0,1)内均匀分布的随机数;rand(n)返回 n×n 的随机数矩阵;rand(s)返回由随机数组成的矩阵,大小由向量 s 指定。

```
r1 = rand(3)                  %生成一个由介于0~1的均匀分布的随机数组成的3×3矩阵
r2 = − 5 + (5 + 5) * rand(1, 3)   %生成(−5,5)内均匀分布的数字组成的1×3行向量
r3 = randi([10 50],1,3)       %生成在10~50均匀分布的1×3随机整数矩阵
r4 = rand + i * rand          %生成一个实部和虚部位于区间(0,1)内的随机复数

r1 =
    0.6797    0.1190    0.3404
    0.6551    0.4984    0.5853
    0.1626    0.9597    0.2238
r2 =
    3.3083    0.8526    0.4972
r3 =
    47    21    41
r4 =
    0.7537 + 0.3804i
```

2.1.3　矩阵的串联

矩阵的串联是使用方括号将现有矩阵连接在一起。例如,使用逗号将两个行向量水平串联起

来,形成一个更长的行向量。

```
A = ones(1,4);
B = zeros(1,4);
C = [A B]                        % 或使用 C = [A,B]
```

```
C = 1×8
    1    1    1    1    0    0    0    0
```

也可以使用分号将 **A** 和 **B** 垂直串联为一个矩阵的两行。

```
D = [A;B]
```

```
D = 2×4
    1    1    1    1
    0    0    0    0
```

要串联两个矩阵,它们的大小必须兼容。即水平串联矩阵时,它们的行数必须相同;垂直串联矩阵时,它们的列数必须相同,否则将会报错。

2.1.4 冒号表达式

冒号表达式是创建元素连续且均匀分布的矩阵的便捷方式。冒号表达式的格式为 v=s1:s2:s3,该函数将生成一个行向量 v,其中,s1 为向量的起始值,s2 为步距,该向量将从 s1 出发,每隔步距 s2 取一个点,直至不超过 s3 的最大值,构成一个向量。例如,创建一个行向量,其元素是 1~10 的整数。

```
A = 1:1:10
B = 0:0.2:pi
C = 13:13:1000;                  % 1~1000 内所有能被 13 整除的整数
```

```
A = 1×10
    1    2    3    4    5    6    7    8    9    10
B =
    0    0.2000   0.4000   0.6000   0.8000   1.0000   1.2000   1.4000   1.6000
1.8000  2.0000   2.2000   2.4000   2.6000   2.8000   3.0000
```

可以省略 s2,使用冒号表达式创建一个在任何范围内以步距为 1 的数字序列。

```
D = -2.5:2.5
```

```
D = 1×6
  -2.5000   -1.5000   -0.5000    0.5000    1.5000    2.5000
```

更改序列的增量值,需要在该范围的起始值和结束值之间指定增量值,以冒号分隔,例如创建 0~10 的范围内间隔为 2 的行向量。

```
E = 0:2:10
```

```
E = 1×6
    0    2    4    6    8    10
```

如果要建立一个递减的向量,步距使用负数即可。

```
F = 6:-1:0
```

```
F = 1×7
    6    5    4    3    2    1    0
```

可以按非整数值递增。如果增量值不能均分指定的范围,MATLAB 会在超出范围之前,在可以达到的最后一个值处自动结束序列。

```
G = 1:0.2:2.1

G = 1×6
      1.0000    1.2000    1.4000    1.6000    1.8000    2.0000
```

MATLAB 还提供了另外两个函数生成不同的等间距行向量。

若要生成线性等间距点向量,可以使用 MATLAB 函数 v=linspace(n1,n2,N),其中向量的点数为 N(默认值为 50),起始值为 n1,终止值为 n2。例如,创建一个由区间[−5,5]中的 7 个等距点组成的向量。

```
y1 = linspace( −5,5,7)

y1 =
     −5.0000   − 3.3333   − 1.6667        0    1.6667    3.3333    5.0000
```

若要生成对数等间距点向量,在某些特定的领域要求以对数等间距生成行向量,可以使用 logspace()函数生成行向量,其调用格式为 w=logspace(n1,n2,N),该语句将生成数据点的行向量,其第一个值为 lgn1,最后一个值为 lgn2。若想在[10^{-3},10^4]频率段内生成 5 个点,则需要给出命令。

```
W = logspace( −3,4,5)

w = 1×5
104 ×
      0.0000    0.0000    0.0003    0.0178    1.0000
```

2.1.5　矩阵位置索引

MATLAB 中的每个变量都可以认为是一个矩阵,可以使用索引访问数组的某个元素或子矩阵。最常见的方法是按照元素位置进行索引,即 B=A(v1,v2),其中 v1 表示子矩阵要保留的行号构成的向量,v2 表示要保留的列号构成的向量,这样从矩阵 A 中提取有关的行和列,就可以构成子矩阵 B 了。以 4×4 魔方阵 **A** 为例,找到 **A** 中第 4 行第 2 列的元素。

```
A = magic(4)
B = A(4,2)

A = 4×4
    16     2     3    13
     5    11    10     8
     9     7     6    12
     4    14    15     1
B = 14
```

用户还可以在一个矩阵中指定多个元素的索引,从而一次引用多个元素。例如,访问矩阵 **A** 的第二行中的第一个和第三个元素。

```
C = A(2,[1 3])

C = 1×2
     5    10
```

要访问某个行范围或列范围内的元素,可以使用冒号表达式。例如,访问矩阵 **A** 中第 1 到 3 行、第 2 到 4 列中的元素。

```
D = A(1:3,2:4)

D = 3×3
     2     3    13
    11    10     8
     7     6    12
```

若不知道矩阵 **A** 中有多少列,可以使用关键字 end 指定第二直至最后一列,结果与上面一致。

```
E = A(1:3,2:end)

E = 3×3
     2     3    13
    11    10     8
     7     6    12
```

若要访问所有行或所有列,可以使用冒号运算符。例如,返回矩阵 **A** 的整个第三列。

```
F = A(:,3)

F = 4×1
     3
    10
     6
    15
```

2.1.6 从矩阵中删除行或列

删除矩阵的行或列,最简单的方法是将该行或列设置为等于空方括号[]。例如,创建一个 4×4 矩阵并删除第 2 行和第 3 列。

```
A = magic(4);
A(2,:) = []
A(:,3) = []

A = 3×4
    16     2     3    13
     9     7     6    12
     4    14    15     1
A = 3×3
    16     2    13
     9     7    12
     4    14     1
```

此方法可以扩展到任何维度的矩阵。例如,创建一个随机的 3×3×3 矩阵,然后删除第 3 维第 1 个矩阵中的所有元素。请自行输入程序,得到结果。

```
B = rand(3,3,3)
B(:,:,1) = []
```

2.2 矩阵的基本运算

2.2.1 矩阵的代数运算

变量之间的有限次的加、减、乘、除、乘方和开方等运算称为代数运算。

1. 加减法运算

MATLAB矩阵的加减法运算与正常代数运算含义相同,参与加减的两个矩阵要有相同的维度。

```
A = [1 1 1];
B = [1 2 3];
C = A+B
```

```
C =
      2     3     4
```

参与加减法运算的两个矩阵之一为标量,则会将其逐一加(减)于另一个矩阵的每个元素中。

```
A = [1 1 1];
D = 3;
E = D-A
```

```
E =
      2     2     2
```

若一个矩阵为 $n\times m$ 矩阵,另一个为 $n\times 1$ 列向量或 $1\times m$ 行向量,允许将列向量或行向量逐一加或减到另一个矩阵的各列或各行中,以得出新的和矩阵或差矩阵。例如,

```
A = [5;6];
B = [1 2;3 4];
C = A+B
D = B-A'
```

```
C =
      6     7
      9    10
D =
     -4    -4
     -2    -2
```

其他情况,若参与加减运算的两个矩阵维数不匹配,MATLAB将给出错误信息,提示不能相加或相减。

2. 矩阵乘法

矩阵乘法要满足参与运算的两个矩阵 A 和 B,矩阵 A 的列数与矩阵 B 的行数相等,或其一为标量,则称矩阵 A、B 是可乘的或称矩阵 A 和 B 的维数是相容的。

假设 A 为 $n\times m$ 矩阵,其各元素为 a_{ij}, $i=1,2,\cdots,n$, $j=1,2,\cdots,m$, B 为 $m\times r$ 矩阵,其各元素为 b_{ij}, $i=1,2,\cdots,m$, $j=1,2,\cdots,r$, $C=AB$ 为 $n\times r$ 矩阵,其各个元素为

$$c_{ij}=\sum_{k=1}^{m}a_{ik}b_{kj}, \quad i=1,2,\cdots,n, j=1,2,\cdots,r$$

MATLAB 语言中两个矩阵的乘法由 C＝A＊B 直接求出，不需要指定 A 和 B 矩阵的维数。若维数相容，则可以准确无误地获得乘积矩阵；如果二者的维数不相容，则将给出错误信息。

3. 矩阵的左除和右除

MATLAB 中用"\"运算符号表示两个矩阵的左除，代码 A\B 为求方程 $AX＝B$ 的解 X。若 A 为非奇异方阵，则 $X＝A^{-1}B$。如果矩阵 A 不是方阵，也可以求出 $X＝A\backslash B$，这时将使用最小二乘解法来求取 $AX＝B$ 中的 X 矩阵。

MATLAB 中用"/"运算符号表示两个矩阵的右除，相当于求方程 $XA＝B$ 的解。A 为非奇异方阵时，代码 B/A 表示求解 $X＝BA^{-1}$，但在计算方法上存在差异，更精确的计算方法为 $B/A＝(A'\backslash B')'$。

4. 矩阵的乘方与开方

只有方阵才能进行乘方与开方运算，长方形矩阵是不能进行乘方与开方的。矩阵的乘方与开方在数学上可以统一地表示成 A^x，但处理方法可能存在差异。

（1）矩阵乘方运算。一个矩阵的乘方运算可以在数学上表述成 A^x。如果 x 为正整数，则乘方表达式 A^x 的结果可以将 A 矩阵自乘 x 次得出。如果 x 为负整数，则可以将 A 矩阵自乘 $-x$ 次，然后对结果进行求逆运算，就可以得出该乘方的结果。如果 x 是一个分数，如 $x＝n/m$，其中 n 和 m 均为整数，相当于将 A 矩阵自乘 n 次，然后对结果再开 m 次方。在 MATLAB 中的代码统一表示成 F=A^x。

（2）矩阵开方运算。从数学公式上看，矩阵 A 自乘几次是可以得出唯一解的，其结果再作 m 次开方则应该有 m 个不同的根。考虑 $\sqrt[3]{-1}$ 的一个根是 -1，对该根在复数平面内旋转 120° 可以得到第二个根，再旋转 120° 则可以得出第三个根。可以将结果乘以复数标量 $\delta＝e^{2\pi j/3}$ 实现 120° 旋转。如果想开 m 次方，则可以将结果 $A^{n/m}$ 乘以 $\delta_k＝e^{2\pi j/m}$，其中，$k＝1,2,\cdots,m-1$。

2.2.2 矩阵的点运算

两个相同维数的矩阵 A 与 B，如果对其相应元素单独进行乘法运算，则可以得出一个新的矩阵 C，其中，$c_{ij}＝a_{ij}b_{ij}$，矩阵 C 称为 A、B 矩阵的 Hadamard 乘积，又称为点乘积。

矩阵的点乘积可以由点运算直接计算出来，代码为 C=A.＊B，这种运算和普通乘法运算是不同的。此外，可以定义两个矩阵之间或矩阵与标量之间其他点运算，即在实际运算符号前面加一个圆点(.)，如点乘方算符(.^)、点除算符(./ 与 .\)等。如果参与运算的两个变量 A 和 B 都是矩阵，则要求这两个矩阵的维数相同或其一为标量，否则将给出错误信息。

点运算在 MATLAB 中起着很重要的作用，如绘制 x^5 的函数曲线需要生成一个向量 x，再对其每个元素单独求 5 次方。例如，$[x^5]$ 不能直接写成 x^5，必须写成 x.^5。

根据下面例子，A.^A 实际上是完成了对应元素各取乘方运算。

```
A = [1,2,3;4 5,6;7,8 0];
B = A.^A                    % 对应元素单独运算可以求点乘方
B =
           1           4          27
         256        3125       46656
      823543    16777216           1
```

实际上该语句完成的是下面矩阵的计算。

$$\boldsymbol{B} = \begin{bmatrix} 1^1 & 2^2 & 3^3 \\ 4^4 & 5^5 & 6^6 \\ 7^7 & 8^8 & 0^0 \end{bmatrix}$$

2.2.3　矩阵的逻辑运算与比较运算

1. 矩阵的逻辑运算

在 MATLAB 语言中,如果一个数的值为 0,可以认为它为逻辑 0,否则为逻辑 1。假设矩阵 $\boldsymbol{A}$ 和 $\boldsymbol{B}$ 均为 $n \times m$ 矩阵,MATLAB 定义了如下逻辑运算。

(1) 矩阵的与运算。在 MATLAB 中用 & 表示矩阵的与运算。A&B 表示矩阵 $\boldsymbol{A}$ 和 $\boldsymbol{B}$ 相应元素的与运算。若两个矩阵相应元素均非零,则该结果元素的值为 1,否则该元素为 0。

(2) 矩阵的或运算。在 MATLAB 中用 A|B 表示矩阵 $\boldsymbol{A}$、$\boldsymbol{B}$ 的或运算,如果两个矩阵相应元素存在非零值,则该结果元素的值为 1,否则该元素为 0。

(3) 矩阵的非运算。在 MATLAB 中用 ~A 表示矩阵的非运算。若矩阵元素均为 0,则结果为 1,否则为 0。

(4) 矩阵的异或运算。矩阵 $\boldsymbol{A}$ 和 $\boldsymbol{B}$ 的异或运算可以表示为 xor(A,B)。若相应的两个数一个为 0 一个为非 0,则结果为 1,否则为 0。

2. 矩阵的比较运算

MATLAB 定义了各种比较关系,如 C=A>B,当矩阵 $\boldsymbol{A}$ 和 $\boldsymbol{B}$ 满足 $a_{ij} > b_{ij}$ 时,$c_{ij} = 1$,否则 $c_{ij} = 0$。MATLAB 支持等于关系(用"=="表示)、大于或等于关系(用">="表示)和不等于关系(用"~="表示)。例如,

```
A = [1,2,3;4 5,6;7,8 0];
K = A>=5
```

```
k =   3×3
   0   0   0
   0   1   1
   1   1   0
```

得出的结果为逻辑型矩阵,逻辑条件 A>=5 满足的位置上的元素为逻辑 1,不满足的位置上的值为逻辑 0。

2.2.4　矩阵的转置、翻转与旋转

MATLAB 提供了对矩阵进行转置、翻转和旋转的运算函数。

1. 矩阵转置

矩阵的转置记作 $\boldsymbol{A}^{\mathrm{T}}$,假设矩阵 $\boldsymbol{A}$ 为一个 $n \times m$ 矩阵,则其转置矩阵 $\boldsymbol{B}$ 的元素定义为 $b_{ji} = a_{ij}$,

$i=1,2,\cdots,n,j=1,2,\cdots,m$,故 $\boldsymbol{B}$ 为 $m\times n$ 矩阵。如果矩阵 $\boldsymbol{A}$ 含有复数元素,则对其进行转置时,其转置矩阵 $\boldsymbol{B}$ 的元素定义为 $b_{ji}=a_{ij},i=1,2,\cdots,n,j=1,2,\cdots,m$,即首先对各个元素进行转置,再逐项求取其共轭复数值。这种转置方式又称为 Hermite 转置,其数学记号为 $\boldsymbol{B}=\boldsymbol{A}^{\mathrm{H}}$。在 MATLAB 中,B=A′可求出 $\boldsymbol{A}$ 矩阵的 Hermite 转置,矩阵直接转置则可以由 C=A. ′命令求出。

2. 矩阵翻转

MATLAB 提供了一些矩阵翻转处理的特殊函数,fliplr()函数可以实现矩阵的左右翻转,如 B=fliplr(A)函数将矩阵 $\boldsymbol{A}$ 进行左右翻转再赋给 $\boldsymbol{B}$,等效于 B=A(:,end:−1:1),flipud()函数可以实现矩阵的上下翻转,如 C=flipud(A)函数将 $\boldsymbol{A}$ 矩阵进行上下翻转并将结果赋给 $\boldsymbol{C}$,等效于 C=A(end:−1:1,1)。

3. 矩阵的旋转

rot90()函数可以实现矩阵的逆时针旋转 90°,如 D=rot90(A)可以将矩阵 $\boldsymbol{A}$ 逆时针旋转 90°后赋给 $\boldsymbol{D}$。rot90(A,k)函数可以实现矩阵逆时针旋转 $(90k)°$,如 E=rot90(A,k)函数可以逆时针地旋转矩阵 $\boldsymbol{A}(90k)°$ 后赋给 $\boldsymbol{E}$ 矩阵,其中,k 为整数。

2.2.5　矩阵的基本分析

1. 矩阵的行列式

det()函数可以直接求取矩阵的行列式,如 det(A)函数,如果矩阵 $\boldsymbol{A}$ 为数值矩阵,则得出的行列式为数值计算结果;若矩阵 $\boldsymbol{A}$ 定义为符号矩阵,则将得出解析解。二者的区别是对接近奇异的系统而言,解析解方法得出的结果更精确。

2. 矩阵的秩

rank()函数用数值方法求矩阵的秩,rank(A,e)函数用数值方法求取一个已知矩阵 $\boldsymbol{A}$ 的数值秩,其中 e 为机器精度。

3. 矩阵的逆与广义逆

对一个已知 $n\times n$ 非奇异方阵 $\boldsymbol{A}$,如果有一个矩阵 $\boldsymbol{C}$ 满足 $\boldsymbol{AC}=\boldsymbol{CA}=\boldsymbol{I}$,其中,$\boldsymbol{I}$ 为单位阵,则称矩阵 $\boldsymbol{C}$ 为矩阵 $\boldsymbol{A}$ 的逆矩阵,并记作 $\boldsymbol{C}=\boldsymbol{A}^{-1}$。inv()函数可以直接求出矩阵的逆矩阵。

2.3　创新案例

1. 对矩阵进行操作:对于如下矩阵 $\boldsymbol{A}$,应用冒号表达式等方法进行如下操作。

$$\boldsymbol{A}=\begin{bmatrix}1 & 2 & 3\\4 & 5 & 6\\7 & 8 & 0\end{bmatrix}$$

(1) 提取矩阵 $\boldsymbol{A}$ 全部奇数行、所有列。

（2）提取矩阵 $\boldsymbol{A}$ 的 3、2、1 行，由首列构成矩阵。

（3）将矩阵 $\boldsymbol{A}$ 左右翻转，使最后一列数据排在最前面，第 1 列数据排在最后面。

（4）删除矩阵 $\boldsymbol{A}$ 的第 2 行和第 3 列所有数据。

2. 求解如下方程组的根。

$$\begin{cases} 2x_1 - 3x_2 + x_3 + 2x_4 = 8 \\ x_1 + 3x_2 + 2x_4 = 6 \\ x_1 - x_2 + x_3 + 8x_4 = 7 \\ 7x_1 + x_2 - 2x_3 + 2x_4 = 5 \end{cases}$$

3. 在 MATLAB 中进行下面矩阵和向量的加减法运算。

$$\boldsymbol{A} = \begin{bmatrix} 1 & 2 & 3 \\ 4 & 5 & 6 \\ 7 & 8 & 0 \end{bmatrix}, \quad \boldsymbol{B} = \begin{bmatrix} 2 & 5 & 8 \end{bmatrix}$$

4. 在 MATLAB 中进行下面两个数组的左除、右除、点积和点除。

$$\boldsymbol{A} = \begin{bmatrix} 1 & 2 & 3 \\ 4 & 5 & 6 \\ 7 & 8 & 9 \end{bmatrix}, \quad \boldsymbol{B} = \begin{bmatrix} 1 & 1 & 1 \\ 2 & 2 & 2 \\ 3 & 3 & 3 \end{bmatrix}$$

图形绘制与数据可视化是 MATLAB 的一大特色,它提供了一系列直观、简单的二维图形和三维图形绘制命令与函数,可以将实验结果和仿真结果用可视的形式显示出来。主要内容如下。

(1)掌握二维绘图基本方法、图形曲线参数设置和多张图形显示在同一窗口的方法。

(2)掌握三维绘图的基本方法和三维图视角设置方法。

3.1 二维曲线的绘制

二维图形是科学研究中最常见、最实用的图形表示,MATLAB 提供了功能强大的 plot()函数和 fplot()函数。

3.1.1 二元数据的曲线绘制

假设获得了一组实验数据,各个时刻 $t = t_1, t_2, \cdots, t_n$,测得这些时刻的函数值 $y = y_1, y_2, \cdots, y_n$,则可以将这些数据输入 MATLAB 中,构成向量 $t = [t_1, t_2, \cdots, t_n]$ 和 $y = [y_1, y_2, \cdots, y_n]$。如果想用图形表示二者之间的关系,用 plot(t,y)即可绘制二维图形,例如绘制一条正弦曲线,如图 3-1 所示。

```
x = 0:0.05:5;
y = sin(x.^2);
plot(x,y)
```

将多条曲线绘制到同一个画面下,如图 3-2 所示。

```
y1 = sin(x.^2);
y2 = cos(x.^2);
plot(x,y1,x,y2)
```

除了上述的两种情况,plot()函数的调用在实际应用中可以进一步扩展。

(1)t 为 n 维向量,而 y 为 $n \times m$ 矩阵,使用 plot(x,y)函数可将在同一坐标系下绘制 m 条曲线,每一行和 t 之间的关系将绘制出一条曲线。这时要求 y 矩阵的列数应该等于 t 的长度。

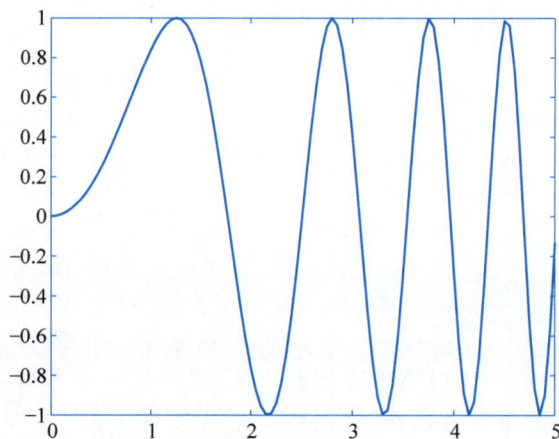

图 3-1　用 plot( )函数绘制二维图形

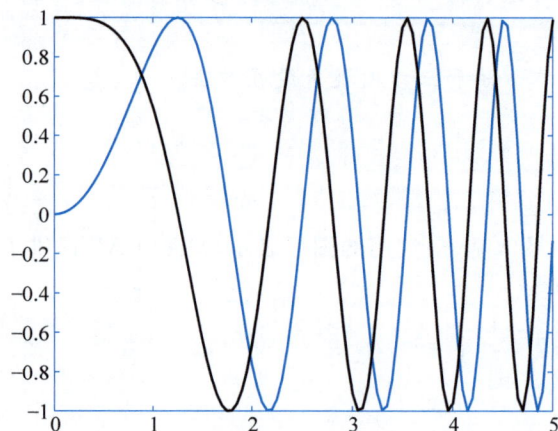

图 3-2　在同一界面中绘制多条二维曲线

$$
\boldsymbol{y} = \begin{bmatrix}
y_{11} & y_{12} & \cdots & y_{1n} \\
y_{21} & y_{22} & \cdots & y_{2n} \\
\vdots & \vdots & & \vdots \\
y_{m1} & y_{m2} & \cdots & y_{mn}
\end{bmatrix}
$$

（2）t 和 y 均为矩阵，且矩阵 t 和 y 的行数和列数均相同，使用 plot(x,y) 函数可绘制出 t 矩阵每行和 y 矩阵对应行之间关系的曲线。

（3）有多对相同维度的向量或矩阵$(t_1,y_1),(t_2,y_2),\cdots,(t_m,y_m)$，则可以用下面的语句直接绘制出各自对应的曲线。

```
plot(t1,y1,t2,y2,…,tm,ym)
```

（4）如果由 h＝plot( )格式调用 plot( )函数，绘图的同时返回曲线的句柄 h，后续可以通过该句柄来读取或修改该曲线的属性。

（5）曲线的性质，如线型、粗细、颜色等，还可以使用下面的命令进行指定。

```
plot(t1,y1,选项 1,t2,y2,选项 2,…,tm,ym,选项 m)
```

其中,"选项"可以按表 3-1 中说明的形式给出,表中的选项可以进行组合。

表 3-1　MATLAB 绘图命令的各种选项

曲 线 线 型		曲 线 颜 色				标 记 符 号			
选项	意义	选项	意义	选项	意义	选项	意义	选项	意义
'-'	实线	'b'	蓝色	'r'	红色	'*'	星号	'pentagram'	☆
'--'	虚线	'g'	绿色	'y'	黄色	'.'	点号	'o'	圆圈
':'	点线	'm'	红紫色			'×'	叉号	'square'	□
'-.'	点画线	'w'	白色			'V'	△	'diamond'	◇
'none'	无线	'c'	蓝绿色			'^'	△	'hexagram'	✡
		'k'	黑色			'b'	▷	'<'	△

例如,想绘制红色的点画线且每个转折点上用五角星表示,则选项可以使用"r-pentagram"组合形式,得到如图 3-3 所示的绘制效果。

```
x = 0:0.05:5;
y = sin(x.^2);
plot(x,y,'r - pentagram')
```

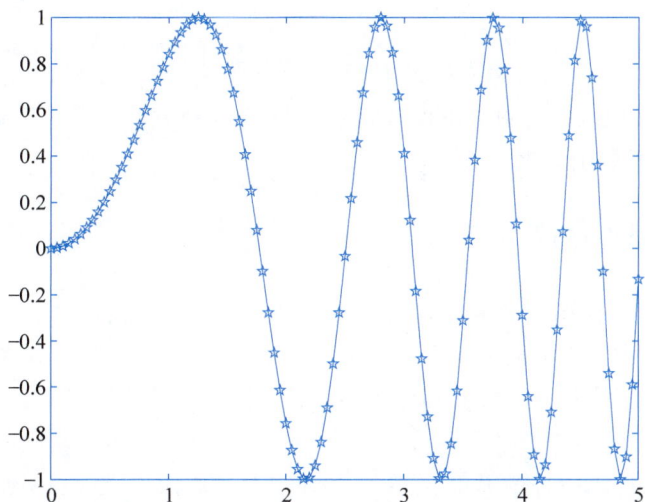

图 3-3　绘制红色的点画线且每个转折点上带五角星的二维曲线图

plot()函数绘制出的"曲线"不是真正的曲线,而是给出的各个数值点间的连线,如果给出的数据点足够密或突变少,看起来就是光滑曲线。当绘制完图形后,还可以使用 grid on 命令在图形上添加网格线,使用 grid off 命令取消网格线;另外使用 hold on 命令可以锁定当前的坐标系,这样以后再使用 plot()函数时,可将新的曲线叠加在原来的图上,用 hold off 命令可以取消保护状态。

对于已知的数学函数,可以利用 MATLAB 的 fplot()函数绘制函数曲线,该函数的调用格式为 fplot(f),其中,f 可以是匿名函数描述的函数句柄,也可以是描述函数的符号表达式或符号函数,默认的绘图区间为 $[-5,5]$。若要指定绘图区域,可调用函数为 fplot(f,[xm,xM])。例如,绘制 $y=\sin(\tan x)-\tan(\sin x)$ 在 $x\in[-\pi,\pi]$ 区间内的曲线可以使用以下命令。

```
syms x;
f = sin(tan(x)) - tan(sin(x));                    % 符号函数描述数学函数
fplot(f,[ - pi,pi])
```

另外,可以应用匿名函数的形式描述原函数,得出一致的结果,如图 3-4 所示。

```
f = @(x)sin(tan(x)) - tan(sin(x));                % 应用匿名函数的形式描述原函数
fplot(f,[ - pi,pi])
```

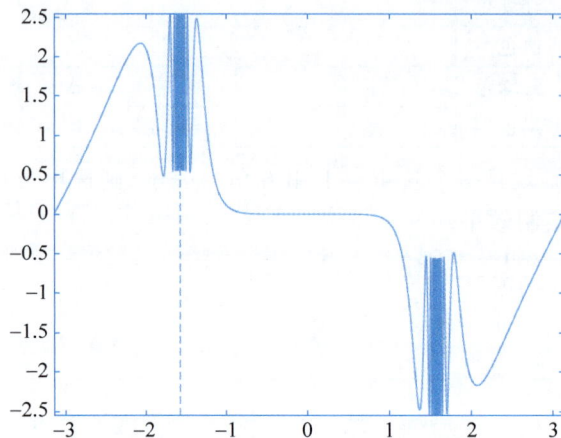

图 3-4　用 **fplot**() 函数绘制的曲线

综上所述,应用 MATLAB 绘制二维曲线可以归纳为三种方法:①向量化数据表示方法;②符号表达式表示方法;③匿名函数表示方法。

3.1.2　曲线图形的属性设置

对于绘制的曲线,可以使用相关函数添加图形标题、设置坐标轴标签、设置坐标轴的范围、添加图例等,只须在这些命令中给出字符串就会自动填写到相应的标题位置,字体、字号与旋转等都会自动完成,比如 y 坐标轴的文字会自动旋转 $90°$,标题等信息支持中文或其他文字字符。具体函数如下。

```
title()给图形加标题。
xlim()、ylim()、zlim()设置坐标轴的范围,将[min max]形式的二元素向量传递给函数。
xlabel()、ylabel()给 x 轴与 y 轴加标题。
legend()添加图例。
```

例如,在一个图中画出正弦及余弦曲线,并添加图形标题、设置坐标轴标签、设置坐标轴的范围、添加图例,如图 3-5 所示。

```
x = linspace( - 2 * pi,2 * pi,100);
y1 = sin(x);
y2 = cos(x);
plot(x,y1,x,y2)
title('正弦和余弦函数在 - 2π~2π 的图')
xlabel('- 2\pi < x < 2\pi')                    % 要显示希腊符号 π,使用 TeX 标记\pi
ylabel('正弦和余弦值')
legend({'y = sin(x)','y = cos(x)'},'Location','southwest')
```

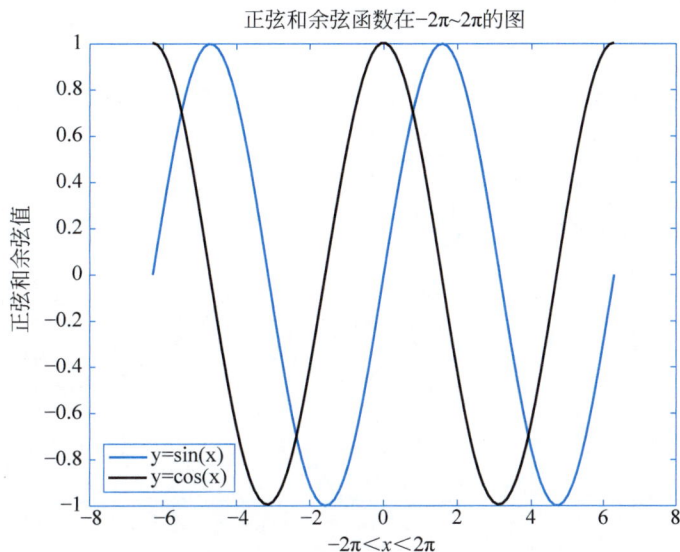

图 3-5　修饰后的曲线图

3.1.3　将多个图形在同一窗口绘制

若需要将多个图形在同一窗口绘制,可以在同一坐标轴下绘制多条曲线,也可以将图形窗口可划分为若干区域,在每个区域内绘制出不同的图形。

(1) 在同一坐标区中合并图形。

在默认情况下,绘制新图将清除现有图,并重置标题等坐标区属性,可以使用 hold on 命令在同一坐标区中合并多个图形。例如,绘制两条直线和一个散点图,启用 hold on 状态后,新图不会清除现有图,也不会重置标题或轴标签等坐标区属性,坐标区范围和刻度值可能会进行调整以适应新数据,如图 3-6 所示。

```
x = linspace(0,10,50);
y1 = sin(x);
plot(x,y1)
title('合并绘图')
hold on
y2 = sin(x/2);
plot(x,y2)
y3 = 2 * sin(x);
scatter(x,y3)
hold off
```

(2) 在图形窗口中显示多个坐标区。

规范分割就是将整个图形窗口分割为 $m \times n$ 个均匀的分区,以便在每个分区绘制出不同的图形。在 MATLAB R2019b 之后的版本中,可以使用 tiledlayout() 函数在单个图形窗口中显示 $m \times n$ 个坐标区,该布局将图形窗口分为一系列不可见的图块网格,每个图块可以包含一个用于显示绘图的坐标区。其调用格式如下。

```
tiledlayout(m,n)
```

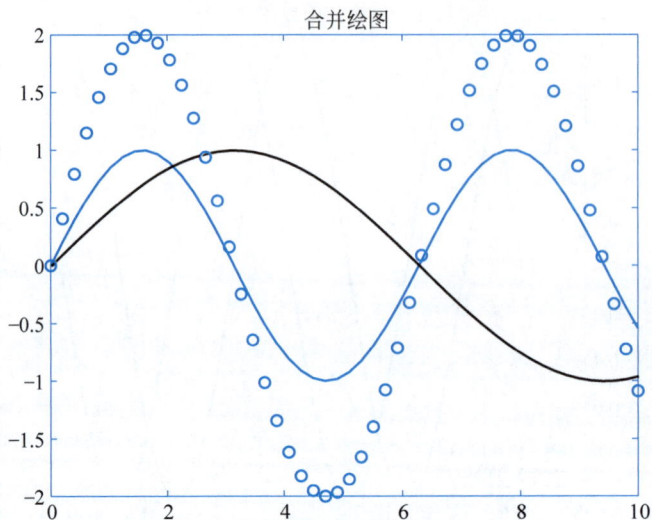

图 3-6   在同一坐标区中绘制多个图形

创建布局后,调用 Nexttile 函数将坐标区对象放置到布局中。然后调用绘图函数在该坐标区中绘图。

例如,在一个 2×1 布局中创建两个绘图,为每个绘图添加标题,如图 3-7 所示。

```
x = linspace(0,10,50);
y1 = sin(x);
y2 = rand(50,1);
tiledlayout(2,1)              % 需要 R2019b 或更新版本
Nexttile                     % 第一个 plot 图
plot(x,y1)
title('Plot 1')
Nexttile                     % 第二个 plot 图
scatter(x,y2)
title('Plot 2')
```

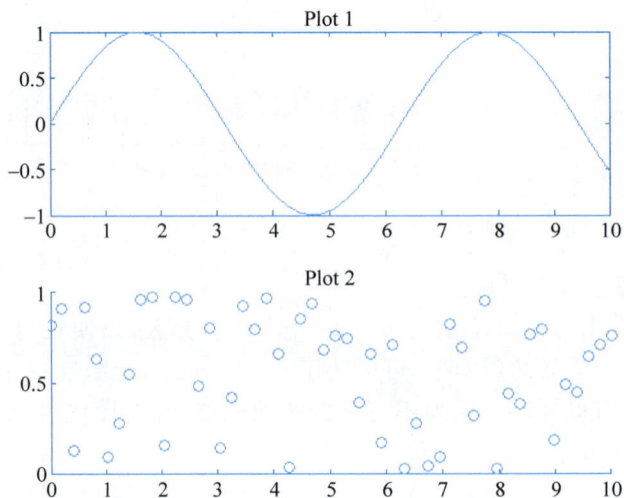

图 3-7   在一个图形窗口中显示多个坐标区

要创建跨多行或多列的绘图,可以在调用 nexttile 函数时指定 span 参数,如图 3-8 所示。例如,创建一个 2×2 布局,绘制前两个图块,然后创建一个跨一行两列的图。

```
x = linspace(0,10,50);
y1 = sin(x);
y2 = rand(50,1);
tiledlayout(2,2)
nexttile
plot(x,y1)
nexttile
scatter(x,y2)
nexttile([1 2])                %[1 2]为指定的 spans 区域
y2 = rand(50,1);
plot(x,y2)
```

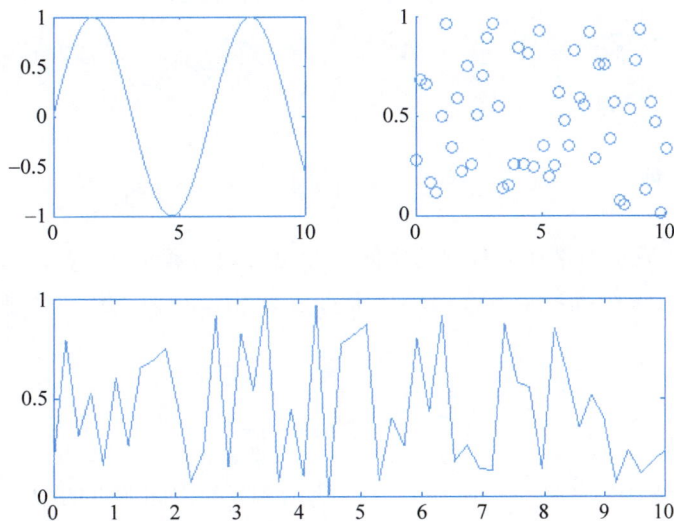

图 3-8　创建跨多行或多列的绘图

在 MATLAB R2019b 之前的版本中,MATLAB 提供的 subplot()函数可以直接用于图形窗口的分割,其调用格式如下。

```
h = subplot(m,n,k)
```

其中,k 是需要绘图的分区编号(按行计算),h 为该分区坐标系的句柄。例如,在同一窗口的不同区域用不同的绘图方式绘制正弦函数的曲线,如图 3-9 所示。

```
t = 0:.2:2 * pi;y = sin(t);              %先计算出绘图用数据
subplot(2,2,1),stairs(t,y)               %分割窗口,在左上角绘制阶梯曲线
subplot(2,2,2),stem(t,y)                 %火柴杆曲线绘制
subplot(2,2,3),bar(t,y)                  %条形图绘制
subplot(2,2,4),semilogx(t,y)             %横坐标为对数的曲线
```

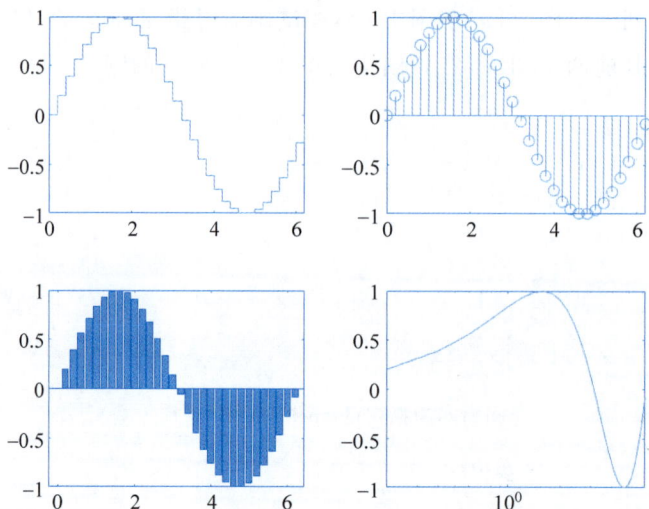

图 3-9　不同的二维曲线绘制函数

3.2　三维图形表示

3.2.1　三维曲线绘制

在三维空间运动的质点如果在 t 时刻的空间位置由参数方程 $x(t)$、$y(t)$、$z(t)$ 表示,则这个质点的轨迹就可以看成一条三维曲线。MATLAB 中可以使用 plot3() 函数绘制三维曲线,调用格式如下。

```
plot3(x,y,z)
plot3(x1,y1,z1,选项1,x2,y2,z2,选项2,…,xm,ym,zm,选项m)
```

其中,"选项"和二维曲线绘制的完全一致。x,y,z 为时刻 t 的空间质点的坐标构成的向量。

MATLAB 还提供了其他的三维曲线绘制函数,如 stem3() 函数可以绘制三维火柴杆型曲线,fill3() 函数可以绘制三维的填充图形,bar3() 函数可以绘制三维的直方图等。comet3() 函数将得出动态的轨迹显示。这些函数的调用格式可以参见其二维曲线绘制函数原型。

例如,绘制参数方程 $x(t)=t^3 \mathrm{e}^{-t}\sin 3t$,$y(t)=t^3 \mathrm{e}^{-t}\cos 3t$,$z=t^2$ 的三维曲线。需要先定义一个时间向量 t,由其表示出 x,y,z 向量,然后进行三维曲线绘制,如图 3-10 所示,注意要采用点运算。

```
t = 0:.1:2 * pi;                    % 构造t向量,注意下面的点运算
x = t.^3. * exp( - t). * sin(3 * t);
y = t.^3. * exp( - t). * cos(3 * t);z = t.^2;
plot3(x,y,z),grid                    % 三维曲线绘制,并绘制坐标系网格
```

已知三维函数的参数方程 $x(t)$、$y(t)$、$z(t)$ 的符号表达式,使用 fplot3() 函数直接绘制三维函数的曲线,该函数的调用格式如下。

```
fplot(xfun,yfun,zfun)
fplot(xfun,yfun,zfun,[tm,tM])
```

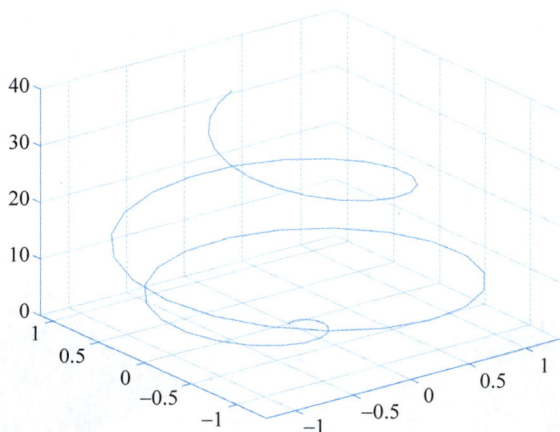

图 3-10 三维曲线的绘制

其中,xfun、yfun、zfun 为参数方程的数学表示形式,可以是符号表达式也可以是匿名函数表达式。参数 t 的默认区间为[0,5]。对于上述三维图形,采用此方法绘制三维曲线,结果与图 3-10 相同。

```
syms t;
x = t^3 * exp( - t) * sin(3 * t);
y = t^3 * exp( - t) * cos(3 * t);
z = t^2;fplot3(x,y,z,[0,2 * pi])
```

参数方程还可以由匿名函数表示,由下面的语句可以绘制出同样的三维曲线。

```
x = @(t)t.^3. * exp( - t). * sin(3 * t);
y = @(t)t.^3. * exp( - t). * cos(3 * t);
z = @(t)t.^2;
fplot3(x,y,z,[0,2 * pi])
```

3.2.2 三维曲面绘制

如果已知二元函数 $z=f(x,y)$,则可以考虑先在 xOy 平面生成一些网格点,然后求出每个点处的函数值,即可绘制三维曲面图。

1. 网格图与曲面图

MATLAB 提供的[x,y]=meshgrid(v1,v2)函数生成两个矩阵 x 与 y,将两个矩阵重叠在一起正好形成网格点的 x 与 y 坐标值,其中,v1 和 v2 生成网格点的向量。此时可以通过 z=f(x,y)函数直接计算出每个网格点的 z 坐标值,然后调用 MATLAB 提供的 mesh()函数与 surf()函数直接绘制三维数据的网格图与表面图,调用格式如下。

```
mesh(x,y,z)              % 绘制网格图
surf(x,y,z)              % 绘制曲面图
```

绘制三维图的函数还可以返回曲面的句柄,可以对得出的曲面进行进一步的操作处理。例如,绘制 $z=f(x,y)=(x^2-2x)\mathrm{e}^{-x^2-y^2-xy}$ 函数的三维网格图和曲面图如图 3-11 所示。

```
[x,y] = meshgrid(-3:0.1:2,-2:0.1:2);        % 生成 xOy 平面的网格矩阵 x,y
z = (x.^2 - 2 * x).* exp(-x.^2 - y.^2 - x.* y);   % 计算高度矩阵 z
mesh(x,y,z)                                   % 绘制三维网格图
surf(x,y,z)                                   % 绘制三维曲面图
```

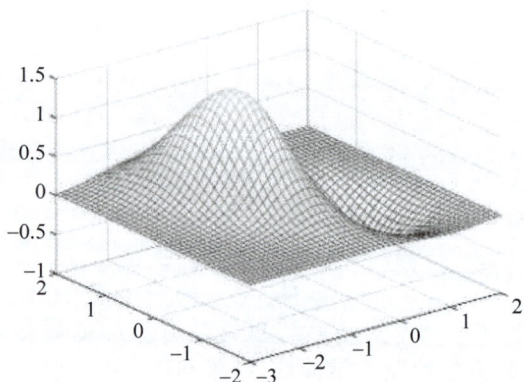

(a) 用mesh()函数绘制三维网格图

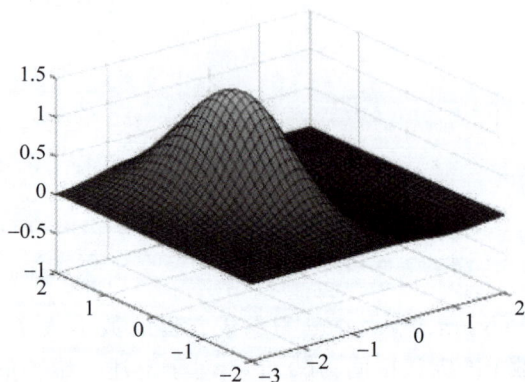

(b) 用surf()函数绘制三维曲面图

图 3-11   三维网格图和曲面图

2. 绘制函数的表面图

如果已知二元函数的显式表达式 $z = f(x,y)$，可以使用匿名函数或符号表达式描述该函数，然后调用 fsurf() 函数直接绘制二元函数的表面图。函数调用格式如下：

```
fsurf(f)
fsurf(f,[xm,xM])
fsurf(f,[xm,xM,ym,yM])
```

其中，f 为二元函数表达式，还可以指定 x 轴和 y 轴的范围（默认范围为 $[-5,5]$）。

例如，绘制如下分段联合概率密度函数的三维表面图，可以使用比较表达式来描述此函数，得到如图 3-12(a)所示的三维表面图。

$$p(x_1,x_2)=\begin{cases}0.5457\exp(-0.75x_2^2-3.75x_1^2-1.5x_1), & x_1+x_2>1\\0.7575\exp(-x_2^2-6x_1^2), & -1<x_1+x_2\leqslant1\\0.5457\exp(-0.75x_2^2-3.75x_1^2+1.5x_1), & x_1+x_2\leqslant-1\end{cases}$$

```
[x,y] = meshgrid(-1:.04:1,-2:.04:2);               % 生成网格数据
z = 0.5457 * exp(-0.75 * y.^2 - 3.75 * x.^2 - 1.5 * x).* (x+y>1) + ...
0.7575 * exp(-y.^2 - 6 * x.^2).* ((x+y>-1)&(x+y<=1)) + ...
0.5457 * exp(-0.75 * y.^2 - 3.75 * x.^2 + 1.5 * x).* (x+y<=-1);   % 分段函数
surf(x,y,z)
shading flat                                        % 绘制三维表面图
```

也可以使用 fsurf() 函数绘制函数的表面图，此时使用匿名函数或符号表达式描述分段函数，得出的结果如图 3-12(b)所示，两图趋势完全相同。

```
f = @(x,y)0.5457 * exp( - 0.75 * y.^2 - 3.75 * x.^2 - 1.5 * x). * (x + y > 1) + ...
0.7575 * exp( - y.^2 - 6 * x.^2). * ((x + y > - 1)&(x + y <= 1)) + ...
0.5457 * exp( - 0.75 * y.^2 - 3.75 * x.^2 + 1.5 * x). * (x + y <= - 1);        % 分段函数
fsurf(f,[ - 1,1, - 2,2,])
```

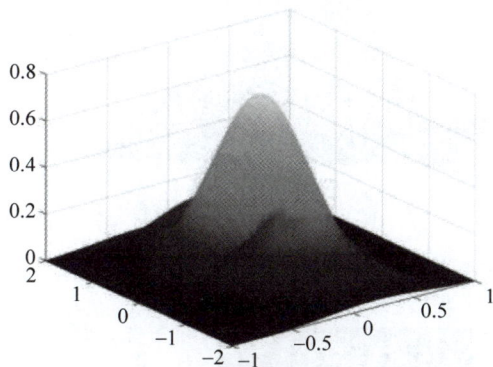

(a) 采用分段函数方式绘制表面图   (b) 采用匿名函数方式绘制表面图

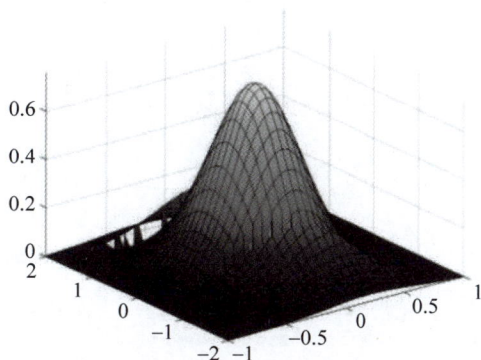

图 3-12　绘制函数的表面图

fmesh()函数、ezsurf()函数和 ezmesh()函数等,只需给出数学表达式即可绘制出所需的三维图形。

3.2.3　三维图形视角设置

MATLAB 中由方位角与仰角描述三维图形视角。方位角 α 定义为视点与原点连线在 xOy 平面投影线与 y 轴负方向之间的夹角,默认 $\alpha = 37.5°$,仰角 β 定义为视点与原点连线和 xOy 平面的夹角,默认 $\beta = 30°$,如图 3-13(a)所示。通过 view(α,β)函数可以改变视角来观察曲面。例如,对图 3-13(a)视角进行设置,设方位角 $\alpha = 80°$,仰角 $\beta = 10°$,得到视角变化如图 3-13(b)所示。

```
[x,y] = meshgrid( - 1:.04:1, - 2:.04:2);                          % 生成网格数据
z = 0.5457 * exp( - 0.75 * y.^2 - 3.75 * x.^2 - 1.5 * x). * (x + y > 1) + ...
0.7575 * exp( - y.^2 - 6 * x.^2). * ((x + y > - 1)&(x + y <= 1)) + ...
0.5457 * exp( - 0.75 * y.^2 - 3.75 * x.^2 + 1.5 * x). * (x + y <= - 1);        % 分段函数
surf(x,y,z)
shading flat                                                      % 绘制三维表面图
view(80,10)                                                       % 修改视角
```

机械制图等相关领域中对物体几何形状的描述规定了三视图方法,包括俯视图、主视图与侧视图。用户可以直接使用 MATLAB 命令得到三维曲线或者三维曲面的三视图,俯视图是从物体上方垂直向下看所观察到的形状,可设置仰角为 90°,方位角 α 为 0°,即使用 view(0,90)函数。主视图使用 view(0,0)函数,左侧视图使用 view(- 90,0)函数,右侧视图使用 view(90,0)函数。例如,在同一窗口中绘制图 3-13(b)的三视图,如图 3-14 所示。

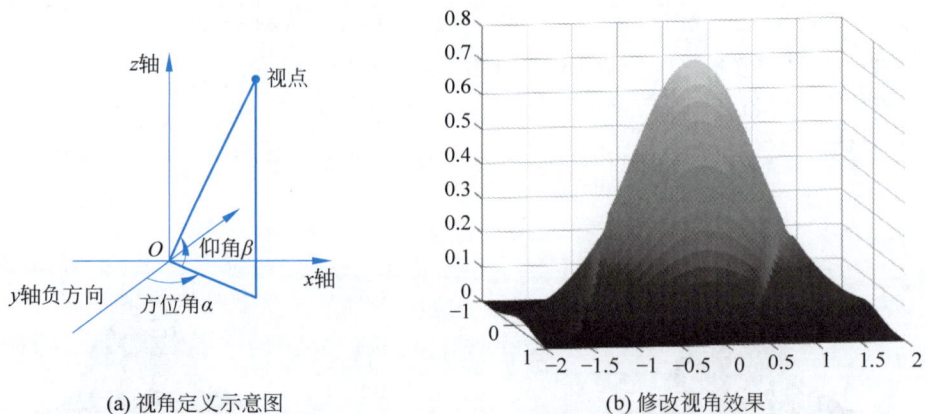

(a) 视角定义示意图　　　　(b) 修改视角效果

图 3-13　三维图形的视角定义示意图及修改视角效果图

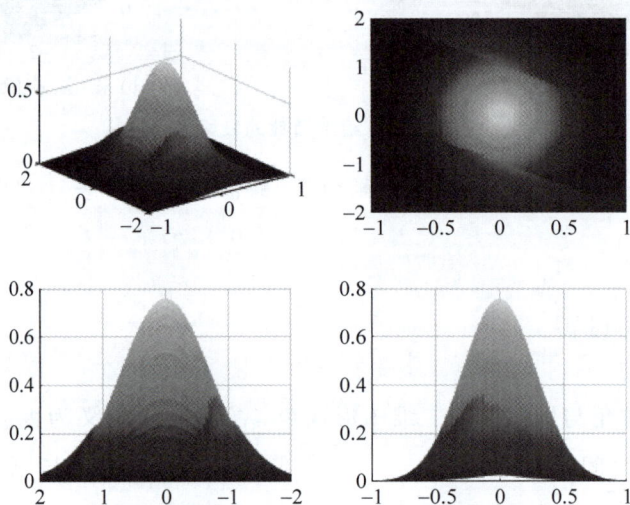

图 3-14　三维图形的三视图

```
[x,y] = meshgrid(-1:.04:1,-2:.04:2);                    % 生成网格数据
z = 0.5457 * exp(-0.75 * y.^2 - 3.75 * x.^2 - 1.5 * x). * (x + y > 1) + ...
0.7575 * exp(-y.^2 - 6 * x.^2). * ((x + y > -1)&(x + y <= 1))...
+ 0.5457 * exp(-0.75 * y.^2 - 3.75 * x.^2 + 1.5 * x). * (x + y <= -1);   % 分段函数
tiledlayout(2,2)
nexttile
surf(x,y,z)
nexttile
surf(x,y,z),view(0,90);                                 % 俯视图
Nexttile
surf(x,y,z),view(-90,0);                                % 侧视图
nexttile
surf(x,y,z),view(0,0);                                  % 主视图
```

可以在图形窗口中任意改变视角,在工具栏或坐标轴上方的图形旋转按钮◎,在坐标轴上拖动鼠标即可。调整过程中两个角度的值会在图形窗口左下角实时显示。确定了最终的视角后,还可以由[α,β]＝view(3)直接得出视角。

3.3 创新案例

1. 绘制函数曲线

尝试用三种方法绘制下面的饱和非线性特性函数的曲线，并在图中标明必要的坐标信息和注释，设定合适的坐标轴范围，使绘制图形美观。

$$y = \begin{cases} 1.1\mathrm{sign}(x), & |x| > 1.1 \\ x, & |x| \leqslant 1.1 \end{cases}$$

2. 绘制函数的三维表面图

尝试绘制 $f(x,y) = \sin\sqrt{x^2+y^2}/\sqrt{x^2+y^2}$，$-8 \leqslant x \leqslant 8$，$-8 \leqslant y \leqslant 8$ 函数的三维表面图。

第4集
微课视频

MATLAB 具有简洁直观的编程语法,能够快速实现算法原型,提高编程效率,主要内容如下。

(1) 熟悉和掌握 MATLAB 程序控制结构。

(2) 掌握 MATLAB 环境下,M 文件编辑和调试方法。

4.1 程序控制结构

程序是用某种计算机能够理解并且能够执行的语言来描述的解决问题的方法和步骤。程序设计并不是简单地编写代码,而是反映了利用计算机分析问题、解决问题的全过程。程序设计的基本步骤包括以下几步。

(1) 分析问题,确定求解问题的数学模型或者方法。

(2) 设计算法,并画出流程图。

(3) 选择编程工具,根据算法编写程序。

(4) 调试程序,分析程序输出结果。

任何程序都分为顺序结构、选择结构和循环结构三种基本结构。顺序结构是按照语句的先后顺序依次执行语句的一种结构;选择结构是根据条件满足或者不满足而去执行不同的语句;循环结构是指重复执行某些语句。如图 4-1 所示为三种流程控制语句基本结构。

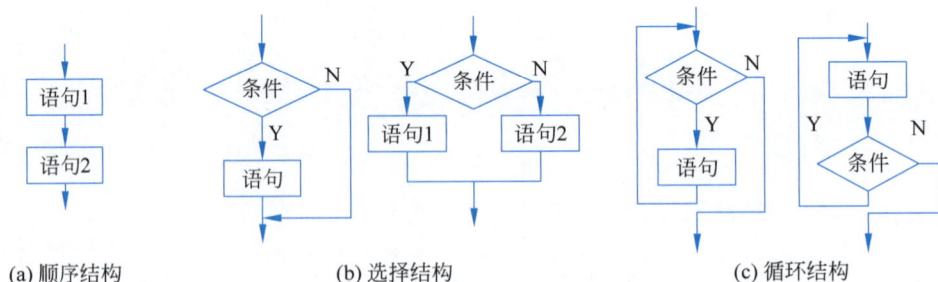

| (a) 顺序结构 | (b) 选择结构 | (c) 循环结构 |

图 4-1 程序控制语句基本结构示意图

4.1.1 顺序结构

顺序结构就是按语句出现的先后顺序依次执行,其基本结构如图 4-2 所示。

例如,求一元二次方程 $ax^2+bx+c=0$ 的根。

```
A = input('请输出一元二次方程的系数;a,b,c = ?')          % 获取一元二次方程系数
delta = A(2)^2 - 4 * A(1) * A(3);
x1 = ( - A(2) - sqrt(delta))/2 * A(1);
x2 = ( - A(2) + sqrt(delta))/2 * A(1);                  % 求解方程的根
fprintf(' % .2f , % .2f\n',x1,x2)                       % 打印结果
disp(['方程的解 x1 = ',num2str(x1),',方程的解 x2 = ',num2str(x2)]);
```

4.1.2 选择结构

根据给定的条件是否成立而分别执行不同的语句,MATLAB 用于实现选择结构的语句有 if-end 语句和 switch 语句。

1. if-end 语句

当条件成立时,则执行语句组,执行完之后继续执行 if 语句的后继语句,若条件不成立,则直接执行 if 语句的后继语句。if-end 语句执行顺序如图 4-3 所示。

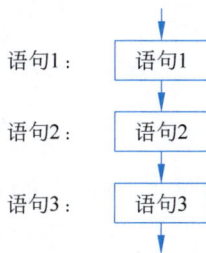

图 4-2　顺序结构执行顺序

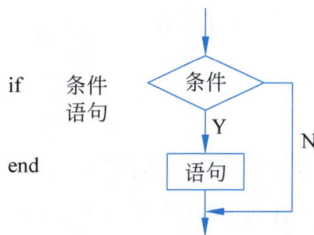

图 4-3　if-end 语句执行顺序

2. 双分支 if 语句

当条件成立时执行语句组 1,否则执行语句组 2,语句组 1 或语句组 2 执行后,再执行 if 语句的后继语句。双分支 if 语句执行顺序如图 4-4 所示。

例如,要计算分段函数

$$y=\begin{cases}\cos(x+1)+\sqrt{x^2+1}, & x=10\\ x\sqrt{x+\sqrt{x}}, & x\neq 10\end{cases}$$

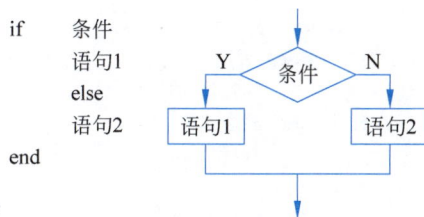

图 4-4　双分支 if 语句执行顺序

```
x = input('请输入 x 的值:');
if x == 10
   y = cos(x + 1) + sqrt(x * x + 1)
else
   y = x * sqrt(x + sqrt(x))
end
```

3. 多分支语句

多分支控制语句实现满足一定条件,就执行相应分支的功能,MATLAB 的分支控制有 if 结构和 switch 结构。

if 结构比较灵活,常用于条件的判断,多分支语句执行顺序如图 4-5 所示。对 if 和 elseif 的多个"条件"进行逻辑运算,满足哪个条件(逻辑运算的结果为 true)就执行后面相应的语句段,如果条件都不满足则执行 else 后的语句段;当"条件"为数组时,要全为 1 才能算满足条件,有一个为 0 都表示不满足条件。

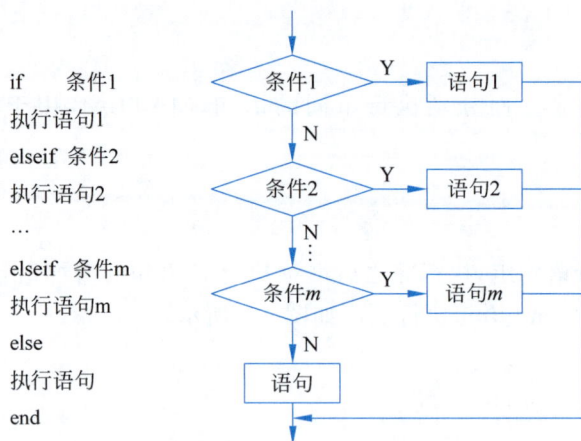

图 4-5　多分支语句执行顺序

switch 结构常用于各种条件的列举,语句结构执行顺序如图 4-6 所示。执行过程中,将表达式依次与 case 后面的值进行比较,满足值的范围就执行相应的语句段,如果都不满足,则执行 otherwise 后面的语句段,且表达式只能是标量或字符串。case 后面的值可以是标量、字符串或元胞数组,如果是元胞数组则将表达式与元胞数组的所有元素进行比较,只要某个元素与表达式相等,就执行其后的语句段。

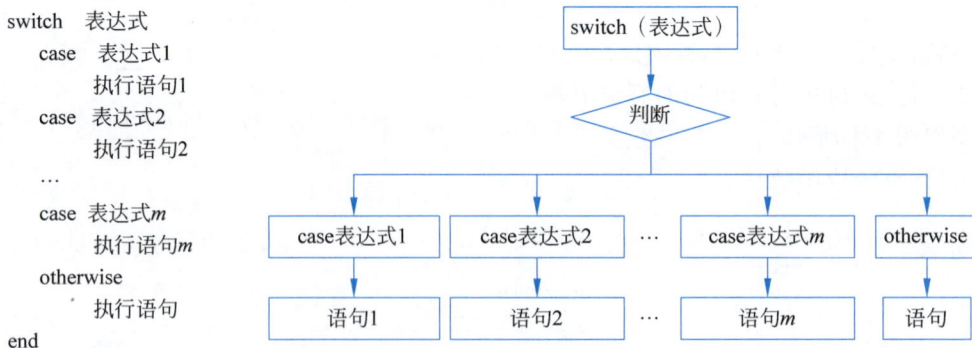

图 4-6　switch-case 语句执行顺序

对于 if 和 switch,MATLAB 都是执行与第一个 true 条件相对应的代码,然后退出该代码块。每个条件语句都需要 end 关键字。一般而言,如果具有多个可能的离散已知值,读取 switch 语句比读取 if 语句更容易,例如,

```
[dayNum, dayString] = weekday(date, 'long', 'en_US');
switch dayString
    case 'Monday'
        disp('Start of the work week')
    case 'Tuesday'
        disp('Day 2')
    case 'Wednesday'
        disp('Day 3')
    case 'Thursday'
        disp('Day 4')
    case 'Friday'
        disp('Last day of the work week')
    otherwise
        disp('Weekend!')
end
```

MATLAB 中无法使用 switch 和 case 表达分支情况的不等性。例如,无法使用 switch 实现以下类型条件。

```
yourNumber = input('Enter a number: ');
if yourNumber < 0
    disp('Negative')
elseif yourNumber > 0
    disp('Positive')
else
    disp('Zero')
end
```

4.1.3 循环结构

按照给定的条件,重复执行指定的语句,MATLAB 用于实现循环结构的循环执行包括 for 循环和 while 循环,两种循环均配套以 end 结尾。

1. 循环次数已知

for 循环常用于预先知道循环次数的情况,语句执行顺序如图 4-7 所示。其中,array 可以是向量也可以是矩阵,循环执行的次数就是 array 的列数,每次循环中循环变量依次取 array 的各列并执行循环体,直到所有列取完为止。

程序中常使用 for 循环结构嵌套 if 分支结构,但由于 MATLAB 执行循环的效率较低,为了提高程序执行效率,最好不要多使用循环,尽量使用 MATLAB 擅长的数组运算。

```
for  循环变量=array
循环体语句;
end
```

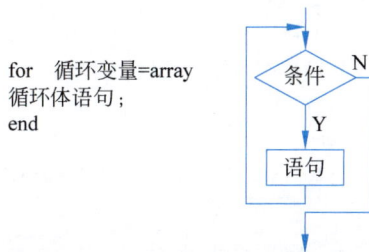

图 4-7 for-end 语句执行顺序

例如,想要在图像中绘制一组曲线,如图 4-8 所示。

```
x = 0:1:11;
y = zeros(1,11);
for m = 1:11
```

```
y(m) = 0.5 * sin(x(m));
end
plot(x(1:11),y,'r. - ','MarkerSize',13)
```

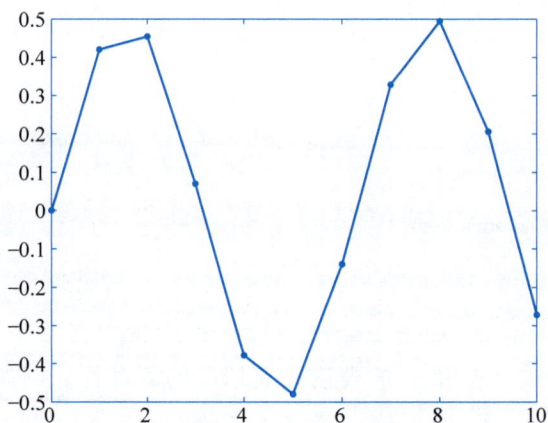

图 4-8　应用 for-end 语句绘制图形

```
while  条件表达式
循环体
end
```

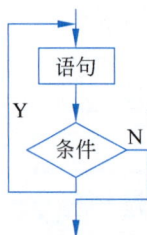

图 4-9　while-end 语句执行顺序

2. 循环次数未知

While 循环常用于预先知道循环条件或循环结束条件的情况,语句执行顺序如图 4-9 所示。当条件表达式为 true 时,执行循环体;当条件表达式为 false 时,结束循环。条件表达式可以是向量或矩阵,如果表达式为矩阵,则所有元素都为 true 才执行循环体,否则不执行;若条件表达式为 NaN,也不执行循环体。

应用 while 结构也可以实现图 4-8 的绘制效果,实现代码如下。

```
x = 0:1:11;
y = zeros(1,11);
m = 1;
while(m < = 11)
y(m) = 0.5 * sin(x(m));
m = m + 1;
end
plot(x(1:11),y,'r. - ','MarkerSize',13)
```

3. break 语句和 continue 语句

在循环结构中,break 语句和 continue 语句可用来控制循环的流程。

break 语句,可以使包含 break 的最内层 for 或 while 循环强制终止,并立即跳出该循环结构,执行 end 后面的命令。一般与 if 语句结合使用。

continue 语句,与 break 语句不同的是 continue 语句只结束本次 for 或 while 循环,而继续进行下次循环。一般也与 if 语句结合使用。

4.2 M文件编辑和调试

M文件可以在编辑器窗口中进行编辑和调试，可以通过设置断点、定位、清除工作空间和命令行窗口、添加注释和缩进等方法编辑程序，如图4-10所示。通过在程序中设置断点(breakpoints)、设置节(section)和进行单步调试(step,step in,step out)等帮助程序进行复杂逻辑和函数的调试。

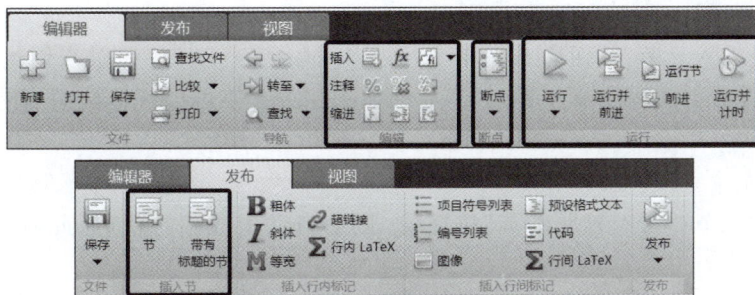

图4-10 脚本编辑器的调试功能

4.2.1 断点

断点(breakpoints)是在调试时暂停该语句。设置断点后，在所在行前有一个红点，最简单的设置断点的方法是直接在该行前面单击一下红点，或选中某行单击断点按钮，或按F12快捷键进行设置。再次单击行前的红点，即可取消断点。

4.2.2 运行和单步调试

单击运行按钮后，程序按流程执行，执行到断点位置程序暂停，此时可以进行单步调试并监测变量的变化。

1. step

step语句表示单步运行：如果下一行是执行语句，则单步执行下一句；如果本行是函数调用，则下一句不会进入被调用函数，而是直接执行下一行语句。当前执行的语句行前有绿色箭头，且光标放在变量上时，可以看到变量的当前值。

2. step in 和 step out

如果本行的函数被调用，step in是单步运行进入被调用函数内部，此时再使用step out可以立即从函数内部出来，退回到上一级调用函数继续执行。

3. continue

如果在中断状态运行continue语句，就会从中断处的语句运行到下一个断点或程序结束为止。

4.2.3　节

节(section)是将程序分成一个个独立的程序区,每个程序区用"％％"来分隔,可以单独调试,使调试过程更加方便。

1. 插入节

单击"编辑器→插入→节"按钮▣或者单击"发布→插入节→节"按钮▣来创建程序节,或者输入"％％"按下 Enter 键后创建程序节,在"％％"后面输入相关文字可以解释说明当前节的功能。

2. 插入带有标题的节

单击"发布→插入节→带有标题的节"按钮▣,则会自动生成两行代码,此时可以输入标题和相关说明文字。

```
%% SECTION TITLE
%% DESCRIPTIVE TEXT
```

4.3　创新案例

1. 求出满足 $s = \sum\limits_{i=1}^{m} i > 10000$ 的 m 的最小值。

2. 求解级数求和问题 $s = \sum\limits_{i=1}^{10000000} \left(\dfrac{1}{2^i} + \dfrac{1}{3^i} \right)$。

3. 实现求阶乘 $n!$ 的函数,附上函数代码并计算 $9!$ 的结果。

第 二 篇
MATLAB在自动控制理论中的应用

控制系统的数学模型是系统分析和设计的基础。为了有效地利用 MATLAB 对其进行分析和设计,需要掌握用 MATLAB 语言描述数学模型的方法。控制系统分为连续系统和离散系统,描述线性连续系统常用的描述方式是传递函数(矩阵)和状态方程,相应的离散系统可以用离散传递函数和离散状态方程表示。传递函数和状态方程之间、连续系统和离散系统之间还可以进行相互转换。

经典控制理论中,常用时域分析方法、根轨迹法和频域分析法来分析线性控制系统的性能。本篇将对这些问题进行详细介绍,具体包括如下章节。

第 5 章　线性控制系统的数学模型
第 6 章　线性系统性质分析
第 7 章　线性系统时域分析
第 8 章　线性系统根轨迹分析
第 9 章　线性系统频域分析

建立数学模型是分析和设计控制系统的基础,本章主要介绍 MATLAB 环境下控制系统数学模型建立方法。主要内容如下。

(1) 掌握 MATLAB 环境中连续和离散线性控制系统数学模型描述方法,包括传递函数模型、零极点模型和状态空间模型等。

(2) 掌握 MATLAB 环境中不同模型描述方式之间的转换方法。

(3) 掌握控制系统框图简化方法。

5.1 控制系统数学描述

根据软件工程面向对象的思想,MATLAB 控制系统工具箱通过建立专用的数据结构类型,把线性时不变系统的各种模型封装成为统一的线性时不变 (Linear Time-Invariant,LTI) 对象,包含了三种子对象,即 ss 对象、tf 对象和 zpk 对象。每个对象都具有其属性和方法,可以存取或者设置对象的属性值,子对象的属性名称和含义及其用法见表 5-1。

同时,LTI 子系统也有一些共有的属性,其名称和含义见表 5-2。

属性说明如下。

(1) 当系统为离散系统时,给出了系统的采样周期 T_s。$T_s=0$ 或缺省时表示系统为连续时间系统;$T_s=-1$ 表示系统是离散系统,但它的采样周期未定。

(2) 输入时延 T_d 仅对连续时间系统有效,其值是由每个输入通道的输入时延组成的时延数组,缺省表示无输入时延。

(3) 输入变量名 InputName 和输出变量名 OutputName 允许用户定义系统输入输出的名称,其值为字符串单元数组,分别与输入输出有相同的维数,可缺省。

(4) Notes 和用户数据 Userdata 用以存储模型的其他信息,常用于给出描述模型的文本信息,也可以包含用户需要的任意其他数据,可缺省。

5.1.1 传递函数模型

传递函数的一般表达式为

$$G(s)=\frac{Y(s)}{U(s)}=\frac{b_0 s^m+\cdots+b_{m-1}s+b_m}{a_0 s^n+\cdots+a_{n-1}s+a_n}$$

第5集
微课视频

表 5-1　三种 LTI 子对象及其属性含义

对象名称	属性名称	意　义	属性值的变量类型	函数名称及基本格式	功　能
tf 对象 （传递函数）	den	传递函数 分母系数	由行数组组成的单元阵列	tf(num,den,…)	生成（或将其他模型转换为）传递函数模型
	num	传递函数 分子系数	由行数组组成的单元阵列		
	variable	传递函数变量	s、z、p、k、z^{-1} 中之一		
zpk 对象 （零极点增益）	k	增益	二维矩阵	zpk(z,p,k,…)	生成（或将其他模型转换为）零极点增益模型
	p	极点	由行数组组成的单元阵列		
	variable	零极点增益 模型变量	s、z、p、k、z^{-1} 中之一		
	z	零点	由行数组组成的单元阵列		
ss 对象 （状态空间）	A	系数矩阵	二维矩阵	ss(A,B,C,D)	生成（或将其他模型转换为）状态空间模型
	B	系数矩阵	二维矩阵		
	C	系数矩阵	二维矩阵		
	D	系数矩阵	二维矩阵		
	e	系数矩阵	二维矩阵		
	StateName	状态变量名	字符串单元向量		

表 5-2　LTI 共有属性表

属 性 名 称	意　义	属性值和变量类型
Ts	采样周期	标量
Td	输入时延	数组
InputName	输入变量名	字符串单元矩阵（数组）
OutputName	输出变量名	字符串单元矩阵（数组）
Notes	说明	文本
Userdata	用户数据	任意数据类型

将传递函数模型输入 MATLAB 中有两种方法。

方法 1：定义分子向量和分母向量，分子和分母的系数向量按 s 的降幂次排列，调用 tf() 函数得到系统传递函数。

```
num = [b0,b1,…,bm]
den = [a0,a1,…,an]
G = tf(num,den)
```

方法 2：定义 Laplace 算子，直接输入模型表达式。

```
s = tf('s')
G = f(s)
```

传递函数具有以下的属性，可以通过 get(tf) 获取其所有属性。

```
Numerator: {}
Denominator: {}
Variable: 's'
```

```
    IODelay: []
    InputDelay: [0x1 double]
    OutputDelay: [0x1 double]
    Ts: 0
    TimeUnit: 'seconds'
    InputName: {0x1 cell}
    InputUnit: {0x1 cell}
    InputGroup: [1x1 struct]
    OutputName: {0x1 cell}
    OutputUnit: {0x1 cell}
    OutputGroup: [1x1 struct]
    Name: ''
    Notes: {}
    UserData: []
    SamplingGrid: [1x1 struct]
```

若想修改相关属性可以采用以下两种方式：

```
set(G, 'property name',value)
```

或者

```
G.property name = value
```

例 5-1　将以下系统的传递函数输入 MATLAB 中。

$$G(s) = \frac{s^3 + 2s^2 + 3s + 4}{s^3(s+2)[(s+5)^2 + 5]}$$

解：以上系统的传递函数较为复杂，可以采用两种方法建立模型。

方法 1：定义 Laplace 算子方法。

```
s = tf('s');
G = (s^3 + 2 * s^2 + 3 * s + 4)/(s^3 * (s + 2) * ((s + 5)^2 + 5))
```

方法 2：通过修改传递函数属性，综合使用两种传递函数的描述方法建立模型。

```
s = tf('s');
G = 1/(s^3 * (s + 2) * ((s + 5)^2 + 5))
G.num = [1 2 3 4]
```

若系统带有延迟环节，即 $G(s)\mathrm{e}^{-\tau s}$，$\tau=3$，可以通过以下方式将传递函数输入系统中。

```
G.IODelay = 3
```

或者

```
set(G,'IODelay',3)
```

或者在输入传递函数的过程中直接定义延迟环节算子。

```
s = tf('s');
G = (s^3 + 2 * s^2 + 3 * s + 4)/(s^3 * (s + 2) * ((s + 5)^2 + 5)) * exp( - 3 * s)
```

5.1.2　状态空间方程

线性时不变状态空间模型的一般表达式为

$$\begin{cases} \dot{X}(t) = AX(t) + BU(t) \\ Y(t) = CX(t) + DU(t) \end{cases}$$

将状态空间方程输入 MATLAB 中采用如下方法。

```
G = ss(A,B,C,D)
```

其中，A 是状态矩阵，为 $n \times n$ 维方阵；B 是输入矩阵，为 $n \times p$ 维；C 是系统输出矩阵，为 $q \times n$ 维；D 是传输矩阵，为 $q \times p$ 维。要注意矩阵维数匹配。

若状态空间方程含有延迟环节，如下所示。

$$E\dot{x}(t) = Ax(t) + Bu(t - \tau_i)$$
$$z(t) = Cx(t) + Du(t - \tau_i)$$
$$y(t) = z(t - \tau_o)$$

可以通过 get() 函数找到模型属性，输入延迟（InputDelay）和输出延迟（InputDelay），并设置对应属性值为指定矩阵或者向量。

```
G = ss(A,B,C,D,'InputDelay',ti,'OutputDelay',to)
```

例 5-2　将以下系统状态空间方程输入 MATLAB 中。

$$\dot{x}(t) = \begin{bmatrix} -12 & -17.2 & -16.8 & -11.9 \\ 6 & 8.6 & 8.4 & 6 \\ 6 & 8.7 & 8.4 & 6 \\ -5.9 & -8.6 & -8.3 & -6 \end{bmatrix} x(t) + \begin{bmatrix} 1.5 & 0.2 \\ 1 & 0.3 \\ 2 & 1 \\ 0 & 0.5 \end{bmatrix} u(t)$$

$$y(t) = \begin{bmatrix} 2 & 0.5 & 0 & 0.8 \\ 0.3 & 0.3 & 0.2 & 1 \end{bmatrix} x(t)$$

解：

```
A = [-12, -17.2, -16.8, -11.9;
     6,8.6,8.4,6;
     6,8.7,8.4,6;
     -5.9, -8.6, -8.3, -6];
B = [1.5,0.2; 1,0.3; 2,1; 0,0.5];
C = [2,0.5,0,0.8; 0.3,0.3,0.2,1];
D = zeros(2,2);
G = ss(A,B,C,D)              % 或 G = ss(A,B,C,0)
```

5.1.3　零极点增益模型

零极点增益模型相当于因式分解之后的传递函数模型，如下所示。

$$G(s) = K \frac{(s-z_0)(s-z_1)\cdots(s-z_m)}{(s-p_0)(s-p_1)\cdots(s-p_n)}$$

其中,零点向量为 z,极点向量为 p,增益为 K。向 MATLAB 中输入零极点增益模型为:

```
z = [z0,z1,...,zm]
p = [p0,p1,...,pn]
G = zpk(z,p,K)
```

例 5-3 将以下系统零极点增益模型输入 MATLAB 中。

$$G(s) = \frac{6(s+5)(s+2+j2)(s+2-j2)}{(s+4)(s+3)(s+2)(s+1)}$$

解:

```
P = [-1;-2;-3;-4];
Z = [-5;-2-2i;-2+2i];
G = zpk(Z,P,6)
```

注意零点向量和极点向量的符号。或者定义零极点算子 s=zpk('s')后直接输入。

```
s = zpk('s');
G = 6*(s+5)*(s+2+2i)*(s+2-2i)/((s+1)*(s+2)*(s+3)*(s+4))
```

5.1.4 离散系统传递函数模型

离散系统传递函数模型的数学描述(z 变换)如下。

$$H(z) = \frac{b_0 z^n + b_1 z^{n-1} + \cdots + b_{n-1} z + b_n}{a_1 z^n + a_2 z^{n-1} + \cdots + a_n z + a_{n+1}}$$

将离散系统传递函数模型输入 MATLAB 中有两种方法。

方法 1:通过设置采样时间 T 输入。

```
num = [b0,b1,...,bn]
den = [a1,a2,...,an,an+1]
G = tf(num,den,'Ts',T)
```

方法 2:定义 z 算子,直接输入模型表达式。

```
z = tf('z',T)
G = f(z)
```

若系统为带有延迟环节的离散传递函数,表示为

$$H(z) = \frac{b_0 z^n + b_1 z^{n-1} + \cdots + b_{n-1} z + b_n}{a_1 z^n + a_2 z^{n-1} + \cdots + a_n z + a_{n+1}} z^{-d}$$

系统实际延迟时间是采样周期 T 的整数倍,则有 MATLAB 命令为

```
G.IODelay = d
```

或者

```
set(G,'IODelay',d)
```

例 5-4　现有离散系统传递函数模型如下,其中 $T=0.1$,将其输入 MATLAB。

$$H(z)=\frac{6z^2-0.6z-0.12}{z^4-z^3+0.25z^2+0.25z-0.125}$$

解:输入 MATLAB 中有两种方法。

方法 1:

```
num = [6 - 0.6 - 0.12];
den = [1 - 1 0.25 0.25 - 0.125];
H = tf(num,den,'Ts',0.1)
```

方法 2:

```
z = tf('z',0.1);
H = (6 * z^2 - 0.6 * z - 0.12)/(z^4 - z^3 + 0.25 * z^2 + 0.25 * z - 0.125)
```

例 5-5　现有离散系统传递函数模型如下,其中 $T=0.1\mathrm{s}$,将其输入 MATLAB。

$$H(z)=\frac{(z-1/2)(z-1/2+j/2)(z-1/2-j/2)}{120(z+1/2)(z+1/3)(z+1/4)(z+1/5)}$$

解:输入 MATLAB 中要注意零极点向量的符号。

```
z = [1/2; 1/2 + 1i/2; 1/2 - 1i/2];
p = [-1/2; -1/3; -1/4; -1/5];
H = zpk(z,p,1/120,'Ts',0.1)
```

5.1.5　离散系统状态空间方程

离散系统状态空间方程的系统数学模型为

$$x[(k+1)T]=Fx(kT)+Gu(kT)$$
$$y(kT)=Cx(kT)+Du(kT)$$

同样需要注意矩阵维数匹配,MATLAB 命令为

```
H = ss(F,G,C,D,'Ts',T)
```

对于含有延迟的数学模型

$$x[(k+1)T]=Fx(kT)+Gu[(k-d)T]$$
$$y(kT)=Cx(kT)+Du[(k-d)T]$$

MATLAB 命令为

```
H = ss(F , G , C , D , 'Ts', T , 'ioDelay', d)
```

5.2　不同模型之间的转换

不同模型表示间可以等效转换，MATLAB中具有可以直接实现等效转换的函数。

5.2.1　连续模型和离散模型之间的转换

连续模型和离散模型之间的转换。

```
G1 = c2d(G,T)
G1 = d2c(G)
```

例 5-6　2输入2输出的连续系统模型如下，将其转换为离散状态空间模型，采样时间 $T=0.1$。

$$\dot{x}(t) = \begin{bmatrix} -12 & -17.2 & -16.8 & -11.9 \\ 6 & 8.6 & 8.4 & 6 \\ 6 & 8.7 & 8.4 & 6 \\ -5.9 & -8.6 & -8.3 & -6 \end{bmatrix} x(t) + \begin{bmatrix} 1.5 & 0.2 \\ 1 & 0.3 \\ 2 & 1 \\ 0 & 0.5 \end{bmatrix} u(t)$$

$$y(t) = \begin{bmatrix} 2 & 0.5 & 0 & 0.8 \\ 0.3 & 0.3 & 0.2 & 1 \end{bmatrix} x(t)$$

解：

```
A = [-12,-17.2,-16.8,-11.9;
     6,8.6,8.4,6;
     6,8.7,8.4,6;
     -5.9,-8.6,-8.3,-6];
B = [1.5,0.2; 1,0.3; 2,1; 0,0.5];
C = [2 ,0.5,0,0.8; 0.3,0.3,0.2,1];
G = ss(A,B,C,0);
T = 0.1;
Gd = c2d(G,T)
```

应用离散模型转换连续模型的 d2c( )函数，使用 G1＝d2c(G)函数将上述模型转换回连续模型，无须给出采样时间 T，可以得到与原状态空间方程相同的结果。

```
G1 = d2c(Gd)
```

例 5-7　将带延迟的连续系统的传递函数进行离散化，$T=0.1\text{s}$。

$$G(s) = \frac{1}{(s+2)^3} e^{-2s}$$

解：应用不同方法对系统进行离散化。

```
s = tf('s');
G = 1/(s+2)^3;
G.ioDelay = 2;
G1 = c2d(G,0.1)              % 默认零阶保持器方法离散
G2 = c2d(G,0.1,'tustin')     % 双线性变换方法进行离散化
```

```
G1 =
          0.0001436z^2 + 0.0004946z + 0.0001064
    --------------------------------------------------- * z^( - 20)
       z^3 - 2.456 z^2 + 2.011 z - 0.5488
G2 =
9.391e - 05 z^3 + 0.0002817 z^2 + 0.0002817 z + 9.391e - 05
    --------------------------------------------------- * z^( - 20)
           z^3 - 2.455 z^2 + 2.008 z - 0.5477
```

可以看到,不同离散化方法得到的结果略有不同,但总体还是比较一致的。

5.2.2　状态空间方程与传递函数之间的转换

已知状态空间模型为

$$\begin{cases} \dot{X}(t) = AX(t) + BU(t) \\ Y(t) = CX(t) + DU(t) \end{cases}$$

若通过计算方法得到状态空间模型对应的传递函数,需要通过下式进行转换。

$$G(s) = Y(s)U^{-1}(s) = C(sI - A)^{-1}B + D$$

如果进行手工转换,需要较为复杂的计算,在 MATLAB 中,可以通过 tf() 函数直接得到,例如,对于例 5-6 中的状态空间模型,可通过如下代码将其转化为传递函数模型。

```
A = [ - 12, - 17.2, - 16.8, - 11.9;
      6,8.6,8.4,6;
      6,8.7,8.4,6;
      - 5.9, - 8.6, - 8.3, - 6];
B = [1.5,0.2; 1,0.3; 2,1; 0,0.5];
C = [2,0.5,0,0.8; 0.3,0.3,0.2,1];
D = zeros(2,2);
G = ss(A,B,C,D);
G1 = tf(G)
```

5.2.3　传递函数的状态空间实现

如果选取不同的状态变量,传递函数转换成状态空间模型的结果也不一样,在 MATLAB 中,默认的转换方法是使用 ss() 函数。例如,使用 ss(G) 函数来实现转换,其中,G 可以是传递函数方程或者是零极点模型,这种转换适用于延迟系统、离散系统和多变量系统。

```
Gs = ss(G)
```

例 5-8　现有连续多变量系统的传递函数方程矩阵如下,求其状态空间方程。

$$\boldsymbol{G}(s) = \begin{bmatrix} \dfrac{0.1134\mathrm{e}^{-0.75s}}{1.78s^2 + 4.48s + 1} & \dfrac{0.924}{2.07s + 1} \\ \dfrac{0.3378\mathrm{e}^{-0.3s}}{0.361s^2 + 1.09s + 1} & \dfrac{-0.318\mathrm{e}^{-1.29s}}{2.93s + 1} \end{bmatrix}$$

解:先用传递函数将多变量系统表示出来,然后通过 Gs＝ss(G) 将其转化成状态空间方程即可。

系统状态空间可以直接通过以下代码实现。

```
g11 = tf(0.1134,[1.78 4.48 1],'ioDelay',0.75);
g12 = tf(0.924,[2.07 1]);
g21 = tf(0.3378,[0.361 1.09 1],'ioDelay',0.3);
g22 = tf(-0.318,[2.93 1],'ioDelay',1.29);
G = [g11, g12; g21, g22];
G1 = ss(G)
```

5.2.4 系统最小实现

观察以下系统传递函数,把它写成零极点模型。

$$G(s) = \frac{5s^3 + 50s^2 + 155s + 150}{s^4 + 11s^3 + 41s^2 + 61s + 30}$$

```
G = tf([5 50 155 150],[1 11 41 61 30]);
zpk(G)
```

```
ans =
    5 (s+5) (s+3) (s+2)
  ----------------------
  (s+5) (s+3) (s+2) (s+1)
Continuous-time zero/pole/gain model.
```

可以得到简化的传递函数为

$$G(s) = \frac{5}{s+1}$$

对于类似的这种情况,如何找到系统的最简描述形式?可以直接使用 minreal() 函数得到系统的最小实现,函数表达方式如下。

```
Gm = minreal(G)
```

5.3 控制系统框图简化

典型的系统连接方式有串联结构、并联结构和反馈结构三种,反馈结构又分为正反馈和负反馈两种,不同连接方式的简化命令如图 5-1 所示。通过将系统模块化分解,并对各部分分别建模,可以对复杂系统进行拆解,并进一步简化系统。

下面,通过几个例子说明如何进行系统框图简化。

例 5-9 典型负反馈连接方式如图 5-2 所示。其中,

$$G(s) = \frac{12s^3 + 24s^2 + 12s + 20}{2s^4 + 4s^3 + 6s^2 + 2s + 2}, \quad G_c(s) = \frac{5s+3}{s}, \quad H(s) = \frac{1000}{s+1000}$$

求整体系统的传递函数。

解:

```
s = tf('s');
G = (12*s^3 + 24*s^2 + 12*s + 20)/(2*s^4 + 4*s^3 + 6*s^2 + 2*s + 2);
```

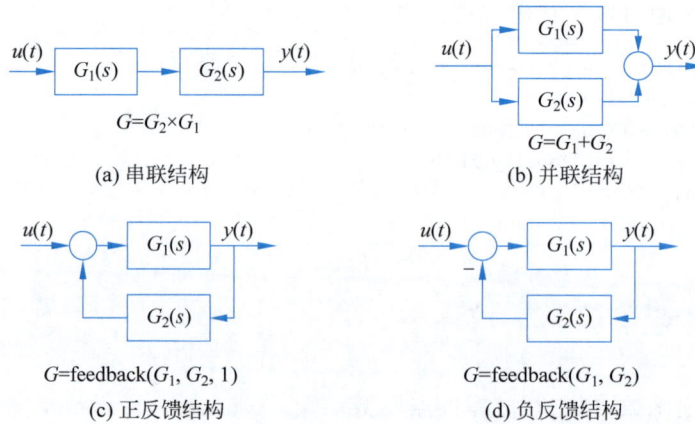

图 5-1　典型的系统连接方式

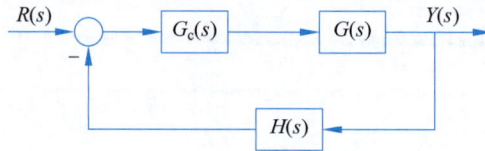

图 5-2　典型负反馈连接方式

```
Gc = (5 * s + 3)/s;
H = 1000/(s + 1000);
GG = feedback(G * Gc, H)
```

```
GG =
60s^5 + 60156s^4 + 156132s^3 + 132136s^2 + 136060s + 60000
----------------------------------------------------------------
2s^6 + 2004s^5 + 64006s^4 + 162002s^3 + 134002s^2 + 138000s + 60000
```

例 5-10　反馈系统构建。系统为多输入多输出的状态空间方程模型为

$$\dot{x}(t) = \begin{bmatrix} -12 & -17.2 & -16.8 & -11.9 \\ 6 & 8.6 & 8.4 & 6 \\ 6 & 8.7 & 8.4 & 6 \\ -5.9 & -8.6 & -8.3 & -6 \end{bmatrix} x(t) + \begin{bmatrix} 1.5 & 0.2 \\ 1 & 0.3 \\ 2 & 1 \\ 0 & 0.5 \end{bmatrix} u(t)$$

$$y(t) = \begin{bmatrix} 2 & 0.5 & 0 & 0.8 \\ 0.3 & 0.3 & 0.2 & 1 \end{bmatrix} x(t)$$

系统控制器传递函数矩阵为

$$\boldsymbol{G}_c(s) = \begin{bmatrix} (2s+1)/s & 0 \\ 0 & (5s+2)/s \end{bmatrix}$$

假设系统为单位负反馈系统,求系统的整体模型。

解:

```
A = [-12, -17.2, -16.8, -11.9;
     6, 8.6, 8.4, 6;
     6, 8.7, 8.4, 6;
     -5.9, -8.6, -8.3, -6];
```

```
B = [1.5,0.2; 1,0.3; 2,1; 0,0.5];
C = [2,0.5,0,0.8; 0.3,0.3,0.2,1];
D = zeros(2,2);
G = ss(A,B,C,D);
s = tf('s');
g11 = (2 * s + 1)/s;
g22 = (5 * s + 2)/s;
Gc = [g11 0;0 g22];
H = eye(2);                    % 单位负反馈矩阵
GG = feedback(G * Gc,H)
```

```
GG =
  A =
              x1       x2       x3       x4      x5     x6
      x1   − 18.3    − 19    − 17    − 15.3   1.5    0.2
      x2    1.55     7.15    8.1      2.9     1      0.3
      x3   − 3.5     5.2     7.4    − 2.2     2      1
      x4   − 6.65   − 9.35  − 8.8   − 8.5     0      0.5
      x5   − 2      − 0.5    0      − 0.8     0      0
      x6   − 0.6    − 0.6   − 0.4    − 2      0      0
  B =
           u1     u2
      x1   3      1
      x2   2      1.5
      x3   4      5
      x4   0      2.5
      x5   1      0
      x6   0      2
  C =
           x1    x2    x3    x4    x5    x6
      y1   2     0.5   0     0.8   0     0
      y2   0.3   0.3   0.2   1     0     0
  D =
           u1    u2
      y1   0     0
      y2   0     0
```

5.4 创新案例

1. 在 MATLAB 中建立如下传递函数 G_1 和 G_2,并将传递函数 G_1 和 G_2 分别转化为零极点模型和状态空间模型:

$$G_1(s) = \frac{2s^2 + 5s + 1}{s^2 + 2s + 3}, \quad G_2(s) = \frac{5(s+2)}{s+10}。$$

2. 系统结构如图 5-3 所示,各部分传递函数已给出,试分析并求系统总体输入输出关系。

$$G_1(s) = \frac{1}{s^2 + 2s + 1}, \quad G_2(s) = \frac{1}{s+1}, \quad G_3(s) = \frac{1}{2s+1},$$

$$G_4(s) = \frac{2}{3s+1}, \quad G_5(s) = \frac{5}{4s+1}$$

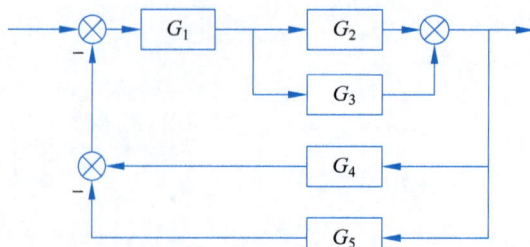

图 5-3　系统结构图

3. 试求如图 5-4 所示的系统的传递函数 $W(s) = \dfrac{X_c(s)}{X_r(s)}$。

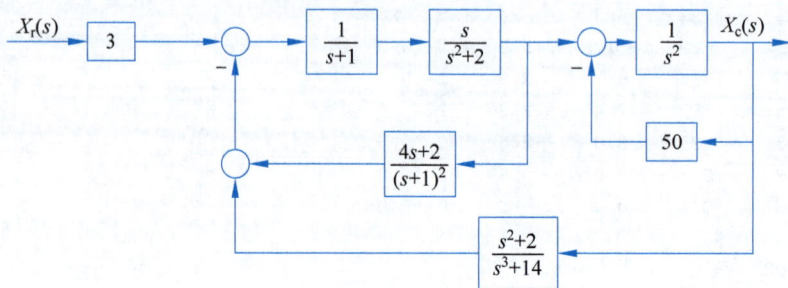

图 5-4　系统结构图

本章主要讲解线性系统的稳定性、可控性和可观性分析。主要内容如下。

(1) 掌握 MATLAB 环境下线性系统稳定性分析方法。

(2) 掌握 MATLAB 环境下线性系统可控性分析方法。

(3) 掌握 MATLAB 环境下线性系统可观测性分析方法。

6.1 线性系统稳定性分析

判定系统稳定性的方法有如下四种。

(1) 获取系统特征根。

对于连续系统,用 eig( )函数求取线性定常系统特征根,如使用 p＝eig(G)函数,将系统全部特征根赋值给 p,若 p 全部具有负实部,则系统稳定。对于离散系统,可以使用 r＝abs(eig(G))函数来判断系统稳定性,若 r＜1,则系统稳定。

(2) 直接判定法。

用 isstable( )函数直接判定系统稳定性。如使用 key＝isstable(G)函数,若 key＝1,则系统稳定。

(3) 分析系统零极点。

用 zero(G)函数求系统零点,用 pole(G)函数求系统极点,或用 roots( )函数确定系统的极点,根据系统的零极点分布确定系统稳定性。

(4) 图像法。

用 pzmap( )函数或 pzmap(num,den)函数绘制系统零点和极点在 s-复平面的分布,极点用×表示,零点用○表示。

线性系统稳定性充分必要条件:连续系统,系统特征方程根(闭环传递函数极点)全部分布在 s-复平面虚轴左侧;离散系统,系统特征方程根全部位于平面单位圆内。

例 6-1 已知闭环控制系统的传递函数,试用两种方法判定系统的稳定性。

$$G(s) = \frac{11}{s^4 + 5s^3 + 7s^2 + 9s + 11}$$

解:

方法 1:直接判定法。

```
den = [1 5 7 9 11];              %输入闭环传递函数特征多项式
p = roots(den);                  %求特征多项式极点
%p = eig(G)
% isstable(G)
```

得到系统特征根结果为

```
p = - 3.465
    - 1.6681
     0.06653
     0.06653
```

根据求取的系统特征根有两个特征根有正实部,因此判定系统不稳定。

方法 2:图像判定法。

```
num = 11;
den = [1 5 7 9 11];
pzmap(num,den);
```

得到该连续系统零极点分布图如图 6-1 所示,复平面有 2 个极点在右半平面上,因此判定系统不稳定。

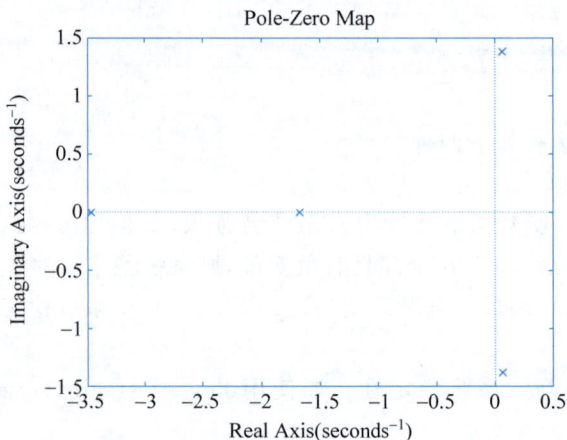

图 6-1　连续系统零极点分布图

例 6-2　高阶系统开环传递函数如下,试判定闭环单位负反馈系统稳定性。

$$G(s) = \frac{10s^4 + 50s^3 + 100s^2 + 100s + 40}{s^7 + 21s^6 + 184s^5 + 870s^4 + 2384s^3 + 3664s^2 + 2496s}$$

解:传递函数 $G(s)$ 为系统开环传递函数,首先要获取系统的闭环传递函数。

```
num = [10,50,100,100,40];
den = [1,21,184,870,2384,3664,2496,0];
G = tf(num,den);
GG = feedback(G,1);
```

```
GG =
    10 s^4 + 50 s^3 + 100 s^2 + 100 s + 40
  ---------------------------------------------------------
  s^7 + 21 s^6 + 184 s^5 + 880 s^4 + 2434 s^3 + 3764 s^2 + 2596 s + 40
```

采用直接判定法和图像法判定闭环系统稳定性。

```
pzmap(GG)
eig(GG)
isstable(GG)
```

其中,pzmap()函数得到系统零极点分布图如图 6-2 所示,×为系统零点,○为系统极点。根据图像可知,复平面没有极点在 s 右半平面上,因此可判定系统稳定。

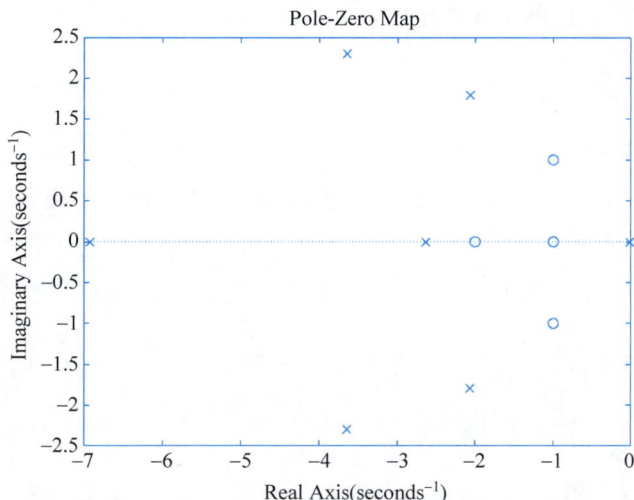

图 6-2　系统零极点分布图

```
eig(GG) =
 - 6.9223 + 0.0000i
   - 3.6502 + 2.3020i
   - 3.6502 - 2.3020i
   - 2.0633 + 1.7923i
   - 2.0633 - 1.7923i
   - 2.6349 + 0.0000i
   - 0.0158 + 0.0000i
isstable(GG) = 1
```

直接将系统描述方式转换为零极点模型,通过观察零极点模型的分母判定系统稳定性。

```
Gzpk = zpk(GG)
```

```
Gzpk =
  10 (s + 2) (s + 1) (s^2 + 2s + 2)
--------------------------------------------------------------
(s + 6.922)(s + 2.635)(s + 0.01577)(s^2 + 4.127s + 7.47)(s^2 + 7.3s + 18.62)
```

例 **6-3**　离散高阶被控对象传递函数为 $H(z)$,已知控制器模型为 $G_c(z)$,采样周期为 $T = 0.1\text{s}$,试分析单位负反馈下闭环控制系统稳定性。

$$H(z) = \frac{6z^2 - 0.6z - 0.12}{z^4 - z^3 + 0.25z^2 + 0.25z - 0.125}, \quad G_c(z) = 0.3 * \frac{z - 0.6}{z + 0.8}, \quad T = 0.1$$

解:首先构建闭环系统传递函数。

```
den = [1 -1 0.25 0.25 -0.125];
num = [6 -0.6 -0.12];
H = tf(num,den,'Ts',0.1);
z = tf('z','Ts',0.1);
Gc = 0.3 * (z-0.6)/(z+0.8);
GG = feedback(H * Gc,1);
```

然后判定闭环系统稳定性。对于离散系统,要判断系统的特征根是否都位于复平面单位圆内部,即判断特征根的绝对值是否小于1。若特征根的绝对值全都小于1,则闭环系统稳定;若有某个特征根的绝对值大于或等于1,则闭环系统不稳定。

```
pzmap(GG),
d = abs(eig(GG))
stable = isstable(GG)
```

系统零极点分布图如图6-3所示,根据图像可知,单位圆外有2个极点,因此判定系统不稳定。stable＝0,也表明系统不稳定。

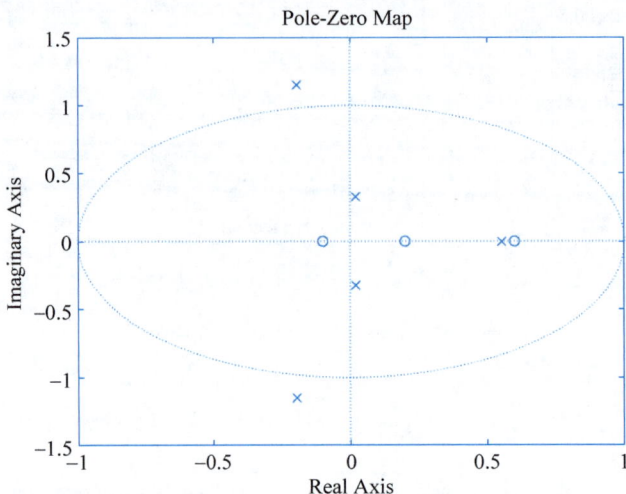

图6-3　系统零极点分布图

```
d =
    1.1644
    1.1644
    0.5536
    0.3232
    0.3232
stable = 0
```

6.2　线性系统可控性分析

线性系统的可控性和可观测性是基于状态方程的控制理论的基础,其概念是 Kalman 于 1960 年提出的,这些性质为系统的状态反馈设计、观测器的设计等提供了依据。假设系统由状态方程(A,B,C,D)给出,对任意的初始时刻t_0,如果状态空间中任一状态$x_i(t)$可以从初始状态$x_i(t_0)$,在有界的输入信号$u(t)$的驱动下,在有限时间t内能够达到任意预先指定的状态$x_i(t)$,则称此状态是可控的。如果系统中所有的状态都是可控的,则称该系统为完全可控的系统。系统的可控性是指系统内部的状态是不是可以由外部输入信号控制的性质,对线性时不变系统来说,如果系统某个状态可控,则可以由外部信号任意控制。

首先,构造一个可控性判定矩阵:

$$T_c = \begin{bmatrix} B, AB, A^2B, \cdots, A^{n-1}B \end{bmatrix}$$

若矩阵 T_c 是满秩矩阵,则系统称为完全可控的。如果该矩阵不是满秩矩阵,则它的秩为系统的可控状态的个数。如果已知矩阵为 T,用 rank() 函数可以求出矩阵的秩,再将得出的秩和系统状态变量的个数相比较,就可以判定系统的可控性。

用 Tc＝ctrb(A,B)函数就可以建立起可控性判定矩阵 T_c,用最底层 MATLAB 命令也可以直接建立可控性判定矩阵。这里给出的判定方法既适用于连续系统,也适用于离散系统。

例 6-4   给定离散系统状态方程模型如下:

$$\boldsymbol{x}[(k+1)\boldsymbol{T}] = \begin{bmatrix} -2.2 & -0.7 & 1.5 & -1 \\ 0.2 & -6.3 & 6 & -1.5 \\ 0.6 & -0.9 & -2 & -0.5 \\ 1.4 & -0.1 & -1 & -3.5 \end{bmatrix} \boldsymbol{x}(k\boldsymbol{T}) + \begin{bmatrix} 6 & 9 \\ 4 & 6 \\ 4 & 4 \\ 8 & 4 \end{bmatrix} \boldsymbol{u}(k\boldsymbol{T})$$

解：将系统的矩阵 A 和 B 输入 MATLAB 中,可以直接判定系统的可控性。

```
A = [-2.2, -0.7,1.5, -1;
     0.2, -6.3,6, -1.5;
     0.6, -0.9, -2, -0.5;
     1.4, -0.1, -1, -3.5];
B = [6,9;4,6;4,4;8,4];
Tc = ctrb(A,B)                % 建立可控性判定矩阵
R = rank(Tc)                  % 判定系统的可控性,因为可得秩为 3,所以判定系统不可控
```

生成如下可控性判定矩阵,可以根据其秩判定系统的可控性。

$$\boldsymbol{T}_c = \begin{bmatrix} 6 & 9 & -18 & -22 & 54 & 52 & -162 & -118 \\ 4 & 6 & -12 & -18 & 36 & 58 & -108 & -202 \\ 4 & 4 & -12 & -10 & 36 & 26 & -108 & -74 \\ 8 & 4 & -24 & -6 & 72 & 2 & -216 & 34 \end{bmatrix}$$

$R＝3$,系统不满秩,因此系统不可控。

6.3   线性系统可观测性分析

假设系统由状态方程(A,B,C,D)给出,对任意的初始时刻 t_0,如果状态空间中任一状态 $x_i(t)$ 在任意有限时刻 t_f 的状态 $x_i(t_f)$ 可以由输出信号在这一时间区间 $t \in [t_0, t_f]$ 内的值精确地确定出来,则称此状态是可观测的。如果系统中所有的状态都是可观测的,则称该系统为完全可观测的系统。

类似于系统的可控性,系统的可观测性就是指系统内部的状态是不是可以由系统的输入、输出信号重建起来的性质。对线性时不变系统来说,如果系统某个状态可观测,则可以由输入、输出信号重建,构造可观测性判定矩阵如下:

$$\boldsymbol{T}_c = \begin{bmatrix} \boldsymbol{C} \\ \boldsymbol{CA} \\ \boldsymbol{CA}^2 \\ \vdots \\ \boldsymbol{CA}^{n-1} \end{bmatrix}$$

该矩阵的秩为系统的可观测状态数。如果该矩阵满秩,则系统是完全可观测的,即系统的所有

状态都可以由输入、输出信号重建。

由控制理论可知,系统的可观测性问题和系统的可控性问题是对偶关系,若想研究系统(A, C)的可观测性问题,可以将其转换成研究(A^T, C^T)系统的可控性问题,故前面所述的可控性分析的全部方法均可以扩展到系统的可观测性研究中。对应于可控性的 ctrb() 函数和 ctrbf() 函数,可控性有 obsv() 函数和 obsvf() 函数等。

6.4 创新案例

1. 已知系统的开环传递函数如下,试判断其构成的单位负反馈系统的稳定性。

$$G(s) = \frac{100(s+3)}{s(s+1)(s+2)}$$

2. 对于如下状态方程描述的系统,判定系统的可控性和可观性。

$$\dot{x} = \begin{bmatrix} 0 & 1 & 0 & 0 \\ 0 & 5 & 0 & 0 \\ 0 & 0 & -7 & 0 \\ 0 & 0 & 0 & 8 \end{bmatrix} x + \begin{bmatrix} 1 \\ 1 \\ 3 \\ 4 \end{bmatrix} u$$

$$y = \begin{bmatrix} 0 & 5 & 0 & 8 \end{bmatrix} x$$

时域分析方法是一种直接在时间域中对系统进行分析的方法,具有直观、准确的优点,并且可以提供系统时间响应的全部信息。主要内容如下。

(1) 掌握系统阶跃响应和脉冲响应在 MATLAB 中的参数求取与分析方法,掌握线性系统非零初始条件下和零初始条件下,任意输入系统响应的 MATLAB 分析方法。

(2) 掌握典型二阶系统阶跃响应性能的 MATLAB 分析方法。

7.1 线性系统时域响应

系统时域响应包括典型输入信号下响应、零状态响应、零输入响应和任意输入任意状态响应几种,可以通过解析方法获得精确结果,也可以通过数值解法快速得到结果。

1. 解析解法

(1) 对于状态空间模型,可以直接在时域中进行积分和微分运算。

```
subs()              % 定义一个符号变量
int()               % 进行符号积分运算
expm()              % 进行矩阵指运算
```

(2) 拉普拉斯变换,对于传递函数模型,可以对传递函数进行拉普拉斯变换或逆变换后再进行运算。对于连续系统,

```
laplace()           % 拉普拉斯变换
ilaplace()          % 拉普拉斯逆变换
```

对于离散系统,

```
ztrans()            % z 变换
iztrans()           % z 逆变换
```

对于带有延迟的系统,

```
heaviside(x-t)      % 将原函数延迟 t
```

解析解法有其方法本身局限性,根据 Abel 定理,求解四阶以上的多项式方程没有一般的解析解,高阶微分方程也没有解析解,所以对于某些复杂系统,应用解析法很难直接求得时域响应结果。

2. 数值解法

在实际应用中,不一定非要得到相应的解析表达式。应用微分方程的数值解方法求得时域响应曲线,可以满足系统分析需求。下面介绍几种求取系统响应的数值方法。

7.1.1　线性系统的阶跃响应和脉冲响应

获取时域响应的多种命令形式包括如下几种。

```
step(G)
[y,t] = step(G)
[y,t] = step(G,tf)
Y = step(G,t)
```

也可以将多个响应曲线绘制在一起。

```
step(G1, '-', G2, '-.b', G3, ':r')
```

脉冲响应曲线的 MATLAB 函数形式与阶跃响应相同。

```
impulse(G)
[y,t] = impulse(G)
[y,t] = impulse(G,tf)
Y = impulse(G,t)
```

> **Tips:**
> - 若输入是突然的脉冲,就是脉冲信号,可以表示为 $R(s)=L[\delta(t)]=1$。
> - 若输入是突变的跃变,就是阶跃信号,可以表示为 $R(s)=L[1(t)]=\dfrac{1}{s}$。
> - 若输入随时间逐渐变化,就是斜坡信号,可以表示为 $L[t\cdot 1(t)]=\dfrac{1}{s^2}$。
>
>   三种信号如图 7-1 所示。
>
>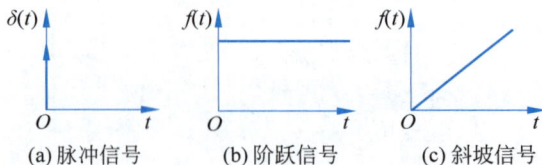
>
>   (a)脉冲信号　　(b)阶跃信号　　(c)斜坡信号
>
>   图 7-1　三种信号

例 7-1 带有延迟的系统如下,求系统的阶跃响应和脉冲响应。

$$G(s) = \frac{10s + 20}{10s^4 + 23s^3 + 26s^2 + 23s + 10} e^{-s}$$

解:

```
G = tf([10 20],[10 23 26 23 10],'ioDelay',1);
step(G,30);
impulse(G,30);
```

响应曲线的信息可以通过系统自动获取,如图 7-2 所示,例如,右击→characteristics,自动获取系统的超调量和调节时间。

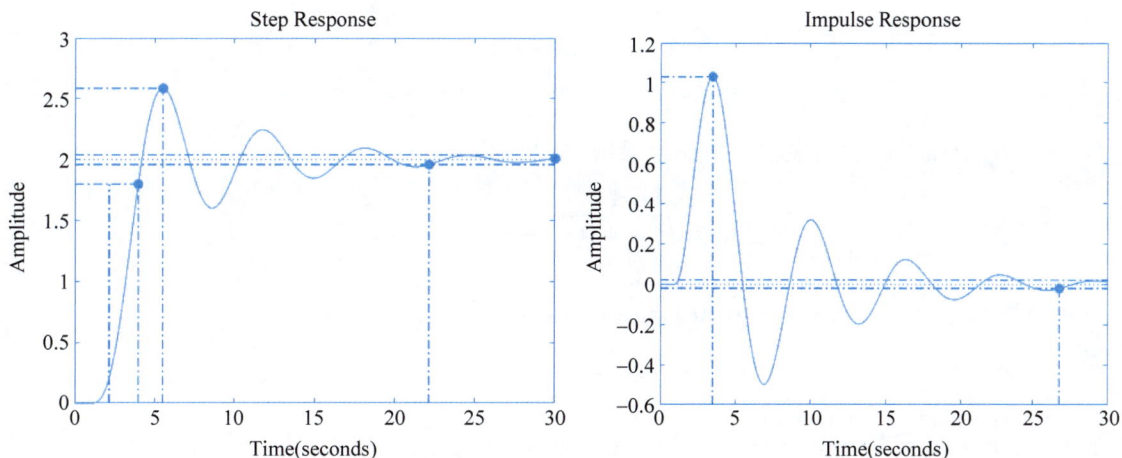

图 7-2 带有延迟的系统阶跃响应曲线和脉冲响应曲线

分析图 7-2 可以看出,带有延迟的阶跃响应曲线和脉冲响应曲线均具有一定的超调量,以及达到稳态所需的调节时间。

例 7-2 离散系统模型如下,观察系统在不同采样时间下的阶跃响应曲线,采样时间分别为 $T = 0.01, 0.1, 0.5, 1.2$。

$$G(s) = \frac{1}{s^2 + 0.2s + 1} e^{-s}$$

解:

```
G = tf(1,[1 0.2 1],'ioDelay',1);
G1 = c2d(G,0.01,'zoh'); G2 = c2d(G,0.1);
G3 = c2d(G,0.5); G4 = c2d(G,1.2);
step(G,'r-',G2,'y--',G3,'g:',G4,'b-.',10)
```

系统在不同采样时间下的阶跃响应曲线如图 7-3 所示。可以看出,在不同采样时间下,离散系统状态响应曲线精度不同。

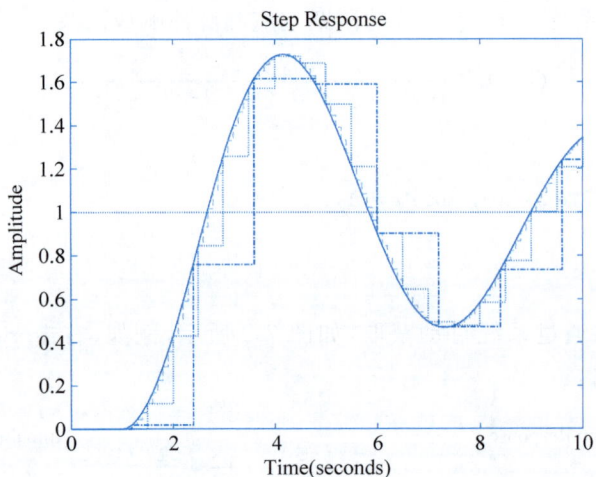

图 7-3　带有延迟的系统阶跃响应曲线和脉冲响应曲线

例 7-3　对于如下所示的多输入多输出系统,求其系统响应。

$$G(s) = \begin{bmatrix} \dfrac{0.1134\mathrm{e}^{-0.72s}}{1.78s^2 + 4.48s + 1} & \dfrac{0.924}{2.07s + 1} \\ \dfrac{0.3378\mathrm{e}^{-s}}{0.361s^2 + 1.09s + 1} & \dfrac{-0.318\mathrm{e}^{-1.29s}}{2.93s + 1} \end{bmatrix}$$

解:

```
g11 = tf(0.1134,[1.78 4.48 1],'ioDelay',0.72);
g12 = tf(0.924,[2.07 1]);
g21 = tf(0.3378,[0.361 1.09 1],'ioDelay',0.3);
g22 = tf(-0.318,[2.93 1],'ioDelay',1.29);
G = [g11, g12; g21, g22];
step(G)
```

得到多输入多输出系统响应曲线如图 7-4 所示。

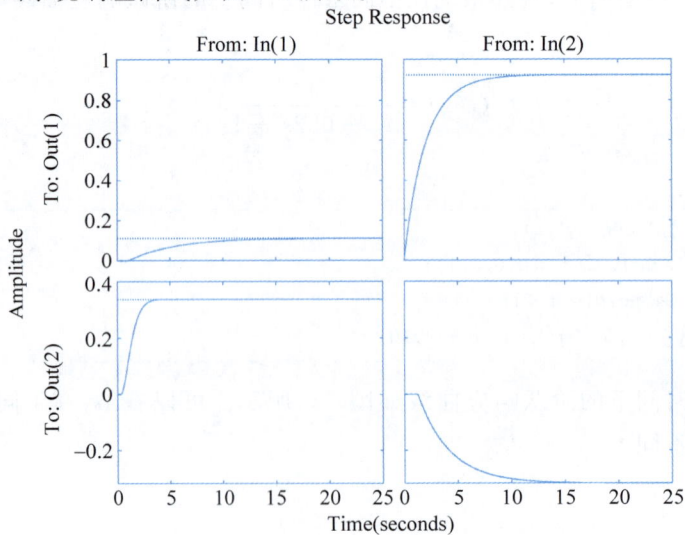

图 7-4　多输入多输出系统响应曲线

7.1.2 零初始状态系统响应

零初始状态下,系统任意输入信号的响应可以由 lsim() 函数得到。

```
[y,x] = lsim(G,u,t)
```

其中,y 为系统的输出响应,x 为系统状态响应,u 为控制输入信号,t 为时间向量,表示的是输入信号 u 在 t 的各个时刻的输入信号的值。可以用冒号表达式的方式定义时间向量 t,t=［初值：步长：终值］。

> **Tips：**
>
> 一些典型信号的响应可以通过 step() 函数和 impulse() 函数转换得到。例如,可以将 $G(s)$ 系统斜坡信号响应转换为：$G(s)/s$ 系统的阶跃响应或者 $G(s)/s^2$ 系统的脉冲响应。

例 7-4 求下面系统斜坡函数响应。

$$G(s) = \frac{10s + 20}{10s^4 + 23s^3 + 26s^2 + 23s + 10} e^{-s}$$

解：

```
G = tf([10 20],[10 23 26 23 10],'ioDelay',1);
s = tf('s');
step(G/s);              % impulse(G/s^2);
```

可以直接得到系统的响应曲线,如图 7-5 所示。

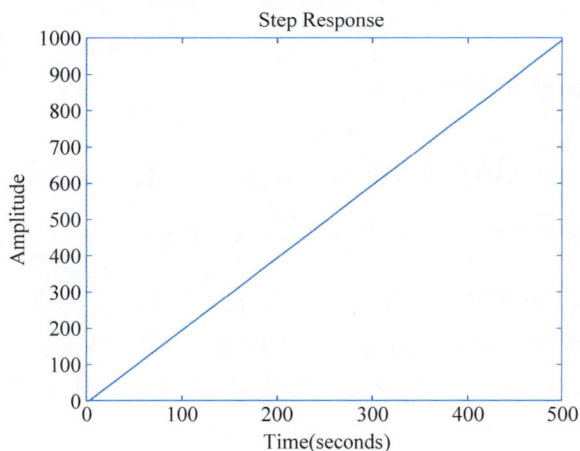

图 7-5 系统斜坡响应曲线

例 7-5 对于如下多变量系统：

$$\boldsymbol{G}(s) = \begin{bmatrix} \dfrac{0.1134e^{-0.72s}}{1.78s^2 + 4.48s + 1} & \dfrac{0.924}{2.07s + 1} \\[2mm] \dfrac{0.3378e^{-s}}{0.361s^2 + 1.09s + 1} & \dfrac{-0.318e^{-1.29s}}{2.93s + 1} \end{bmatrix}$$

第8集
微课视频

系统输入为 $u_1(t)=1-\mathrm{e}^{-t}\sin(3t+1)$，$u_2(t)=\sin(t)\cos(t+2)$，求系统的零初始状态响应曲线。

解：

```
g11 = tf(0.1134,[1.78 4.48 1],'ioDelay',0.72);
g12 = tf(0.924,[2.07 1]);
g21 = tf(0.3378,[0.361 1.09 1],'ioDelay',0.3);
g22 = tf( - 0.318,[2.93 1],'ioDelay',1.29);
G = [g11, g12; g21, g22]; t = [0:.1:15]';
u = [1 - exp( - t). * sin(3 * t + 1),sin(t). * cos(t + 2)];
lsim(G,u,t)
```

系统时域响应曲线如图 7-6 所示。

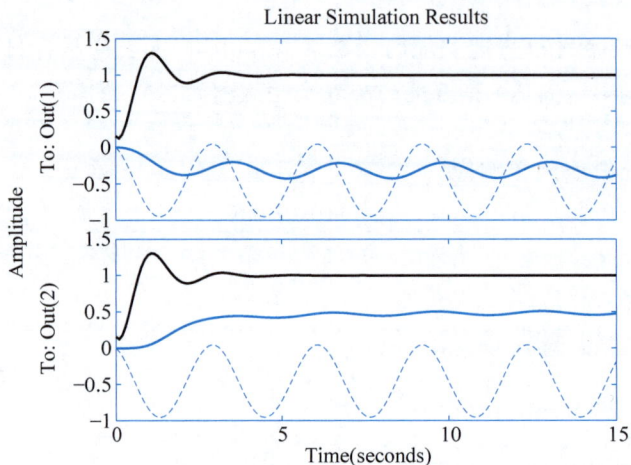

图 7-6　系统时域响应曲线 1

7.1.3　线性系统任意初始状态的响应

系统非零初始状态的零输入响应可以由 initial() 函数获得。

```
[y,t,x] = initial(G,x0,t)
```

其中，G 为系统传递函数，x0 为系统初始条件，y 为系统输出响应，x 为系统状态响应，t 为时间向量，同样也可以用冒号表达式的方式定义时间向量 t＝[初值：步长：终值]。

根据叠加原理，可以将线性系统的零初始状态响应与零输入响应两部分相加，得到系统任意初始状态的响应。

```
[y,t] = initial(G,x0,t) + lsim(G,u,t)
```

例 7-6　系统状态空间方程如下：

$$\dot{x}(t)=\begin{bmatrix} -19 & -16 & -16 & -19 \\ 21 & 16 & 17 & 19 \\ 20 & 17 & 16 & 20 \\ -20 & -16 & -16 & -19 \end{bmatrix}x(t)+\begin{bmatrix}1\\0\\1\\2\end{bmatrix}u(t)$$

$$y(t) = \begin{bmatrix} 2 & 1 & 0 & 0 \end{bmatrix} x(t)$$

系统输入为

$$u(t) = 2 + 2e^{-3t} \sin(2t)$$

系统初始状态为

$$\boldsymbol{x}^{\mathrm{T}}(0) = \begin{bmatrix} 0 & 1 & 1 & 2 \end{bmatrix}$$

求系统的时域响应。

解：

```
A = [-19,-16,-16,-19;
     21,16,17,19;
     20,17,16,20;
    -20,-16,-16,-19];
B = [1; 0; 1; 2];
C = [2 1 0 0];
G = ss(A,B,C,0);
x0 = [0; 1; 1; 2];
[y1,t] = initial(G,x0,10);
u = 2 + 2 * exp(-3 * t). * sin(2 * t);          %注意用点乘
y2 = lsim(G,u,t);
plot(t,y1 + y2)
```

系统时域响应曲线如图 7-7 所示。

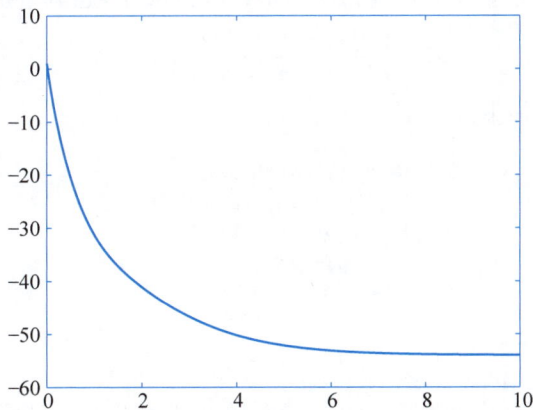

图 7-7　系统时域响应曲线 2

7.2　典型二阶系统的阶跃响应

二阶系统是控制理论中最典型的系统，已有大量研究支撑二阶系统的时域指标超调量 M_p、稳态时间 t_s、上升时间 t_r 和峰值时间 t_p、稳态误差 e_{ss} 等的计算方法，并能够分析二阶闭环系统的阻尼比 ξ 和自然振荡频率 ω_n 等参数变化对系统响应的影响。

7.2.1　二阶系统时域动态性能指标及其数值计算方法

对于如图 7-8 所示的二阶系统闭环结构，可以构建该系统传递函数的标准型，系统动态响应曲线如图 7-9 所示,根据二阶系统动态响应曲线,给出以下几个动态指标。

$$G(s) = \frac{Y(s)}{R(s)} = \frac{\omega_n^2}{s^2 + 2\xi\omega_n s + \omega_n^2}$$

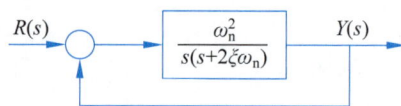

图 7-8 二阶系统闭环结构

根据闭环特征方程,研究 ξ 和 ω_n 参数对系统阶跃响应的影响。系统时域响应特征包括暂态响应和稳态响应两部分,即 $c(t) = c_t(t) + c_{ss}(t) =$ 暂态响应 + 稳态响应。

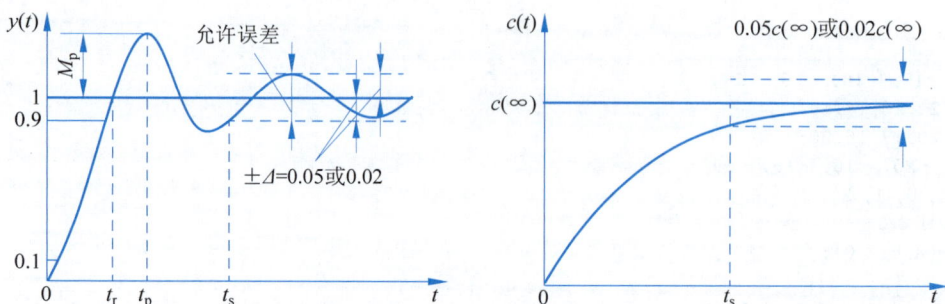

图 7-9 二阶系统响应曲线

1. 超调量

超调量表示被控输出第一个波的峰值与给定值的差的大小,超调量反映了系统平稳性。

$$M_p = \frac{y(t_p) - y(\infty)}{y(\infty)} \times 100\%$$

计算系统超调量的方法如下。

```
y = step(sys)              % 求阶跃响应曲线值
[Y,k] = max(y)             % 求 y 的峰值及峰值时间
C = dcgain(sys)            % 求取系统的终值
Mp = 100 * (Y − C)/C       % 计算超调量
```

2. 稳态时间(调节时间)

稳态时间指响应曲线达到并永远保持在一个允许误差范围内(工程上通常取 ±5% 或 ±2%)所需的最短时间。稳态时间 t_s 反映了系统的整体快速性,t_s 的大小一般与控制系统中的最大时间常数有关,t_s 越短,系统响应越快。MATLAB 计算系统稳态时间的方法如下。

```
[y,t] = step(sys);
C = dcgain(sys);
i = length(t);
while (y(i)> 0.98 * C)&(y(i)< 1.02 * C)
i = i − 1;
end
ts = t(i)
```

3. 上升时间

上升时间指响应曲线从 0 时刻开始,首次到达稳态值的时间。对于无超调系统,定义从到达稳态

的 10％ 上升到 90％ 所需的时间,反映了响应速度快慢。MATLAB 计算系统稳态时间的方法如下。

```
[y,t] = step(sys);
C = dcgain(sys);
n = 1;
while y(n)< = C
n = n+1;
end
tr = t(n)
```

4.峰值时间

峰值时间指阶跃响应曲线达到第一峰值所需要的时间,反映了系统的快速性。MATLAB 计算系统稳态时间的方法如下。

```
y = step(sys)
[Y,k] = max(y)                  % 求 y 的峰值
tp = t(k)                       % 获得峰值时间
```

5. 稳态误差

过渡过程结束时,稳态值与给定值之差是表示控制系统精度的重要质量指标,用稳态值的百分数表示,稳态误差反映了系统的调节精度,MATLAB 计算系统稳态时间的方法如下。

```
t = [0:0.001:15];
y = step(sys,t);
ess = 1−y;
Ep = ess(length(ess))           % 得到系统稳态误差
```

例 7-7 对于二阶系统传递函数如下:

$$G(s) = \frac{100}{s^2 + 3s + 100}$$

画出系统的阶跃响应曲线,使用两种方法获得系统的动态特性参数。

解:

方法 1:在阶跃响应曲线上找到关键点进行计算。

```
G = tf(100,[1 3 100])
step(G)
```

可以得到系统的响应曲线,如图 7-10 所示,通过在图中点选关键点,得到系统动态性能指标。

$M_p = (1.61−1)/1 = 61\%$, $t_s = 2.84(s)$, $t_r = 0.175(s)$, $t_p = 0.321(s)$, $e_{ss} = 2\%$

方法 2:通过 MATLAB 计算求得。

```
G = tf(100,[1,3,100]);
[y,t] = step(G);
C = dcgain(G) ;                 % 求系统的终值
[Y,k] = max(y);                 % 求 y 的峰值及相应的时间
Mp = 100 * (Y−C)/C              % 计算超调量
tp = t(k)                       % 获得峰值时间
```

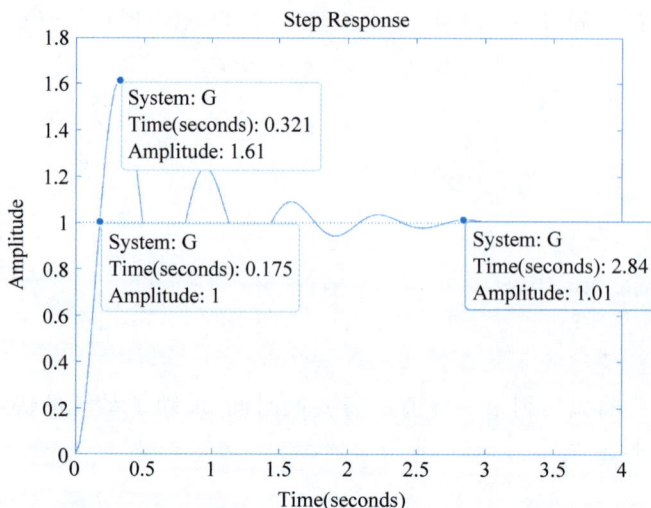

图 7-10   系统阶跃响应结果图

```
i = length(t);
while (y(i)> 0.98 * C)&(y(i)< 1.02 * C);
i = i - 1;
end
ts = t(i)                    % 获得稳态时间
n = 1;
while y(n)< = C;
n = n + 1;
end;
tr = t(n)                    % 获取上升时间
```

得到系统动态响应结果为

$$M_p = 61.7253\%, \quad t_p = 0.3070, \quad t_s = 2.5789, \quad t_r = 0.1842$$

7.2.2   二阶系统时域动态性能指标解析解法

对于上面描述的二阶系统,还可以使用公式方法求得其对应的动态性能指标。若系统传递函数方程为

$$\frac{Y(s)}{R(s)} = \frac{\omega_n^2}{s^2 + 2\xi\omega_n s + \omega_n^2}$$

可以计算出系统的性能指标如下。

(1) 超调量 M_p。

$$M_p = e^{-\frac{\xi\pi}{\sqrt{1-\xi^2}}} \times 100\%$$

(2) 稳态时间(调节时间)t_s。

当 $e(\infty) = \pm 5\%$ 时,

$$t_s \approx \frac{3}{\xi\omega_n}$$

当 $e(\infty) = \pm 2\%$ 时,

$$t_s \approx \frac{4}{\xi \omega_n}$$

（3）上升时间 t_r。

$$t_r = \frac{\pi - \theta}{\omega_n \sqrt{1-\xi^2}}, \quad \theta = \arctan \frac{\sqrt{1-\xi^2}}{\xi} = \arccos \xi$$

（4）峰值时间 t_p。

$$t_p = \frac{\pi}{\omega_n \sqrt{1-\xi^2}}$$

（5）稳态误差 e_{ss}。

$$e(\infty) = \lim_{t \to \infty}[r(t) - y(t)] = 1 - \lim_{t \to \infty} y(t)$$

```
wn = 10;
ksai = 0.15;
[k,den] = ord2(wn,ksai);
G = tf(wn^2,den);
C = dcgain(G);
% 超调量
Mp = exp(-(ksai*pi)/sqrt(1-ksai^2))
% 稳态时间
ts = 4/(ksai*wn);
thata = atan(sqrt(1-ksai^2)/ksai);
% 上升时间
tr = (pi-thata)/(wn*sqrt(1-ksai^2));
Ess = 1-C;
% 峰值时间
tp = pi/(wn*sqrt(1-ksai^2))
```

根据上述计算，可以得出以下结论：

（1）峰值时间 t_p、上升时间 t_r、调节时间 t_s 与 ξ 和 ω_n 有关。

（2）超调量 M_p 仅与 ξ 有关，与 ω_n 无关，ξ 越大，超调量越小。

7.3 创新案例

1. 二阶系统时域分析实验。

（1）根据二阶系统的标准传递函数，自定义参数 ω、ξ，令 ω 不变，绘制 4 种阻尼（无阻尼、欠阻尼、临界阻尼和过阻尼）状态的阶跃响应曲线（在一个坐标上绘制）。

（2）根据（1）的传递函数，在欠阻尼状态下，将 ω 扩大至原来的 2 倍和缩小至原来的 1/2，画出三条阶跃响应曲线（在一个坐标上绘制）。

（3）根据（1）和（2）绘制的曲线，分别在图上读取动态指标参数并进行分析，写出标准二阶系统中阻尼比、自然振荡频率参数变化对系统阶跃响应曲线的影响。

（4）根据（1）的传递函数，使用 MATLAB 方法获取动态特性参数，并与直接从图上获取的参数进行对比。

（5）根据以上实验，分析二阶系统参数对系统动态特性的影响。

（6）根据以上实验,思考以下两个问题:

① 二阶系统的显著特点是什么? 为什么控制系统把二阶系统作为主要分析对象?

② 二阶系统的动态特性分析为什么使用阶跃信号作为输入?

2. 控制系统结构如图 7-11 所示,其中 $K_1=2$,$K_3=1$,$T_2=0.25\mathrm{s}$,$K_2=2$,试求:

（1）输入量分别为 $X_r(t)=1$,$X_r(t)=t$,$X_r(t)=1/2t^2$ 时系统的稳态误差。

（2）系统的单位阶跃响应超调量 M_p 和稳态时间。

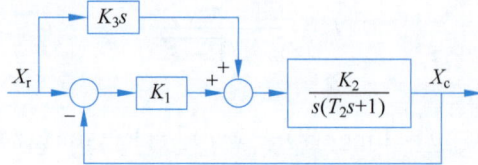

图 7-11　控制系统结构图

根轨迹法是分析和设计线性定常控制系统的图解方法,在进行多回路系统的分析时,应用根轨迹法十分方便,在工程实践中获得了广泛应用。主要内容如下。

(1)掌握 MATLAB 环境下系统根轨迹分析方法。

(2)掌握 MATLAB 环境下连续系统、离散系统根轨迹分析方法。

8.1　根轨迹法

根轨迹指开环系统某一参数从零变到无穷时,闭环系统特征方程式的根在 s 平面上变化的轨迹。当闭环系统没有零点与极点相消时,闭环特征方程式的根就是闭环传递函数的极点,简称为闭环极点。因此,从已知的开环零点、极点位置及某一变化的参数来求取闭环极点的分布,实际上就是解决闭环特征方程式的求根问题。

当特征方程的阶数高于四阶时,求根过程是比较复杂的。因此对于高阶系统的求根问题来说,解析法就很不方便。1948 年,W. R. Evans 在《控制系统的图解分析》一文中提出了根轨迹法。当开环增益或其他参数改变时,全部数值对应的闭环极点均可在根轨迹图上确定,又因为系统的稳定性由系统闭环极点唯一确定,而系统的稳态性能和动态性能又与闭环零、极点在 s 平面上的位置密切相关,所以根轨迹图不仅可以直接给出闭环系统时间响应的全部信息,而且还可指明开环零、极点应该怎样变化才能满足给定的闭环系统的性能指标要求。

如图 8-1 所示的控制系统,其闭环传递函数为

$$G(s)=\frac{C(s)}{R(s)}=\frac{2K}{s^2+2s+2K} \tag{8-1}$$

其特征方程可写为

$$s^2+2s+2K=0 \tag{8-2}$$

则系统特征方程的根为

$$s_1=-1+\sqrt{1-2K}$$
$$s_1=-1-\sqrt{1-2K} \tag{8-3}$$

令开环增益 K 从零变到无穷,可用解析的方法求出闭环极点的全部数值,将这些数值标注在 s 平面上并连成光滑实线,箭头表示随着 K 值的增加根轨迹的变化趋势,注的数值则代表与闭环极点位置相应的开环增益 K 的数值,如图 8-1(b)所示。

第10集
微课视频

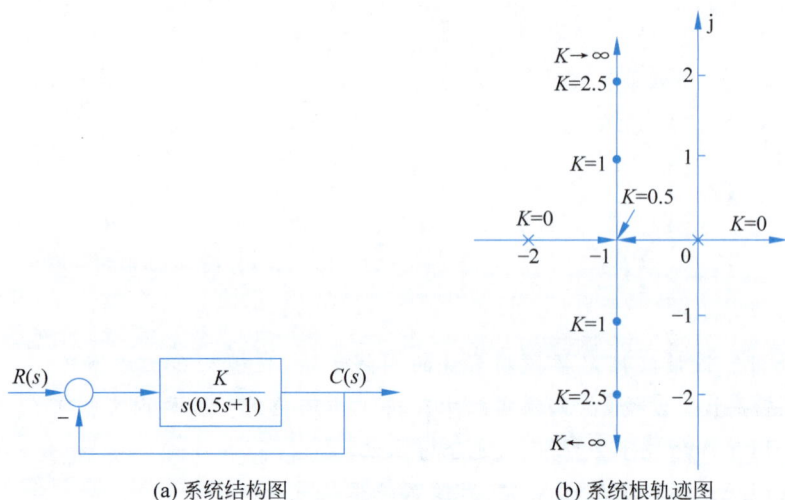

(a) 系统结构图　　　　　(b) 系统根轨迹图

图 8-1　控制系统结构

利用根轨迹图,可以分析系统的各种性能,以图 8-1 给出的控制系统示例进行说明。

(1) 系统稳定性分析。

当开环增益从零变到无穷时,图 8-1(b)上的根轨迹不会越过虚轴进入 s 右半平面,因此图 8-1(a)系统对所有的 K 都稳定的。对于其他高阶系统的根轨迹图,根轨迹有可能越过虚轴进入 s 右半平面,此时根轨迹与虚轴交点处的 K 值,就是临界开环增益。

(2) 系统稳态性能。

在图 8-1(b)中,开环系统在坐标原点有一个极点,所以系统属Ⅰ型系统,根轨迹上的 K 值就是静态速度误差系数。如果给定系统的稳态误差要求,则由根轨迹图可以确定闭环极点位置的容许范围。一般情况下,根轨迹图上标注出来的参数不是开环增益,而是根轨迹增益,开环增益和根轨迹增益之间仅相差一个比例常数,很容易进行换算。

(3) 系统动态性能。

由图 8-1(b)可见,当 $0<K<0.5$ 时,所有闭环极点位于实轴上,系统为过阻尼系统,单位阶跃响应为非周期过程;当 $K=0.5$ 时,闭环两个实数极点重合,系统为临界阻尼系统,单位阶跃响应仍为非周期过程,但响应速度较 $0<K<0.5$ 情况更快;当 $K>0.5$ 时,闭环极点为复数极点系统为欠阻尼系统,单位阶跃响应为阻尼振荡过程,且超调量将随 K 值的增大而加大,但调节时间的变化不会显著。

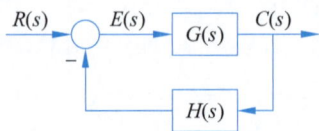

图 8-2　控制系统结构

上述分析表明,根轨迹与系统性能之间有着比较密切的联系。

由于开环零、极点是已知的,因此建立开环零、极点与闭环零、极点之间的关系,有助于闭环系统根轨迹的绘制,并由此导出根轨迹方程。

一般控制系统结构可以简化成如图 8-2 所示结构。

控制系统的闭环传递函数为

$$\Phi(s)=\frac{G(s)}{1+G(s)H(s)} \tag{8-4}$$

在一般情况下,前向通路传递函数 $G(s)$ 表示为

$$G(s) = \frac{K_G(\tau_1 s + 1)(\tau_2^2 s^2 + 2\xi_1\tau_2 s + 1)\cdots}{s^v(T_1 s + 1)(T_2^2 s^2 + 2\xi_2 T_2 s + 1)\cdots} = K_G^* \frac{\prod\limits_{i=1}^{f}(s - z_i)}{\prod\limits_{i=1}^{q}(s - p_i)} \tag{8-5}$$

其中，K_G 为前向通路增益；K_G^* 为前向通路根轨迹增益，它们之间满足的关系如下：

$$K_G^* = K_G \frac{\tau_1\tau_2^2\cdots}{T_1 T_2^2\cdots} \tag{8-6}$$

反馈通路传递函数 $H(s)$ 表示为

$$H(s) = K_H^* \frac{\prod\limits_{j=1}^{l}(s - z_j)}{\prod\limits_{j=1}^{h}(s - p_j)} \tag{8-7}$$

其中，K_H^* 为反馈通路根轨迹增益。

图 8-2 所示系统的开环传递函数可表示为

$$G(s)H(s) = K^* \frac{\prod\limits_{i=1}^{f}(s - z_i)\prod\limits_{j=1}^{l}(s - z_j)}{\prod\limits_{i=1}^{q}(s - p_i)\prod\limits_{j=1}^{h}(s - p_j)} \tag{8-8}$$

其中，$K^* = K_G^* K_H^*$ 称为开环系统根轨迹增益，它与开环增益 K 之间的关系仅相差一个比例常数。

对于有 m 个开环零点和 n 个开环极点的系统，必有 $f + l = m$ 和 $g + h = n$。

$$\Phi(s) = \frac{K_G^* \prod\limits_{i=1}^{f}(s - z_i)\prod\limits_{j=1}^{h}(s - p_j)}{\prod\limits_{i=1}^{n}(s - p_i) + K^* \prod\limits_{j=1}^{m}(s - z_j)} \tag{8-9}$$

比较闭环传递函数跟开环传递函数，可得以下结论。

(1) 闭环系统根轨迹增益，等于开环系统前向通路根轨迹增益；对于单位反馈系统，闭环系统根轨迹增益就等于开环系统根轨迹增益。

(2) 闭环零点由开环前向通路传递函数的零点和反馈通路传递函数的极点所组成，对于单位反馈系统，闭环零点就是开环零点。

(3) 闭环极点与开环零点开环极点及根增益 K^* 有关。

根轨迹法的基本思想是如何根据已知的开环零极点的分布和根轨迹增益，通过图解的方法找出闭环极点。一旦确定闭环极点后，便可以确定闭环传递函数形式，进而求得闭环系统的时间响应。在 MATLAB 中，绘制根轨迹的方法更加简单，假设系统开环传递函数为 W_k，开环增益为 K，则系统的根轨迹可以用 rlocus() 函数绘制，具体如下：

```
rlocus(Wk)
rlocus(Wk,K)
[R,K] = rlocus(Wk)
rlocus(Wk1,'-', Wk2,'-.b', Wk3,':r',)
```

注意：rlocus()不适用于有延迟环节的连续系统(此时系统的特征方程不是多项式方程)。

想要获取根轨迹上对应点的增益和对应其他所有极点位置，可使用 rlocfind() 函数，在

MATLAB 命令行窗口输入函数后,鼠标变为十字光标,在根轨迹图中单击相应的点,返回该点的增益 K 和对应极点值。

```
[k,poles] = rlocfind(G)
```

若想使用 MATLAB 绘制开环传递函数为 W_k 的闭环正反馈系统根轨迹,可以使用如下函数。

```
rlocus(-Wk)
```

例 8-1 系统开环传递函数如下,试用根轨迹方法分析系统特性,确定系统临界稳定的 K 值。

$$G(s) = \frac{s^2 + 4s + 8}{s^5 + 18s^4 + 120.3s^3 + 357.5s^2 + 478.5s + 306}$$

解:

```
num = [1 4 8];
den = [1,18,120.3,357.5,478.5,306];
G = tf(num,den);
rlocus(G)
[k,poles] = rlocfind(G)
```

得到系统根轨迹如图 8-3 所示。

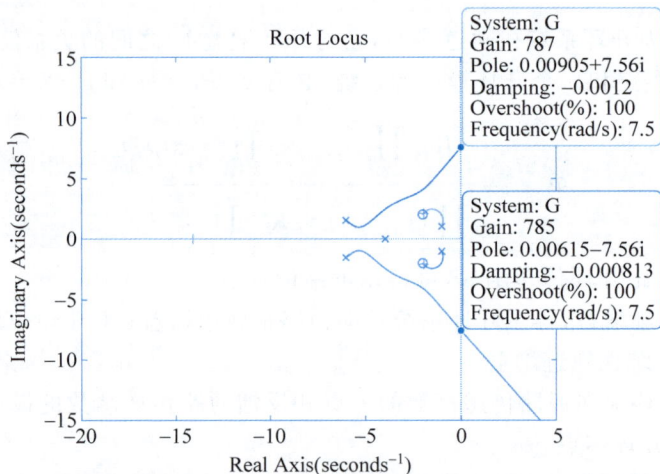

图 8-3 系统根轨迹 1

输入[k,poles]＝rlocfind(G)代码后光标变为十字,在图中单击系统对应点坐标,返回系统增益和极点值如下:

```
k =
  784.5152
poles =
 -14.0885 + 0.0000i
   0.0045 + 7.5523i
   0.0045 - 7.5523i
  -1.9602 + 2.0853i
  -1.9602 - 2.0853i
```

例 8-2 系统开环传递函数如下,试用根轨迹方法分析系统特性,确定系统临界稳定的 K 值。

$$G(s) = \frac{k}{s(s+4)(s+2-4j)(s+2+4j)}$$

解：

```
num = 1;
den = [conv([1,4,0],conv([1 2+4i],[1 2-4i]))]
G = tf(num,den)
rlocus(G);                    %绘制根轨迹
[k,p] = rlocfind(G)           %定位点的增益和极点
```

系统根轨迹如图 8-4 所示。

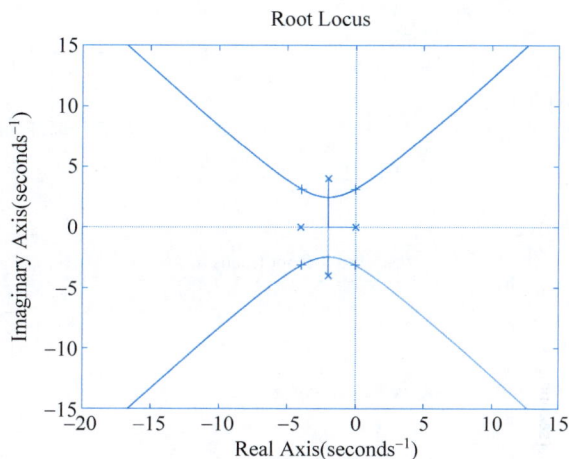

图 8-4　系统根轨迹 2

例 8-3　离散系统开环传递函数如下,采样周期为 $T = 0.1$,试用根轨迹方法分析系统稳定性。

$$G(z) = \frac{0.52(z-0.49)(z^2+1.28z+0.4385)}{(z-0.78)(z+0.29)(z^2+0.7z+0.1586)}$$

解：

```
z = tf('z','Ts',0.1);
G = 0.52 * (z-0.49) * (z^2+1.28*z+0.4385)/
((z-0.78) * (z+0.29) * (z^2+0.7*z+0.1586));
rlocus(G);
grid;                         %显示等阻尼和固有频率
```

离散系统的根轨迹如图 8-5(a)所示。当系统时滞为 6 时,得到离散系统的根轨迹如图 8-5(b)所示,对比发现,当系统具有滞后时间时,系统临界增益较小。

```
G.ioDelay = 6;
rlocus(G);
```

例 8-4　开环传递函数如下,求闭环正反馈系统根轨迹。

$$G(s) = \frac{s^2+5s+6}{s^5+13s^4+65s^3+157s^2+184s+80}$$

解：

```
G = tf([1 5 6],[1 13 65 157 184 80]);
rlocus(-G)
```

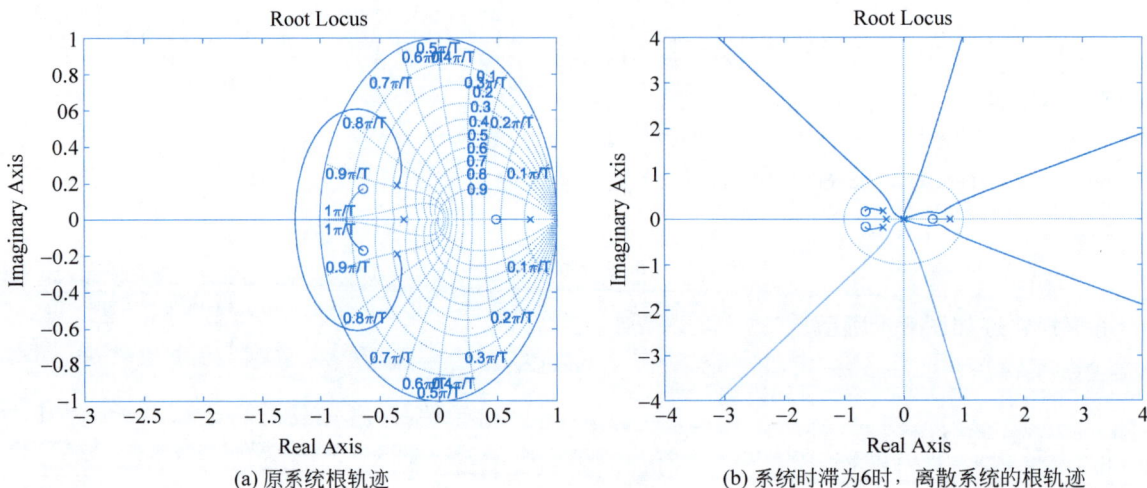

(a) 原系统根轨迹   (b) 系统时滞为6时，离散系统的根轨迹

图 8-5　系统根轨迹 3

系统根轨迹如图 8-6 所示。

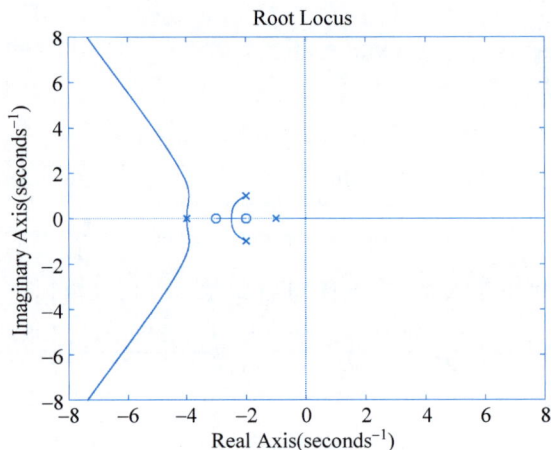

图 8-6　系统根轨迹 4

8.2　创新案例

1. 单位负反馈的开环传递函数如下，试确定系统稳定的 K 值范围。

$$W_K(s) = \frac{K_K(0.5s+1)}{s(s+1)(0.5s^2+s+1)}$$

2. 已知单位负反馈系统的开环传递函数：

$$W_K(s) = \frac{K_g}{(s+16)(s^2+2s+2)}$$

（1）试用根轨迹法确定系统临界稳定时 K_g 的值；

（2）试用根轨迹法确定，使闭环主导极点阻尼比 $\xi=0.5$ 和自然振荡频率 $\omega_n=2$ 时，K_g 的值。

3. 已知离散系统的传递函数模型，采样周期 $T=0.1\mathrm{s}$，试绘制其根轨迹曲线并求出临界增益。

$$G(z) = \frac{-0.95(z+0.51)(z+0.68)(z+1.3)(z^2-0.84z+0.196)}{(z+0.66)(z+0.96)(z^2-0.52z+0.1117)(z^2+1.36z+0.7328)}$$

系统的频域分析是控制系统分析中一种重要的方法。本章主要介绍单变量线性系统的频域分析方法。主要内容如下。

(1) 掌握 MATLAB 环境下系统的频域分析方法。

(2) 掌握 MATLAB 环境下,利用频率特性分析系统稳定性的方法。

(3) 掌握 MATLAB 环境下,系统的幅值裕度和相位裕度分析方法。

9.1 单变量线性系统频域分析

1932 年,Nyquist(奈奎斯特)提出了一种频域响应的绘图方法,称为 Nyquist 图,并提出可以用于系统稳定性分析的 Nyquist 定理。Bode(伯德)提出了另一种频率响应的分析方法,同时分析系统了幅值相位与频率之间的关系,称为 Bode 图。Nichols(尼科尔斯)在 Bode 图的基础上重新定义构成了 Nichols 图。上述方法是单变量系统频域分析中的重要方法,在系统分析及设计中起到重要作用。由于多变量系统的信号之间相互耦合,对某对输入输出信号单独设计控制器并不容易,需要引入解耦。

对系统的传递函数模型 $G(s)$ 来说,使用 $j\omega$ 取代复变量 s,可以得到系统的频率特性函数 $G(j\omega)$,也可以看作增益,是关于 ω 的复数函数。描述该复数函数存在几种方法,根据表示方法的不同,就可以构造出不同的频域响应曲线。

将复数分解为实部和虚部,它们分别是 ω 的函数:

$$G(j\omega) = P(\omega) + jQ(\omega)$$

若用横轴表示实数,纵轴表示虚数,则可以将增益 $G(j\omega)$ 在复数平面上表示出来,这样的曲线称为 Nyquist 图,该图是分析系统稳定性和一些性能的有效工具。MATLAB 提供的 nyquist() 函数可以直接绘制系统的 Nyquist 图。该函数的常用调用格式如下。

```
nyquist(G)                          % 不返回变量自动绘制 Nyquist 图
nyquist(G,{ωm,ωM})                  % 给定频率范围绘制 Nyquist 图
nyquist(G,ω)                        % 给定频率向量 ω 绘制 Nyquist 图
[R,I,ω] = nyquist(G)                % 计算 Nyquist 响应数值
nyquist(G1, '-', G2, '-.b', G3,':r') % 绘制几个系统的 Nyquist 图
```

单击 Nyquist 图上的点,可以查看该点处增益与频率间的关系。此外,MATLAB 提供的工具给传统的 Nyquist 图又赋予了新的特色,改写的 grid 指令

可以在 Nyquist 图上叠加出等幅值圆。

复数量 $G(\mathrm{j}\omega)$ 可以分解为幅值和相位的形式如下：

$$G(\mathrm{j}\omega) = A(\omega)\mathrm{e}^{-\mathrm{j}\phi(\omega)} \tag{9-1}$$

以频率 ω 为横轴，幅值 $A(\omega)$ 为纵轴，可以构造出幅值和频率之间的关系曲线，又称为 幅频特性。以频率 ω 为横轴，幅值 $\phi(\omega)$ 为纵轴，可以构造出相位和频率之间的关系曲线，又称为 相频特性。实际系统分析中，幅频特性常用对数形式表示横轴，其单位常用 rad/s，并对幅值进行对数变换，即 $M(\omega) = 20\lg[A(\omega)]$，其单位是分贝（dB）。相频特性中相位的单位常选取角度，这样绘制出的图形称为系统的 Bode 图。

MATLAB 控制系统工具箱提供的 bode() 函数可以直接绘制系统的 Bode 图。该函数的常用调用格式如下。

```
bode(G)                              % 不返回变量将自动绘制 Bode 图
bode(G,{ωm, ωM})                     % 给定频率范围绘制 Bode 图
bode(G,ω)                            % 给定频率向量 ω 绘制 Bode 图
[A,Φ,ω] = bode(G)                    % 计算 Bode 响应数值
bode(G1, '-', G2, '-.b', G3,':r')    % 同时绘制若干系统的 Bode 图
```

与 Nyquist 图不同的是，Bode 图可以同时绘制出系统增益、相位与频率间的关系，提供的信息量更大。

用横轴表示相位，用纵轴表示单位为 dB 的幅值，就可以绘制出另一种图形，称为 Nichols 图。MATLAB 控制系统工具箱提供的 nichols() 函数可以绘制出系统 Nichols 图，该函数的调用格式与 bode() 函数完全一致。grid 指令可以叠加出等幅值曲线和等相位曲线。

例 9-1 考虑连续线性系统的传递函数模型，绘制出系统的 Nyquist 图，并叠加等幅值圆。

$$G(s) = \frac{s+8}{s(s^2 + 0.2s + 4)(s+1)(s+3)}$$

解：

```
s = tf('s');
G = (s+8)/(s*(s^2 + 0.2*s + 4)*(s+1)*(s+3));
nyquist(G),grid                      % 绘制 Nyquist 图并叠加等幅值圆
set(gca, 'Ylim', [-1.5 1.5])         % 根据需要手动选择纵坐标范围
```

由于系统含有位于 $s=0$ 处的极点，所以若 ω 较小时，增益的幅值很大，远离单位圆，因此单位圆附近的 Nyquist 图形看得不是很清楚，因此应该给出相应的语句对得到的 Nyquist 图进行局部放大，如图 9-1(a)所示。

传统的 Nyquist 图不能显示出增益幅值和频率 ω 之间的关系，而 MATLAB 提供的工具允许用户单击选择 Nyquist 图上的点，这时将同时显示该点处的频率、增益及闭环系统超调量等信息，如图 9-1(b)所示。这样的工具为 Nyquist 图这一传统的工具赋予了新的功能，有助于系统的频域分析。

给出下面的命令。

```
bode(G);                             % 绘制系统的 Bode 图
figure; nichols(G), grid             % 绘制系统的 Nichols 图,并叠加等幅值线
```

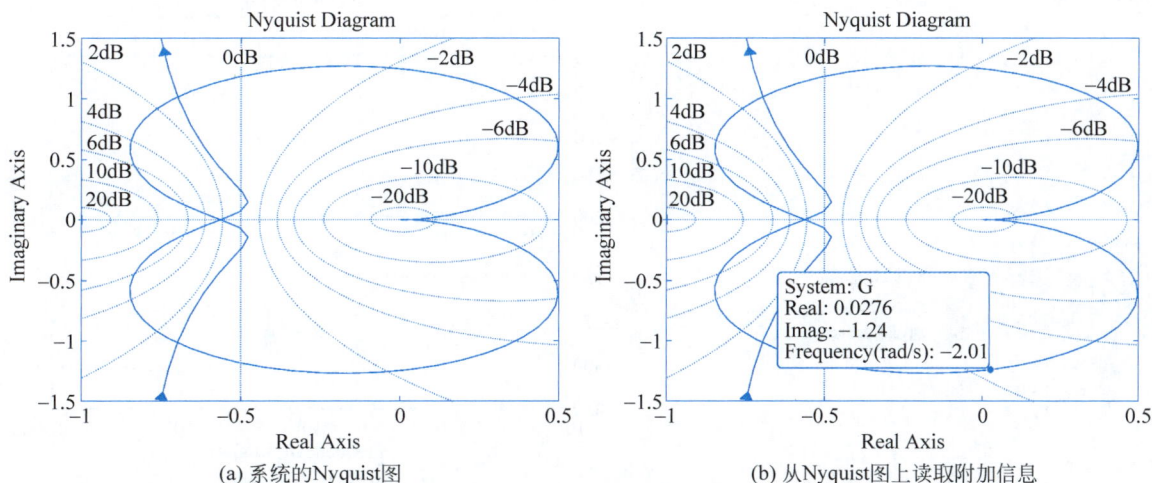

(a) 系统的Nyquist图　　　　　　(b) 从Nyquist图上读取附加信息

图 9-1　系统的频域响应分析结果 1

则将绘制出系统的 Bode 图和 Nichols 图,如图 9-2 所示。可以看出,这样的函数给系统的频域分析提供了很多的方便。

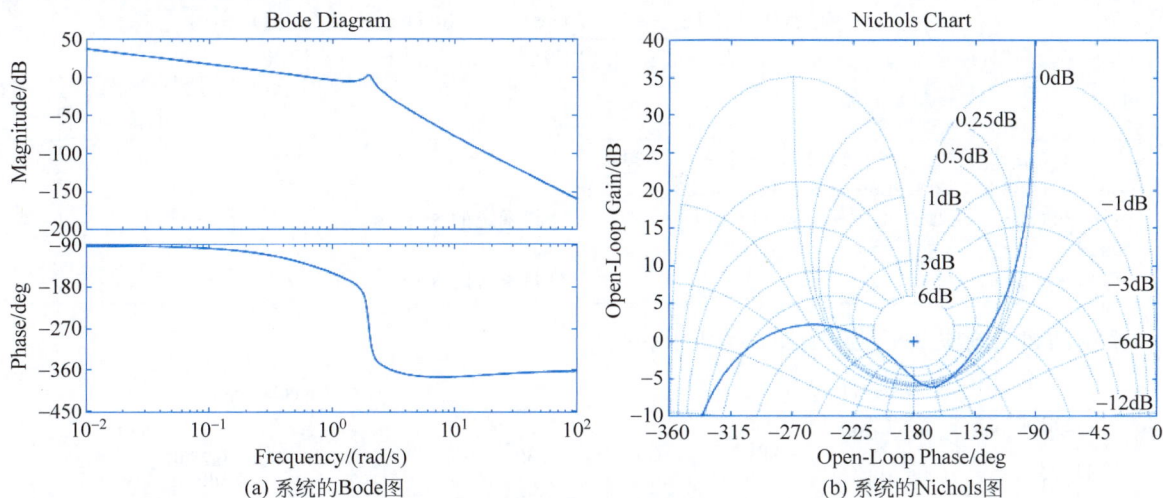

(a) 系统的Bode图　　　　　　(b) 系统的Nichols图

图 9-2　系统的频域响应分析结果 2

　　MATLAB 提供的这些函数允许用户选择特性分析功能,例如,在系统的 Bode 图上右击,可以出现快捷菜单,其 Characteristics 菜单项的内容如图 9-3(a)所示,从中可以选择稳定性相关的菜单项,则将得出如图 9-3(b)所示的 Bode 图。其他几个函数,如 nyquist()函数和 nichols()函数等,都支持自己的 Characteristics 菜单选择。

　　对离散系统 $H(z)$ 来说,可以将 $z=e^{j\omega T}$ 代入传递函数模型,就可以得出频率和增益 $H(j\omega)$ 之间的关系。MATLAB 中提供的各种频域响应分析函数,如 nyquist()函数等,同样直接适用于离散系统模型。

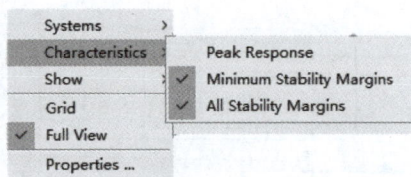

(a) 频率响应特性显示菜单   (b) 系统的Bode图

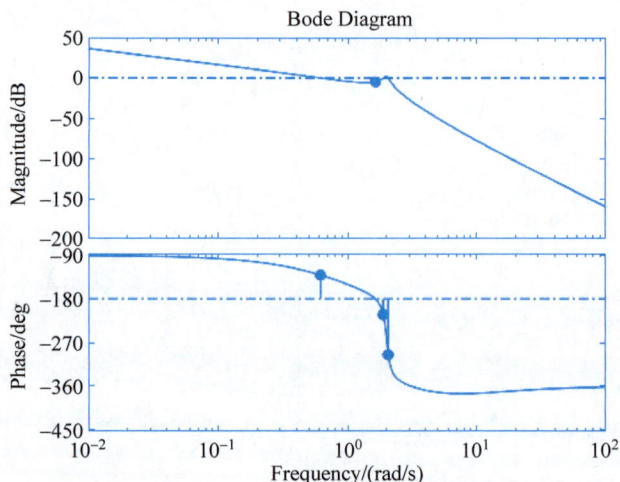

图 9-3　系统的频域响应分析结果 3

例 9-2　考虑离散系统的传递函数模型,采样周期为 $T = 0.1\text{s}$,绘制系统的 Nyquist 图和 Nichols 图。

$$G(z) = \frac{0.2(0.3124z^3 - 0.5743z^2 + 0.3879z - 0.0889)}{z^4 - 3.233z^3 + 3.9869z^2 - 2.2209z + 0.4723}$$

解:

```
num = 0.2 * [0.3124 - 0,5743 0.3879 - 0.0889];
den = [1 - 3.233 3.9869 - 2.2209 0.4723];
G = tf(num,den,'Ts',0.1); nyquist(G);        % 绘制系统的 Nyquist 图
grid
figure,nichols(G),grid                       % 绘制系统的 Nichols 图
```

系统的频域响应分析结果如图 9-4 所示。

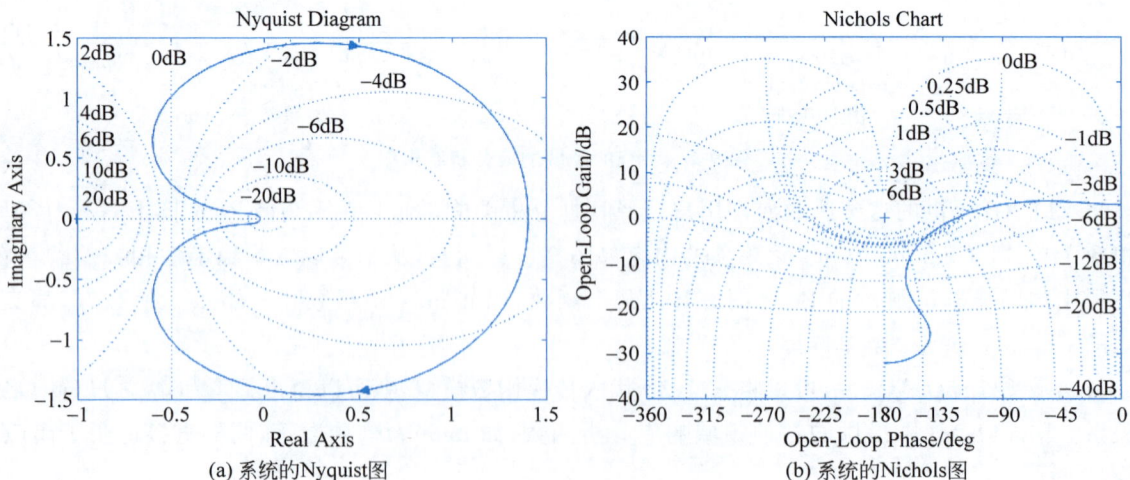

(a) 系统的Nyquist图   (b) 系统的Nichols图

图 9-4　系统的频域响应分析结果

9.2　基于频率特性的系统稳定性分析

频域响应最早应用的分析方法是利用开环系统的 Nyquist 图判定闭环系统的稳定性,其稳定性分析的理论基础是 Nyquist 稳定性定理。Nyquist 定理的内容是:如果开环模型有 m 个不稳定极点,则单位负反馈下单变量闭环系统稳定的充要条件是开环系统的 Nyquist 图逆时针围绕 $(-1, j0)$ 点 m 周。Nyquist 定理可以分下面两种情况进一步解释。

(1) 系统的开环模型 $G(s)H(s)$ 是稳定的,当且仅当 $G(s)H(s)$ 的 Nyquist 图不包围 $(-1, j0)$ 点,闭环系统稳定。如果 Nyquist 图顺时针包围 $(-1, j0)$ 点 p 次,则闭环系统有 p 个不稳定极点。

(2) 系统的开环模型 $G(s)H(s)$ 不稳定,且有 p 个不稳定极点,当且仅当 $G(s)H(s)$ 的 Nyquist 图逆时针包围 $(-1, j0)$ 点 p 次,闭环系统稳定。若 Nyquist 图逆时针包围 $(-1, j0)$ 点 q 次,则闭环系统有 $p-q$ 个不稳定极点。

时间延迟系统的 Nyquist 图如图 9-5 所示。

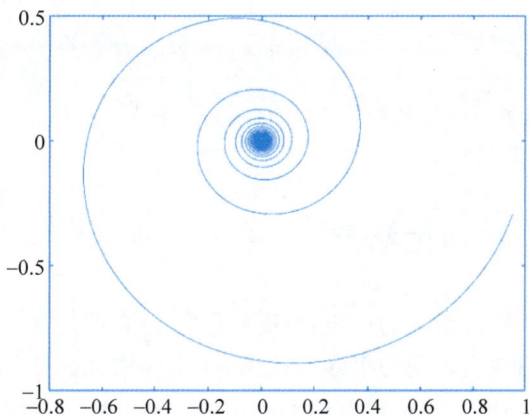

图 9-5　时间延迟系统的 Nyquist 图

例 9-3　考虑下面给出的连续传递函数模型,绘制系统的 Nyquist 图。

$$G(s) = \frac{2.7778(s^2 + 0.192s + 1.92)}{s(s+1)^2(s^2 + 0.384s + 2.56)}$$

解:

```
s = tf('s');
G = 2.7778 * (s^2 + 0.192 * s + 1.92)/
(s * (s + 1)^2 * (s^2 + 0.384 * s + 2.56));
nyquist(G);
axis([-2.5, 0, -1.5, 1.5]);
grid                              % 绘制 Nyquist 图
```

系统的 Nyquist 图如图 9-6(a)所示。

尽管该 Nyquist 图走向较复杂,但可以看出,整个 Nyquist 图并不包围 $(-1, j0)$ 点,且因为开环系统不含有不稳定极点,所以根据 Nyquist 定理可以断定,闭环系统是稳定的。可以由下面的语句绘制出闭环系统的阶跃响应曲线,如图 9-6(b)所示。

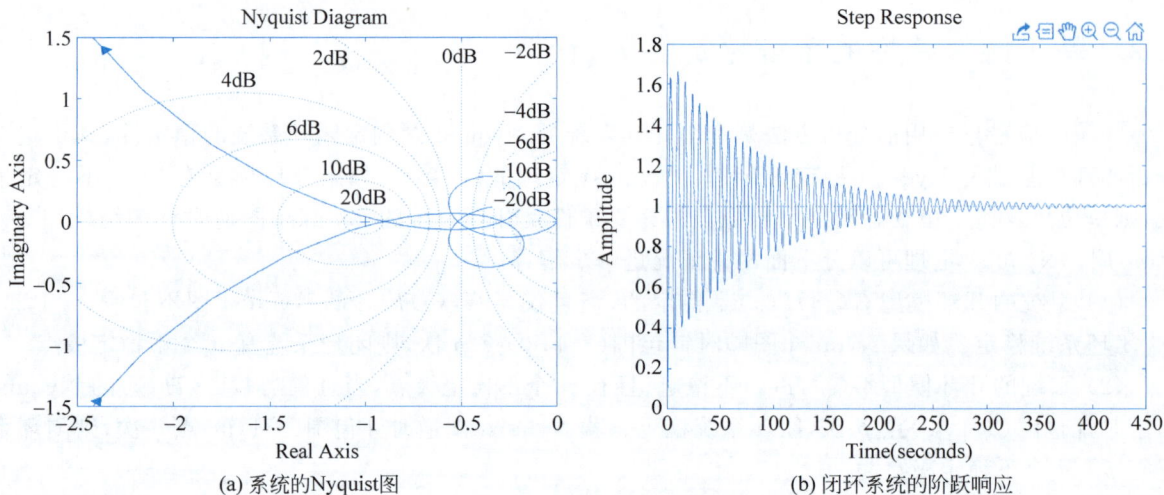

(a) 系统的Nyquist图   (b) 闭环系统的阶跃响应

图 9-6　系统的 Nyquist 图

```
step(feedback(G,1))                    % 闭环系统阶跃响应
```

可以看出，虽然闭环系统稳定，但其阶跃响应的振荡很强，所以该系统并不令人满意，对这样的系统需要设计一个控制器改善其性能。

9.3　系统的幅值裕度和相位裕度

从前面给出的例子可以看出，系统的稳定性固然重要，但它不是唯一刻画系统性能的准则，因为有的系统即使稳定，但其动态性能表现为很强的振荡，在实际中无法使用。另外，如果系统的增益出现变化，比如增大很小的值，都可能使该模型的 Nyquist 图发生延伸，最终包围$(-1,j0)$点，导致闭环系统不稳定。基于频域响应裕度的定量分析方法是解决这类问题的一种比较有效的途径。

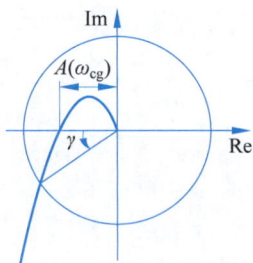

图 9-7　系统幅值相位裕度的 Nyquist 图

如图 9-7 所示，给出了 Nyquist 图上幅值裕度与相位裕度的图形表示。当系统的 Nyquist 图在频率 ω_{cg} 时与负实轴相交，将该频率下幅值的倒数，即 $G_m=1/A(\omega_{cg})$ 定义为系统的幅值裕度。假设系统的 Nyquist 图与单位圆在频率 ω_{cp} 处相交，且该频率下的相位角度为 $\phi(\omega_{cp})$，则系统的相位裕度定义为 $\gamma=\phi(\omega_{cp})-180°$。

可以看出，幅值裕度 G_m 值越大，对扰动的抑制能力就越强。如 $G_m<1$，则闭环系统是不稳定的。同样，相位裕度的值越大，系统对扰动的控制能力也越强。如果 $\tau<0$，则闭环系统不稳定。下面再考虑几种特殊的情形。

(1) 如果系统的 Nyquist 图与负实轴不相交，则系统的幅值裕度为无穷大。

(2) 如果系统的 Nyquist 图与负实轴在$(-1,j0)$与$(0,j0)$两个点之间有若个交点，则系统的幅值裕度以离$(-1,j0)$最近的点为准。

(3) 如果系统的 Nyquist 图与单位圆不相交，则系统的相位裕度为无穷大。

(4) 如果系统的 Nyquist 图在第三象限与单位圆有若干个交点，则系统的相位裕度以与离负实轴最近的为准。

MATLAB 控制系统工具箱中提供了 margin() 函数可以直接计算系统的幅值与相位裕度,该函数的调用格式如下。

```
[Gm,τ,ωcg,ωcp] = margin(G)
```

在得出的结果中,如果某个裕度为无穷大,则返回 Inf,相应的频率值为 NaN。

例 9-4 考虑例 9-3 中研究的开环对象模型,可以用下面语句输入系统模型,并对系统的频域响应裕度进行分析。

```
s = tf('s');
G = 2.7778 * (s^2 + 0.192 * s + 1.92)/
(s * (s + 1)^2 * (s^2 + 0.384 * s + 2.56));
[gm,pm,wg,wp] = margin(G)                    % 计算幅值裕度和相位裕度
```

可以得出系统的幅值裕度为 1.105,频率 ω_{cg} 为 0.962rad/s,相位裕度为 2.0985°,剪切频率 ω_{cp} 为 0.926rad/s,由于幅值、相位裕度偏小,系统的闭环响应将有强振荡。

9.4 创新案例

1. 请对下列开环模型进行频域分析,绘制其 Bode 图、Nyquist 图及 Nichols 图,并计算系统的幅值裕度和相位裕度,并在图中进行标注。假设闭环系统由单位负反馈构成,由频域特性分析系统稳定性,并利用阶跃响应验证结果。

$$G(s) = \frac{8(s+1)}{s^2(s+15)(s^2+6s+10)}$$

$$G(s) = \frac{4(s/3+1)}{s(0.02s+1)(0.05s+1)(0.1s+1)}$$

2. 离散系统的传递函数模型,采样周期为 $T=0.1$s,绘制系统的 Nyquist 图和 Nichols 图。

$$G(z) = \frac{0.2(0.3124z^3 - 0.5743z^2 + 0.3879z - 0.0889)}{z^4 - 3.233z^3 + 3.9869z^2 - 2.2209z + 0.4723}$$

第 三 篇
Simulink在自动控制理论中的应用

本篇主要介绍 Simulink 仿真软件在系统建模、仿真,控制器设计、仿真验证中的基本操作。结合自动控制理论知识,介绍了常见被控对象及系统稳定性的仿真分析方法及利用 Simulink 开展系统控制器设计的相关方法。具体包括如下章节。

本章主要介绍 Simulink 在自动控制理论中的应用。主要内容如下。

(1) 介绍了 Simulink 软件的基本情况,给出了建立基础模型和实现系统仿真的步骤,并介绍了 Simulink 模块库。

(2) 介绍了 Simulink 仿真环境设置方法,包括其功能模块相关操作,仿真起止时间、步长设置方法及其他参数设置方法。

(3) 介绍了利用 MATLAB 调用 Simulink 仿真的运行命令及常用函数的调用格式。

(4) 利用典型系统的 Simulink 仿真案例帮助读者熟悉上述内容。

(5) 介绍 Simulink 仿真过程中的子系统封装方法。

第11集
微课视频

10.1 Simulink 工作环境

Simulink 是一个模块图环境,用于多域仿真及基于模型的设计。Simulink 支持系统级设计、仿真、自动代码生成及嵌入式系统的连续测试和验证,提供图形编辑器、可自定义的模块库及求解器,能够进行动态系统建模和仿真。Simulink 与MATLAB 相集成,能够支持在 Simulink 中将 MATLAB 算法融入模型,将仿真结果导出至 MATLAB 做进一步分析。Simulink 利用系统提供的输入、输出、数学操作、连续、离散、非线性、通信、端口和子系统模块库,不需要编程即可搭建可视化图形仿真环境。建立 Simulink 仿真模型非常简单,不需任何软件基础,创建过程只需单击和拖动鼠标即可完成操作,是一种快捷、直接明了的方式,并能立即看到仿真结果。

对于自动控制原理学习和应用而言,Simulink 仿真可替代传统的自动控制原理硬件设备,使用系统提供的控制理论工具箱即可构建人机交互界面,完成控制系统建模、稳定性判断、时域、状态空间分析、非线性分析及控制器设计等虚拟仿真实验。

10.1.1 基础模型建立

(1) 模型建立。在 MATLAB R2023a 命令行窗口中输入 simulink 或在工具栏中单击 Simulink 按钮,打开仿真起始窗口 Simulink Start Page,选择 Blank

Model 打开空白模型,可建立新的仿真模型对象,如图 10-1 所示。

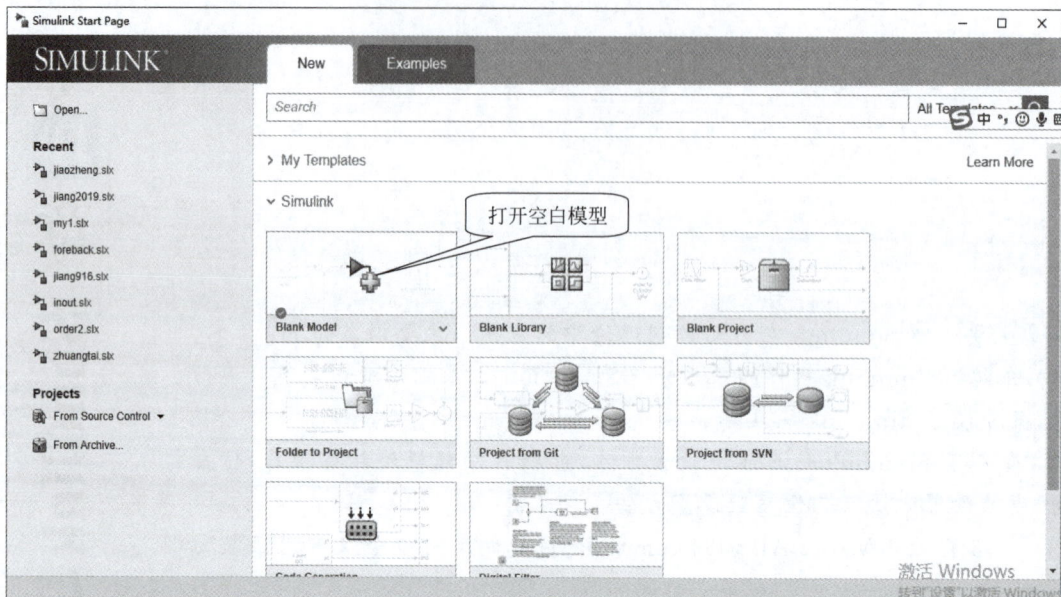

图 10-1　仿真模型建立窗口

（2）模型库设置。在空白的仿真模型窗口工具栏上,单击工具栏模型库(Library Browser)按钮 ,即可打开系统中预置的图形库,如图 10-2 所示。

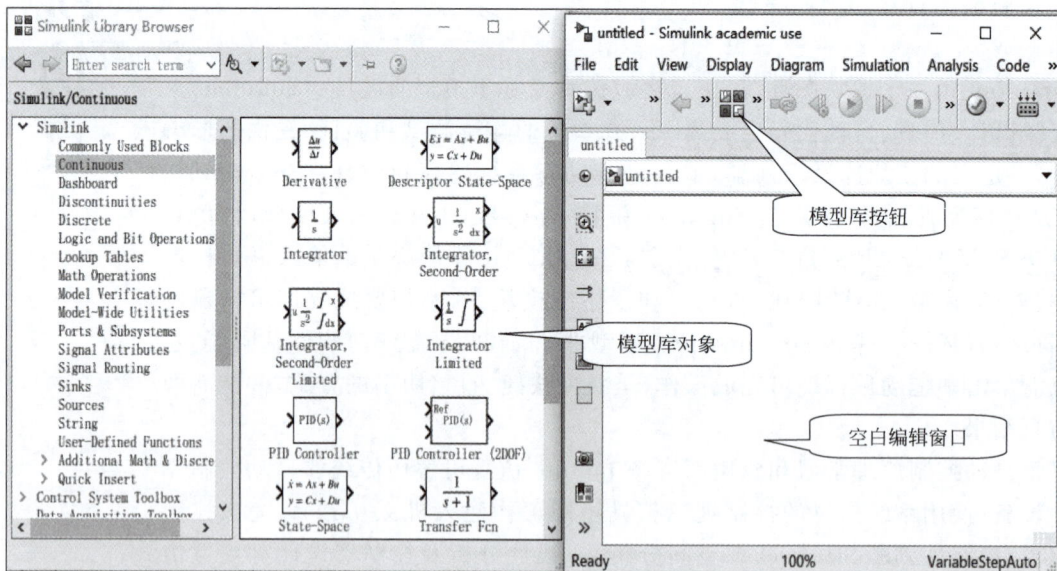

图 10-2　模型库及编辑模型窗口

10.1.2　基础模型仿真实现

建立一个惯性环节 $G(s)=\dfrac{1}{s+1}$,系统的仿真方法操作步骤如下。

（1）选择仿真模块。按需求拖动模块到编辑窗口，即可搭建仿真模型，如图 10-3 所示。

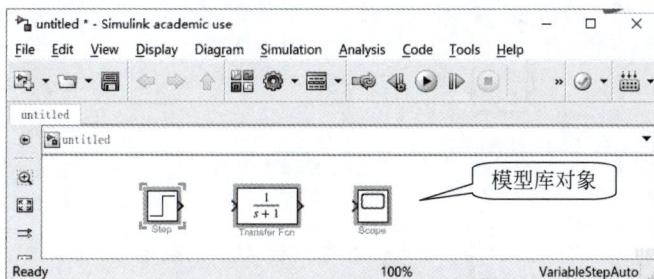

图 10-3　拖动仿真模块到窗口

（2）拖动模块后面的"＞"连线，单击工具栏上的运行按钮⊳，再单击示波器即可查看仿真结果，如图 10-4 所示。

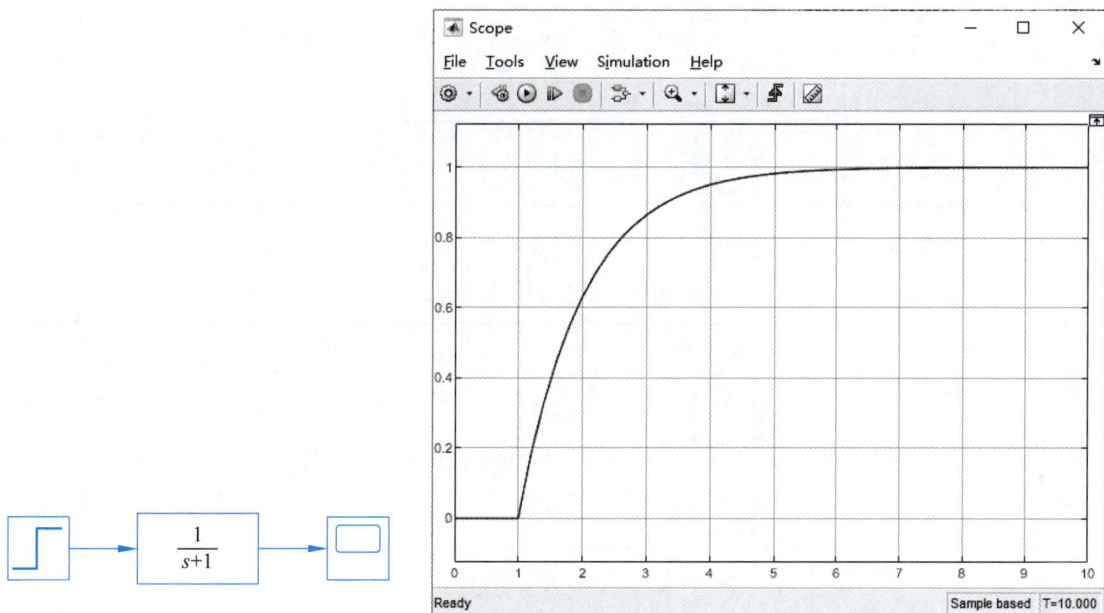

图 10-4　仿真模型及仿真结果

10.1.3　Simulink 模块库

常用的 Simulink 模块库包括：Math Operations（数学模块库）、Continuous（连续系统模块库）、Nonlinear（非线性系统模块库）、Discrete（离散系统模块库）、Sinks（接收器模块库）、Sources（输入源模块库）、Signals Attributes（信号属性模块库）和 Commonly Used Blocks（通用模块库）等。

（1）数学模块库（Math Operations）。常用数学模块见表 10-1。

表 10-1　常用数学模块

名　　称	模 块 形 状	功 能 说 明
Add		加法

名　　称	模 块 形 状	功 能 说 明
Divide		除法
Gain		比例运算
Math Function		包括指数函数、对数函数、求平方、开根号等常用数学函数
Sign	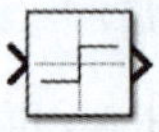	符号函数
Subtract	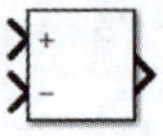	减法
Sum		求和运算
Sum of Elements		元素求和运算

（2）连续系统模块库（Continuous）。常用连续系统模块见表10-2。

表 10-2　常用连续系统模块

名　　称	模 块 形 状	功 能 说 明
Derivative	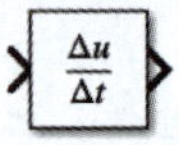	微分环节
Integrator		积分环节
State-Space	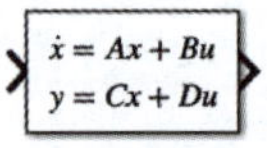	状态方程模型
Transfer Fcn	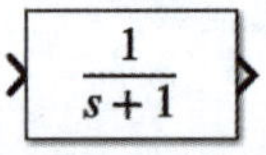	传递函数模型
Transport Delay	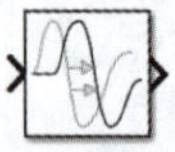	把输入信号按给定的时间作延时
Zero-Pole	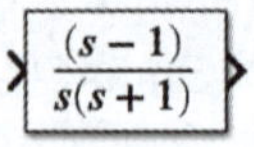	零-极点增益模型

（3）非线性系统模块库（Nonlinear）。常用非线性系统模块见表10-3。

表 10-3　常用非线性系统模块

名　　称	模 型 形 状	功 能 说 明
Backlash		间隙非线性

名　称	模 型 形 状	功 能 说 明
Coulomb & Viscous Friction		库仑和黏度摩擦非线性
Dead Zone		死区非线性
Rate Limiter Dynamic		动态限制信号的变化速率
Relay		滞环比较器,限制输出值在某一范围内变化
Saturation		饱和输出,让输出超过某一值时能够饱和

（4）离散系统模块库（Discrete）。常用离散系统模块见表 10-4。

表 10-4　常用离散系统模块

名　称	模 型 形 状	功 能 说 明
Difference	$\frac{z-1}{z}$	差分环节
Discrete Derivative	$\frac{K(z-1)}{Ts\,z}$	离散微分环节
Discrete Filter	$\frac{0.5+0.5z^{-1}}{1}$	离散滤波器
Discrete State-Space	$x_{n+1}=Ax_n+Bu_n$ $y_n=Cx_n+Du_n$	离散状态空间系统模型
Discrete Transfer-Fcn	$\frac{1}{z+0.5}$	离散传递函数模型
Discrete Zero-Pole	$\frac{(z-1)}{z(z-0.5)}$	以零极点表示的离散传递函数模型
Discrete-time Integrator	$\frac{K\,Ts}{z-1}$	离散时间积分器
First-Order Hold		一阶保持器
Zero-Order Hold		零阶保持器
Transfer Fcn: First Order	$\frac{0.05z}{z-0.95}$	离散一阶传递函数
Transfer Fcn: Lead or Lag	$\frac{z-0.75}{z-0.95}$	传递函数

名　称	模　型　形　状	功　能　说　明
Transfer Fcn：Real Zero	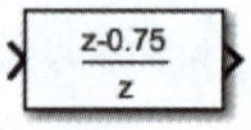 $\dfrac{z-0.75}{z}$	离散零点传递函数

（5）接收器模块库（Sinks）。常用输出接收器模块见表 10-5。

表 10-5　常用输出接收器模块

名　称	模　块　形　状	功　能　说　明
Display	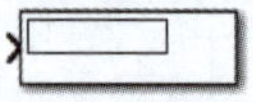	数字显示器
Floating Scope		悬浮示波器
Out1	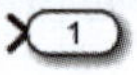	输出端口
Scope		示波器
Stop Simulation	 STOP	仿真停止
Terminator		连接到没有连接到的输出端
To File(.mat)	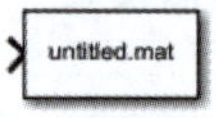 untitled.mat	将输出数据写入数据文件保护
To Workspace	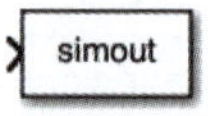 simout	将输出数据写入 MATLAB 的工作空间
xOy Graph		显示二维图形

（6）输入源模块库（Sources）。常用输入信号源模块见表 10-6。

表 10-6　常用输入信号源模块

名　称	模　块　形　状	功　能　说　明
Sine Wave	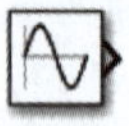	正弦波信号
Chirp Signal		产生一个频率不断增大的正弦波
Clock		显示和提供仿真时间
Constant	 1	常数信号,可设置数值

名　　称	模 块 形 状	功 能 说 明
Step		阶跃信号
From File(.mat)	 untitled.mat	从数据文件获取数据
In1	 1	输入信号
Pulse Generator		脉冲发生器
Ramp		斜坡输入
Random Number		产生正态分布的随机数
Signal Generator		信号发生器,可产生正弦、方波、锯齿波等

（7）信号属性模块库（Signals Attributes）。常用信号属性模块见表10-7。

表 10-7　常用信号属性模块

名　　称	模 块 形 状	功 能 说 明
Bus to Vector		总线到向量
Data Type Conversion	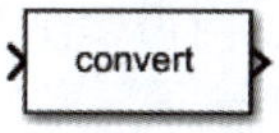 convert	数据类型转换器
Rate Transition		速率传输
Signal Conversion	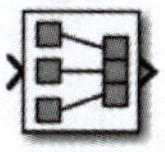	信号转换
DataType Propagation	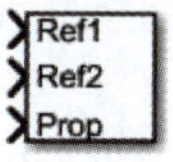 Ref1 Ref2 Prop	数据类型传播

（8）通用模块库（Commonly Used Blocks）。常用通用模块见表10-8。

表 10-8　常用通用模块

名　　称	模 块 形 状	功 能 说 明
Bus Creator		创建信号总线库
Bus Selector		总线选择模块

名　　称	模 块 形 状	功 能 说 明
Mux		多路信号集成一路
Demux		一路分解成多路
Logical Operator	AND	逻辑"与"操作

10.2　Simulink 环境设置

10.2.1　功能模块操作

（1）移动模块：选中模块，按住鼠标左键即可移动，若脱离线移动按住 Shift 键拖动。

（2）复制模块：选中模块，右击，选择 Copy 或 Paste 图标，或是按住 Ctrl 键拖动。

（3）删除模块：选中模块，按 Delete 键，或选中多个模块并直接按住 Shift＋Delete 组合键。

（4）旋转模块：选中模块，右击，选择 Rotate&Flip，或使用 Ctrl＋I 按键组合和 Ctrl＋R 按键组合。

（5）改变颜色：选中模块，右击，选择 Format 的 Foreground Color 或 Background Color。

（6）改变大小：选中模块，直接拖动四周黑点即可。

（7）重命名：选中模块，单击名称，直接输入即可。

（8）模块连线：在模块尾部直接拖动鼠标连接线。当需多个分支连线时，可在画好一条线后，将鼠标移动到直线的起点，按 Ctrl 键，拖动鼠标到目标位置。

（9）设定连线标签：在线上双击输入标签或选中线后右击选择 Properties 在 Signal Name 中输入标签。

（10）撤销上一次操作：直接按 Ctrl＋Z 组合键。

10.2.2　设置仿真起止时间及步长

（1）设置仿真时间。Simulink 默认仿真起始时间为 0，结束时间为 10s，设置仿真时间的方法为：在工具栏中的 Stop time 中设定结束时间或按住 Ctrl＋E 组合键，打开仿真参数设置对话框，在 Solver 选项卡中 Simulation time 栏设置系统仿真时间区间，如图 10-5 所示。

（2）设置仿真步长。影响 Simulink 仿真结果输出的因素包括仿真起始时间、结束时间和仿真步长。对于简单系统仿真，Simulink 总是在仿真过程中选用最大的变步长。同样按住 Ctrl＋E 组合键，打开仿真参数设置对话框，在 Solver 选项卡中 Solver selection 栏的 Type 中，可以选择变步长 Variable-step 或固定步长 Fixed-step，如图 10-5 所示。

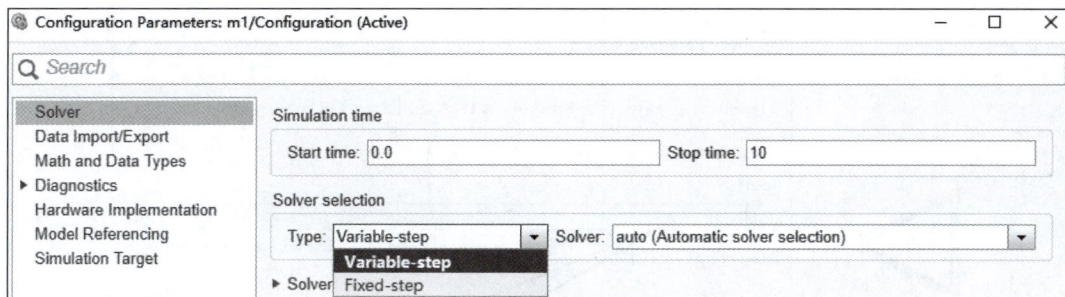

图 10-5　设置仿真时间

10.2.3　参数设置方法

为了进行正确的仿真与分析,必须设置正确的系统模块参数与系统仿真参数。拖动模块到编辑器中,直接双击模块即可打开参数设置对话框进行设置。

(1) 正弦信号 Sine Wave 的设置。单击 Sources 库,拖动正弦信号 Sine Wave 模块,双击打开参数对话框,如图 10-6 所示。其中,Amplitude 为正弦信号幅值,Frequency 为正弦信号频率。

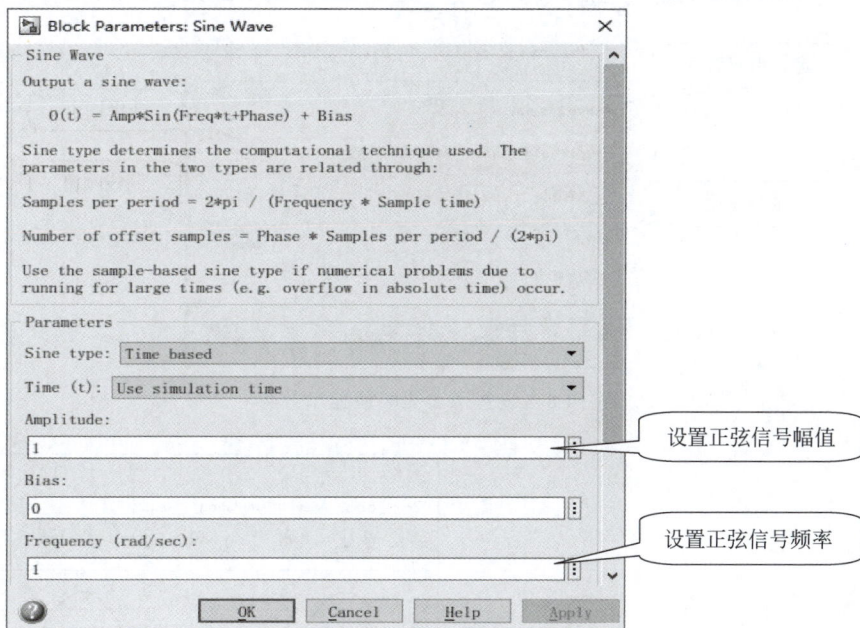

图 10-6　正弦信号参数设置

(2) 比例运算 Gain 的设置。单击 Math Operations 库,拖动比例运算 Gain 模块到编辑窗口,双击打开设置对话框,添加比例系数,如图 10-7 所示。

(3) 示波器 Scope 模块设置。单击 Sink 库,拖动示波器 Scope 模块到编辑窗口,双击打开示波器,在窗口中选择 View 设置背景、前景坐标轴线颜色、线型等,如图 10-8 所示。

(4) 搭建的仿真模型及仿真结果如图 10-9 和图 10-10 所示。

图 10-7 比例运算模块参数设置

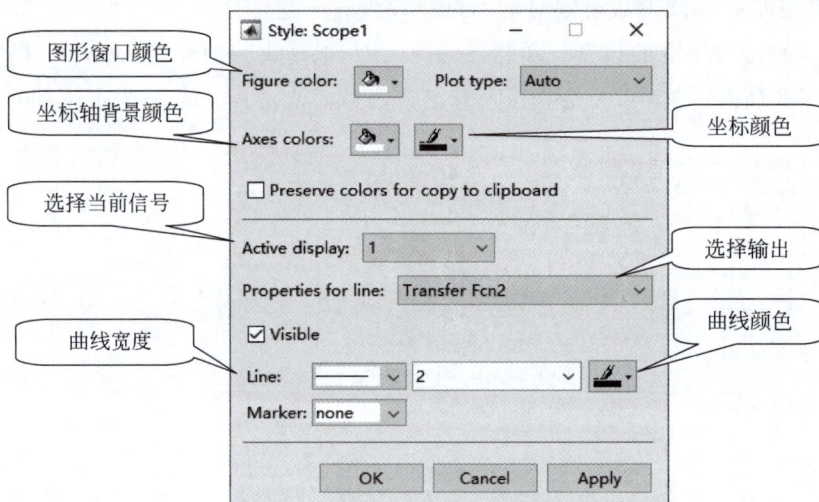

图 10-8 设置示波器模块显示效果

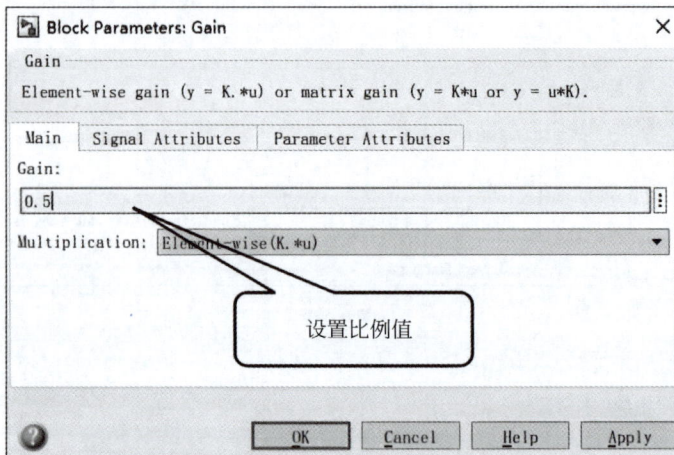

图 10-9 搭建的仿真模型图

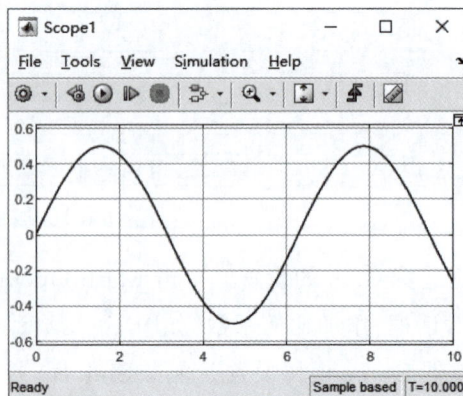

图 10-10 仿真结果

10.3　与 M 文件组合仿真

10.3.1　仿真运行命令

仿真运行命令见表 10-9。

表 10-9　Simulink 运行命令

函 数 名	含 义	函 数 名	含 义
sim()	仿真运行一个 Simulink 模块	set_param	设置参数
simset()	设置仿真参数	simget	获取仿真参数

10.3.2　仿真函数调用格式

1. sim()函数的调用格式

使用 sim()函数,可以方便地对建立的模型进行仿真分析,其调用格式如下:

```
[t,x,y] = sim('mymodel',timespan,options,ut)          %仿真结果为输出矩阵
[t,x,y1,y2,...,yi] = sim('mymodel',timespan,options,ut)  %仿真后逐个输出参数
```

（1）mymodel 是模型名,前后加上单引号,后缀.mdl 可省略。

（2）timespan 是仿真时间区间,若只有一个参数,表示仿真终止时间;若有两个参数[tStart, tFinal],表示仿真起始时间和终止时间;若有三个参数[tStart OutputTimes tFinal],则表示起始时间和终止时间外的指定输出时间点。

（3）options 是仿真控制参数,它是一个结构体,该结构体通过 simset()函数创建,包括模型求解器、误差控制等都可以通过该参数指定。用 help simset 命令可以显示其所有控制参数名,通过修改 options 参数并使用 sim()函数调用该变量,可以实现模型参数设置。

（4）ut 是外部输入向量,timespan、options 和 ut 参数都可省略,此时系统自动配置参数。

（5）输出参数,t 表示仿真时间向量;x 表示状态矩阵,每行对应一个时刻的状态,连续状态在前,离散状态在后;y 表示输出矩阵,每行对应一个时刻;每列对应根模型的一个 Outport 模块(如果 Outport 模块的输入是向量,则在 y 中会占用相应的列数)。

（6）y1,y2,…,yi：把 y 分开,每个 yi 对应一个 Outport 模块。

2. simset()函数的调用格式

使用 simset()函数,可以为 sim()函数建立、编辑仿真参数或规定算法,并把设置结果保存在一个结构变量中,该函数有如下 4 种用法。

（1）options＝simset(property,value,…)：将 property 代表的参数赋值为 value,结果保存在结构体 options 中。

（2）options＝simset(old_opstruct,property,value,…)：把已有的结构 old_opstruct(一般由 simset()产生)中的参数 property 重新赋值为 value,结果保存在新结构体 options 中。

（3）options＝simset(old_opstruct,new_opstruct)：用 new_opstruct 的值替代已经存在的结构 old_opstruct 的值。

（4）simset()函数,显示所有参数名和它们可能的值。

3．simget()函数的调用格式

使用 simget()函数,可以获得模型的参数设置值。如果参数值使用特定变量名定义,则 simget()函数返回该变量值而不是返回变量名。如果该变量在工作空间中不存在,即变量未被赋值,则 Simulink 报错。该函数有如下 3 种用法。

（1）struct＝simget(modname)：返回指定模型的参数设置的操作结构。

（2）value＝simget(modname,property)：返回指定模型的参数属性值。

（3）value＝simget(options,property)：返回操作结构中的参数属性值,如果在该结构中未指定该参数,则返回一个空阵。

4．set_param()函数的调用格式

使用 set_param()函数,可以设置仿真模型配置参数,相应的调用格式如下。

```
set_param(modname,parameter,value,...)
```

其中,modname 为设置模型名,parameter 为要设置的参数或属性,value 是设置值。这里设置的参数可以有很多种,而且和 simset 设置内容基本一致。

需要说明的是,必须先把模型打开才能调用 simget()和 set_param()这两个函数。

例 10-1 使用 sim()函数重新运行建立的 mymodel 模型阶跃响应,运行下列代码,得到的运行结果如图 10-11 所示。

```
[t,x,y] = sim('mymodel',[0,15]);     % t 为时间向量;x 为状态变量;y 为输出信号
plot(t,x(:,2));                      % 每列对应一路输出信号
grid on;
```

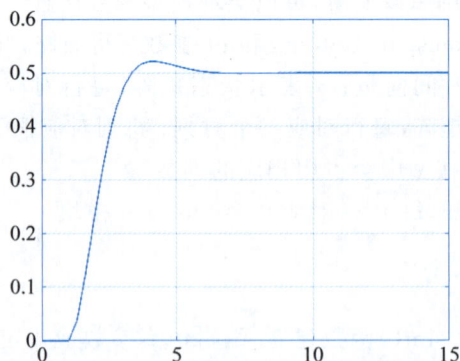

图 10-11 使用 sim()函数运行模型结果

例 10-2 仿真模型如图 10-12 所示,并存储为 sinout.slx,运行 M 文件代码,得到的运行结果如图 10-13 所示。

图 10-12　sinout.slx 模型

```
[tout,yout] = sim('sinout');
plot(tout,yout,'bp')
```

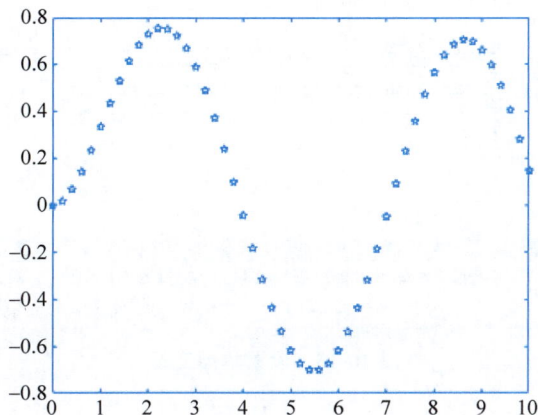

图 10-13　模型运行结果

例 10-3　通过 M 脚本文件设置 PID 参数进行仿真。

（1）建立仿真模型，如图 10-14 所示。

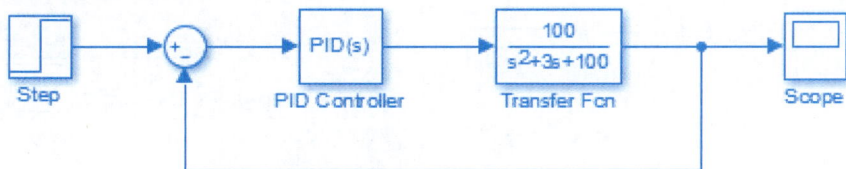

图 10-14　建立仿真模型

（2）双击 PID 控制器设置参数，如图 10-15 所示，将模型保存为 inout.slx 文件。

（3）在命令框输入下列代码，运行结果如图 10-16 所示。

```
Kp = 5 ; Ki = 2 ;Kd = 2;
[t,simout] = sim('inout')
plot(t,simout(:,2) * 100,'b-');
```

例 10-4　根据下列二阶系统标准传递函数，研究 $\omega_n=1,\xi=0,0.5,1,2$ 等不同情况下，系统的动态指标变化情况：

$$G(s)=\frac{\omega_n^2}{s^2+2\xi\omega_ns+\omega_n^2}$$

（1）在 Sources 模块库中选择 Step 模块，在 Sink 模块库中拖动 Scope 模块。

（2）在 Continuous 模块库中选择 Transfer Fcn 模块，双击该模块添加变量参数，如图 10-17 所示。

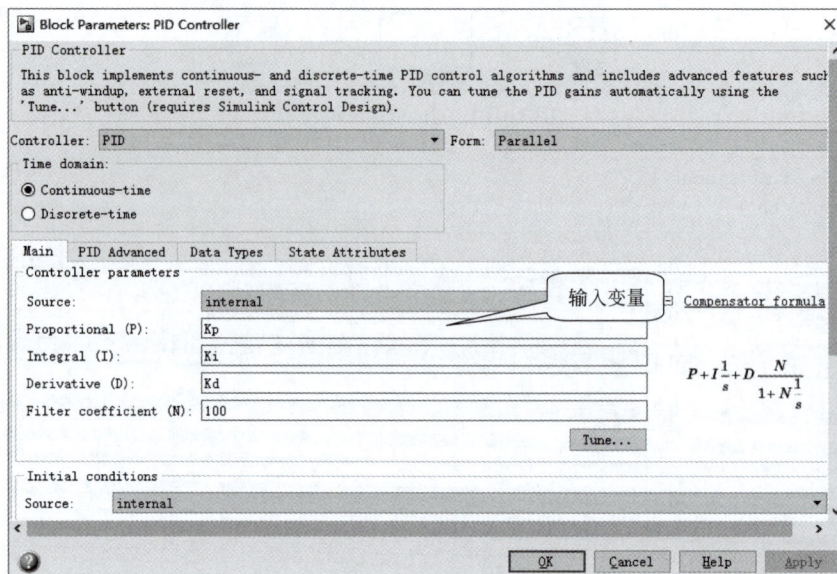

图 10-15　设置模型变量

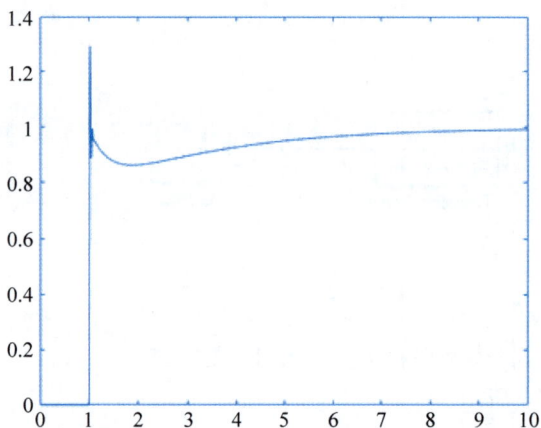

图 10-16　命令中加入 PID 参数运行结果

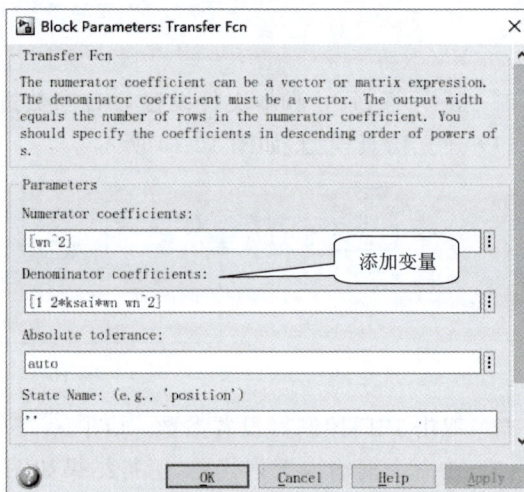

图 10-17　设置变量参数

（3）建立的仿真参数模型，存储为 order2.slx 文件，如图 10-18 所示。

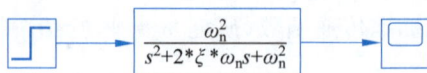

图 10-18　仿真模型

（4）单击"新建脚本"按钮，建立仿真 M 文件。

```
wn = 1;
for ksai = [0,0.5,1,2]
[t,simout] = sim('order2');
plot(t,simout(:,2) * 100,'b - ');
```

```
    hold on;        % 曲线将出现在同一图上
  end
hold off;        % 关闭图形保持器
```

（5）按 F5 快捷键或单击运行按钮运行脚本文件，仿真结果如图 10-19 所示。

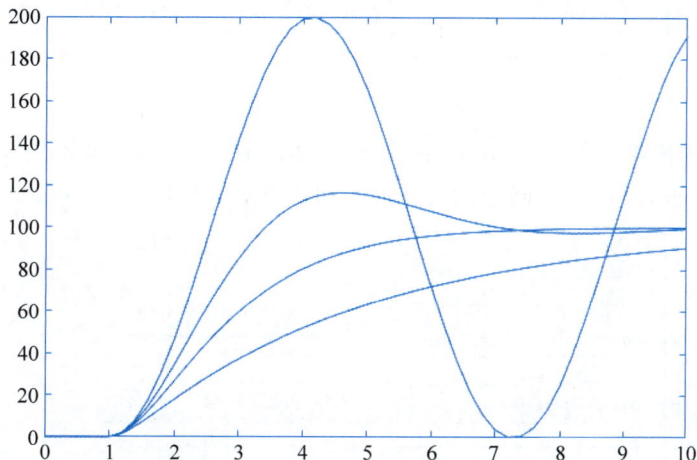

图 10-19　改变阻尼比参数的仿真结果

10.4　仿真案例

例 10-5　针对被控对象传递函数：

$$G(s) = \frac{100}{s^2 + 3s + 100}$$

分别输入阶跃信号和正弦信号，搭建仿真模型并观测系统的输出结果。

（1）添加阶跃输入信号 Step 模块。单击 Source 模块库，拖动 Step 模块，双击打开参数对话框，如图 10-20 所示。其中，Step time 为阶跃信号的变化时刻，Initial value 为初始值，Final value 为终止值，Sample time 为采样时间。

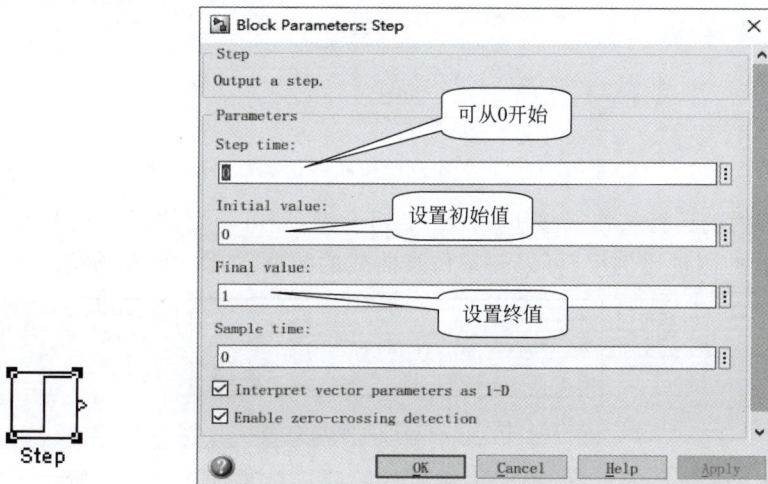

图 10-20　阶跃信号源参数设置

（2）添加求和运算 Sum 模块。单击 Math Operations 模块库，拖动 Sum 模块，双击打开设置对话框，默认是求和运算，也可修改为相减运算，如图 10-21 所示。

图 10-21　求和运算参数设置

（3）添加连续系统传递函数 Transfer Fcn 模块。单击 Continuous 模块库，拖动 Transfer Fcn 模块，双击打开设置对话框，添加传递函数的分子和分母系数，如图 10-22 所示。

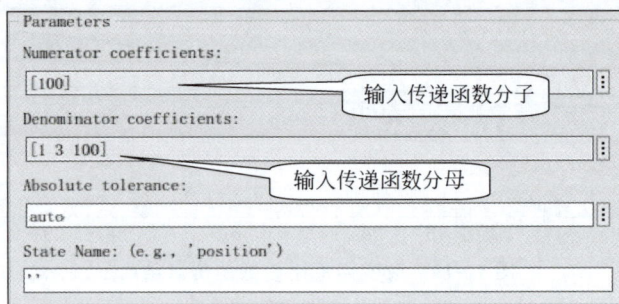

图 10-22　传递函数的参数设置

（4）按照上述方法拖动示波器模块，默认显示一条曲线，可在示波器模块上右击，在出现的快捷菜单中选择输入口 Number of Input Ports，再单击 Signals & Ports 选择信号的显示个数，如图 10-23 所示。

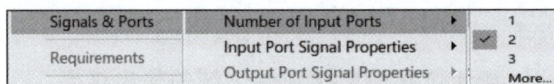

图 10-23　示波器显示多个信号设置

（5）拖动输入阶跃信号和正弦信号，输出到同一个示波器的连接方法，如图 10-24 所示。

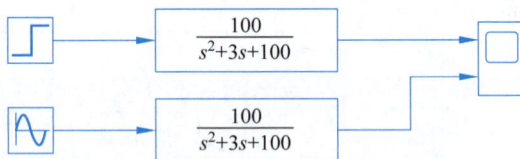

图 10-24　输入阶跃信号和正弦信号仿真模型

（6）单击工具栏的运行按钮或按下 Ctrl+T 组合键，即可开始仿真。双击示波器，可以观测输出曲线。单击示波器的测量比例尺，可以测量仿真曲线的数据，如图 10-25 所示。

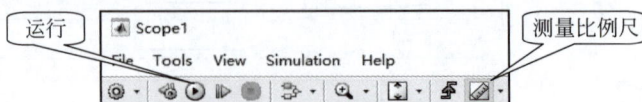

图 10-25　打开测量比例尺

（7）针对图 10-24 所示的对象，添加比例尺后的测量结果如图 10-26 所示。由测量比例尺可以读出仿真曲线示数。此外,可见仿真曲线呈锯齿状,此时可以通过设置仿真步长减小采样间隔平滑曲线。

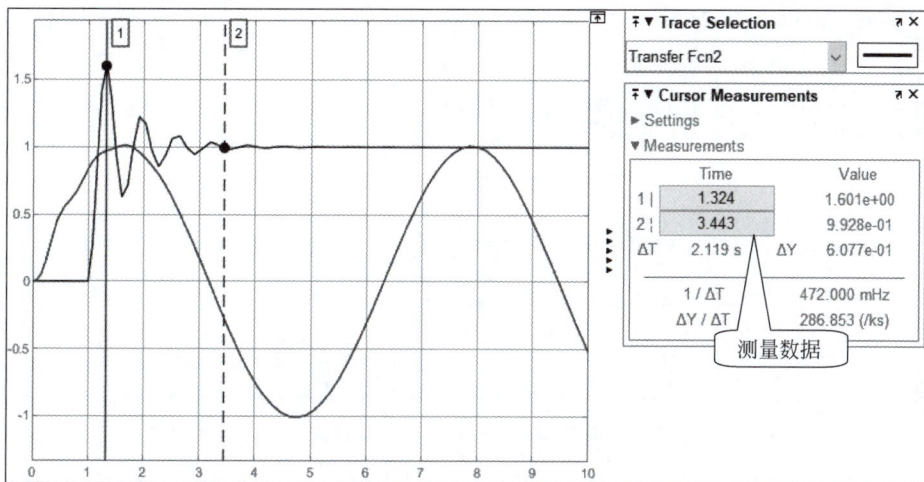

图 10-26 仿真结果

10.5 子系统封装

对于复杂的系统结构,难以用单一模型框图进行描述,通常需要将这样的框图分解成若干具有独立功能的子系统。Simulink 中创建的子系统可以包含多个分层模型,Subsystem 模块位于一层,构成子系统的模块位于另一层,使用一个子系统 Subsystem 模块替换一组模块,其目的是将功能相关的模块放在一起减少窗口中显示的模块数目。对于复杂度高的仿真模型,通过子系统可简化模块结构,使层次清晰。

10.5.1 子系统划分

例 10-6 针对 Smith 预估器的 PID 闭环控制系统框图,使用子系统封装划分为子系统。

(1)使用鼠标框选或按 Shift 键,单击选择 PID 控制的 6 个模块系统。选中的部分变粗线且变颜色,如图 10-27 所示。

(2)直接按 Ctrl+G 组合键,即可封装选中部分模块的子系统,在子系统下面直接单击添加"PID 控制器"标识,再选中下面封装的模块,如图 10-28 所示。

(3)选择 MODELING 选项卡,单击 Create Subsystem,打开创建子系统封装对话框,可创建自动、启用、触发、函数等不同子系统模块,可展开子系统、设置为原子子系统、转换成变量块、转换成模型块;若选中 Enabled Subsystem 启用子系统,则输入外部能执行的子系统如图 10-29 所示。

(4)对封装的启用子系统两次按 Ctrl+R 组合键旋转方向,再单击标识字母写入"预估器"。同理,选中两个被控对象模块,按 Ctrl+G 组合键再封装子系统,如图 10-30 所示(完成该操作无法恢复到封装之前的形式,建议封装前保存原系统)。

(5)另外,可以在开始状态按照图 10-27 按 Ctrl+A 组合键全选,再按 Shift 键单击输入和输出模块,如图 10-31 所示。

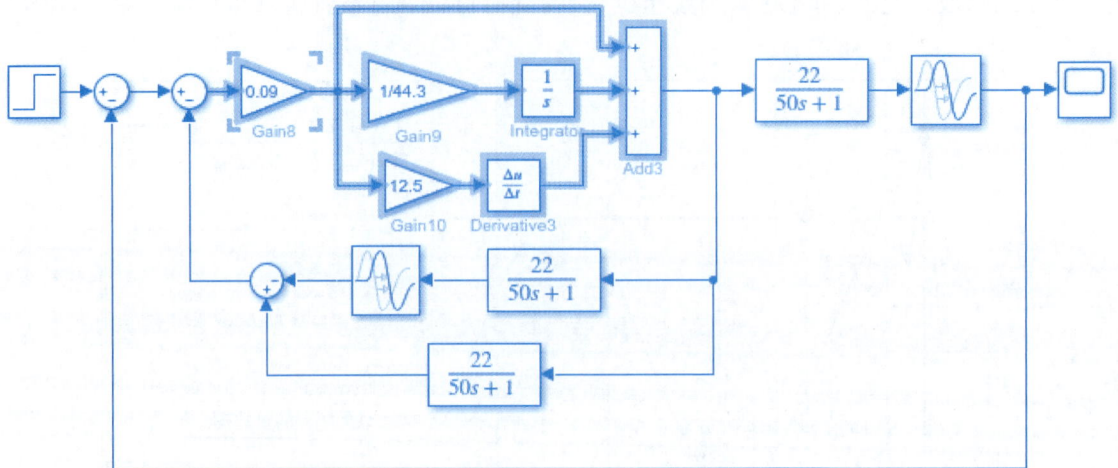

图 10-27　选中封装子模块

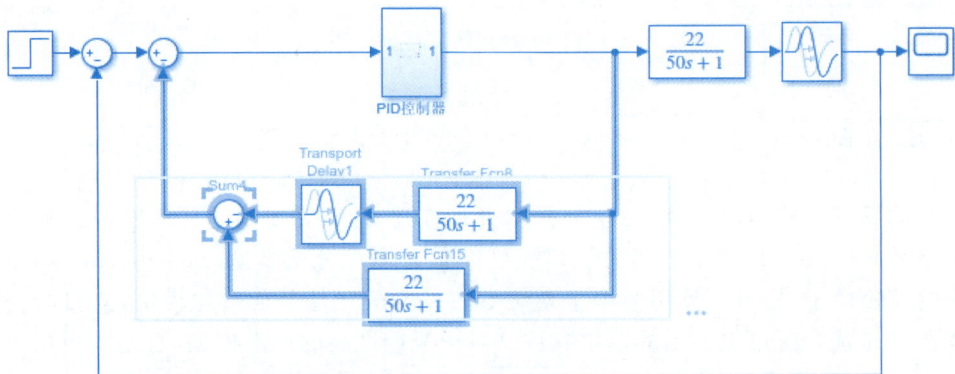

图 10-28　选中封装模块

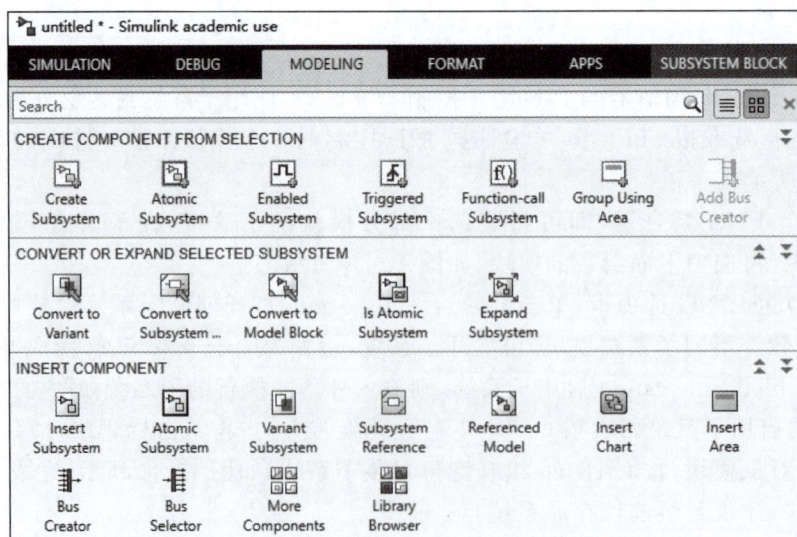

图 10-29　封装对话框

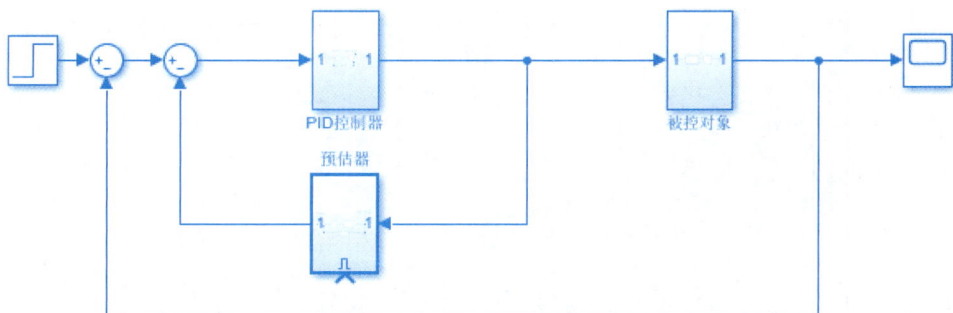

图 10-30　封装后结果

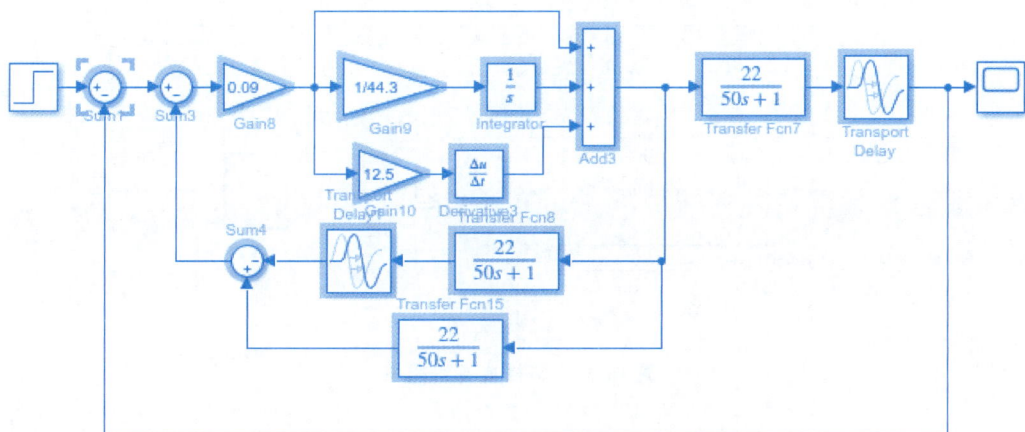

图 10-31　选中所有模块

（6）按 Ctrl＋G 组合键，可将该系统封装成一个子系统模块，如图 10-32 所示。

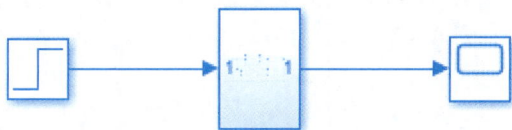

图 10-32　封装一个子系统模块

（7）选择封装后的子系统模块，单击图 10-29 中的 Expand Subsystem，可以展示子系统的模型结构，如图 10-33 所示。

（8）按 Ctrl＋G 组合键可再进行封装，选择图 10-29 的 MODELING 选项中的 Convert to Subsystem，添加名称可转换成一个系统，此时不可再恢复扩展功能，如图 10-34 所示。

（9）单击仿真，再双击示波器模块即可看到仿真结果，如图 10-35 所示。

10.5.2　与函数模块组合仿真

MATLAB Function 模块是系统提供的函数模块，若需要在仿真过程中实现一些复杂计算功能，可以使用 MATLAB Function 模块组合仿真。

打开方法与 S 函数相同，打开仿真编辑窗口，单击模块库左侧的 User-Defined Function 模块，选择 MATLAB Function 模块即可。

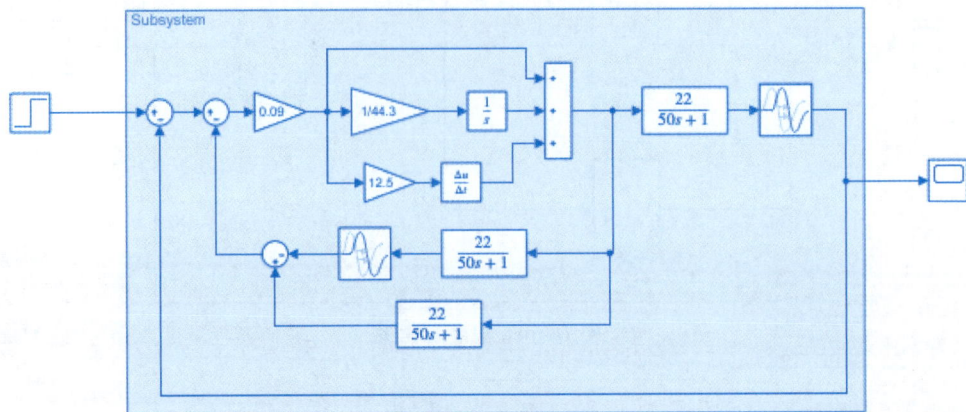

图 10-33　封装原系统

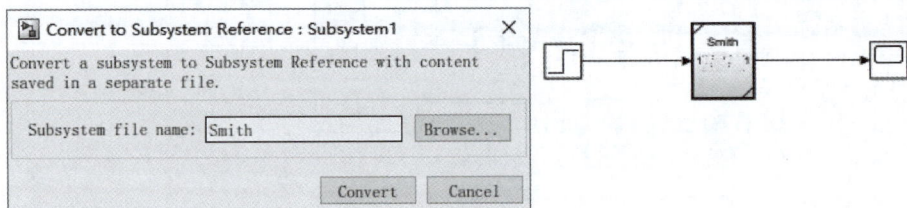

图 10-34　转换成系统模块

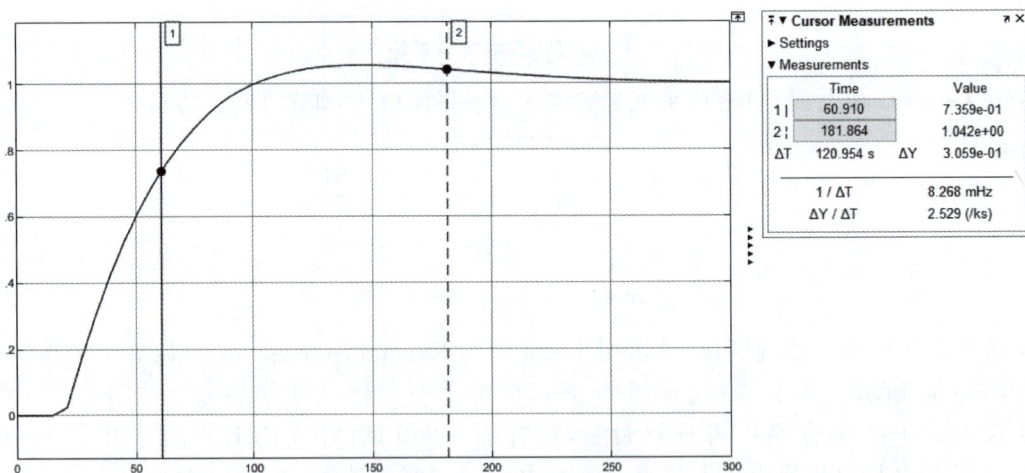

图 10-35　封装运行结果

例 10-7　使用阶跃信号和斜坡信号组合叠加进行仿真。

（1）在命令行窗口中输入 Simulink，建立一个空白的仿真模型，单击模块库左侧的 User-Defined Function 模块，选择 MATLAB Function 模块，选中后按住鼠标左键不放，拖到 Simulink 界面中心空白处，拖动 Sources 模块中的阶跃信号(Step)模块和斜坡信号(Ramp1)模块到左侧，再拖动 Sinks 模块中的示波器(Scope)模块到右侧，如图 10-36 所示。

（2）双击 MATLAB Function 模块，编写程序定义输入量如下：

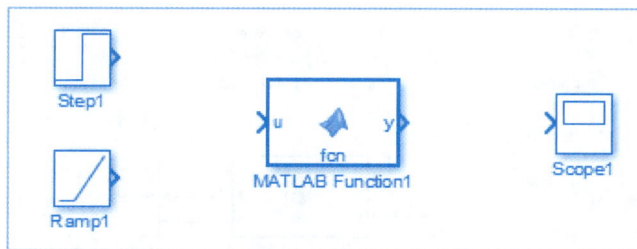

图 10-36　编辑组合仿真模型

```
function y = fcn(s1,s2)
% #codegen
y = s1 + s2;
```

在 MATLAB Function 模块定义两个输入口,分别命名为 s_1 和 s_2,保存以后回到 Simulink 界面,单击仿真运行按钮,可以发现,之前只有一个输入端的 MATLAB Function 模块能出现两个输入端口 s_1 和 s_2。将输入信号分别连接到两个端口,再连接示波器,如图 10-37 所示。

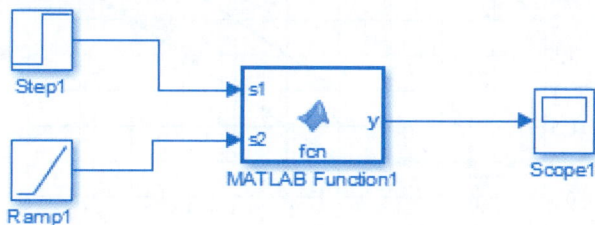

图 10-37　建立组合仿真模型

（3）为了体现两个信号叠加效果,分别将 Step1 和 Ramp1 的开始时间 Start Time 改为 2s,然后单击仿真按钮,其结果如图 10-38 所示。

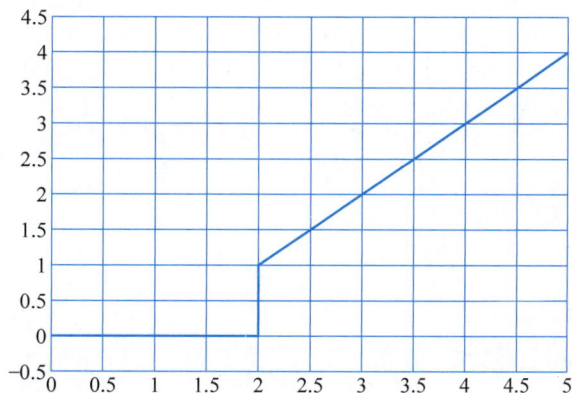

图 10-38　组合仿真结果

（4）拓展 MATLAB Function1 模块形成 y_1,y_2,y_3 三个输出口,若在同一示波器显示,需要修改示波器参数,方法是:右击打开示波器 Scope1 模块快捷菜单,选择 Signals&Ports 菜单下的 Number of Input Ports 选项,勾选 3 路输出即可,如图 10-39 所示。

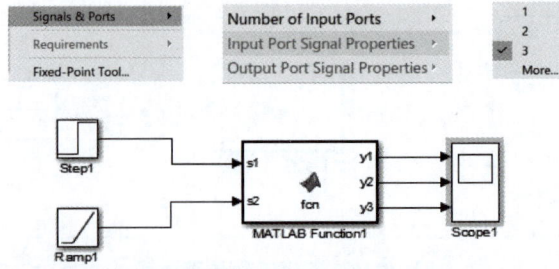

图 10-39　扩展组合仿真模型

（5）双击仿真按钮，得到阶跃信号、斜坡信号和两个信号的叠加三条曲线结果，如图 10-40 所示。

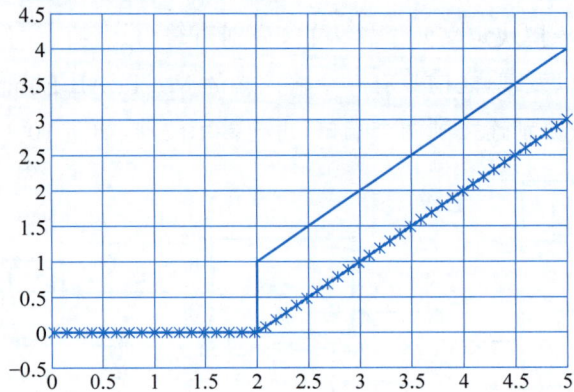

图 10-40　扩展组合仿真结果

本章主要介绍典型一阶、二阶系统特性及仿真分析方法,主要内容如下。

(1)介绍控制系统中的一阶典型环节:比例、积分、微分、惯性、比例积分和比例微分环节的仿真分析方法,给出不同环节的仿真模型及结果。

(2)介绍二阶系统仿真方法,并分析不同参数对二阶系统特性的影响。

11.1 典型一阶系统仿真

控制系统中一阶典型环节包括:比例环节、积分环节、微分环节、惯性环节、比例积分环节和比例微分环节,其中大部分复杂系统均可由以上几种典型环节表示。在自动控制系统分析中,一般使用阶跃作为输入信号,通过示波器观测系统输出。

11.1.1 比例环节

若输出量不失真,可无惯性地跟随输入的变化而变化,并且输出量与输入量成比例关系,称其为比例环节。比例环节的传递函数为

$$G(s) = K \tag{11-1}$$

其频率特性为

$$\begin{cases} G(j\omega) = K + j0 = K e^{j0} \\ A(\omega) = |G(j\omega)| = K \\ \phi(\omega) = \angle G(j\omega) = 0° \end{cases} \tag{11-2}$$

Simulink 中可使用比例模块 Gain 搭建仿真模型,通过设置比例 $K = 0.5, 1, 2$,观察其变化规律,仿真模型及结果如图 11-1 所示。从仿真结果看出,由上到下依次为 $K = 2, 1, 0.5$ 时的输出信号,可见输出随着 K 值的增大而增大,表明比例环节稳态响应的振幅是输入信号的 K 倍。

11.1.2 积分环节

积分环节的输出量取决于输入量对时间的积累,当输入量作用一段时间后,即使输入量变化,输出量仍会保持在已达到的数值上。

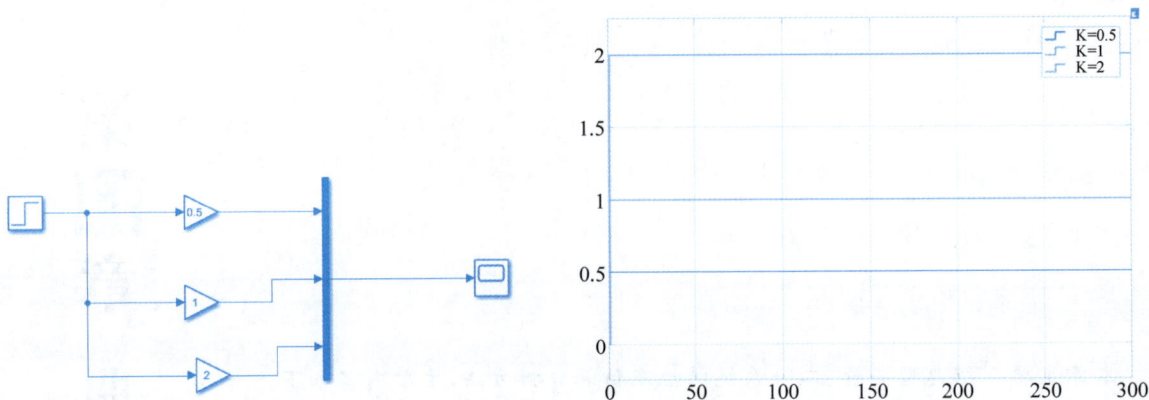

图 11-1   比例环节仿真模型及结果

积分环节的传递函数为

$$G(s) = \frac{1}{s} \tag{11-3}$$

其频率特性为

$$\begin{cases} G(j\omega) = 0 + \dfrac{1}{j\omega} = \dfrac{1}{\omega} e^{-j90} \\[2mm] A(\omega) = \dfrac{1}{\omega} \\[2mm] \phi(\omega) = -90° \end{cases} \tag{11-4}$$

Simulink 中可使用积分模块 Integrator 搭建仿真模型,为了研究时间常数对积分环节特性的影响,使用 Transfer Fcn 模块搭建仿真模型,通过设置时间常数 $T=0.5,1,2$,观测输出在不同参数下的变化规律,仿真模型及结果如图 11-2 所示。从仿真结果看出,由上到下依次为 $T=0.5,1,2$ 时的输出信号,可见输出随着 T 值的增大,模型输出信号上升速度变慢。

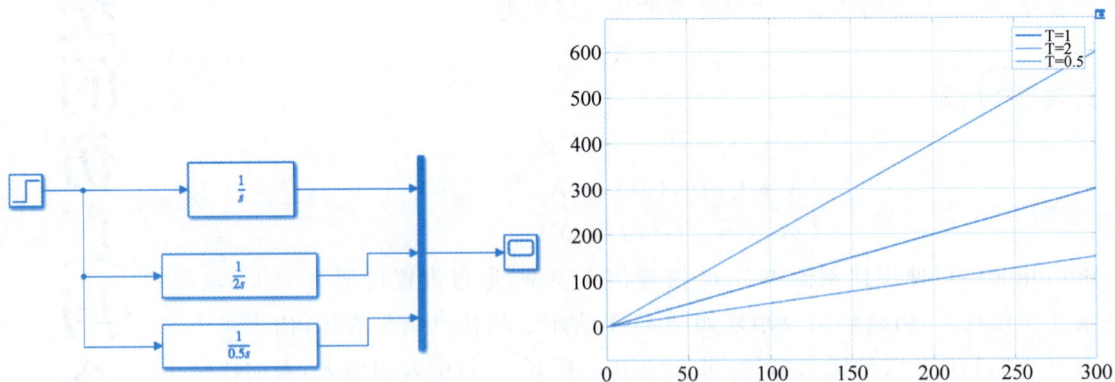

图 11-2   积分环节仿真模型及结果

11.1.3   微分环节

在理想情况下,微分环节的输出与输入量的变化速度成正比,在阶跃输入作用下的输出响应为理想脉冲。微分环节的传递函数为

$$G(s) = s \tag{11-5}$$

其频率特性为

$$\begin{cases} G(j\omega) = 0 + j\omega = \omega e^{j90°} \\ A(\omega) = \omega \\ \phi(\omega) = 90° \end{cases} \tag{11-6}$$

微分环节在实际上无法直接体现作用，所以常用 $G(s) = \dfrac{Ks}{s+1}$ 实现微分环节，相当于将微分环节 Ks 作用于惯性环节 $\dfrac{1}{s+1}$，通过设置 $K = 0.5, 1, 2$，观测输出的变化规律，仿真模型及输出结果如图 11-3 所示。从仿真结果能够看出，由上到下依次为 $T = 2, 1, 0.5$ 时的输出信号，可见随着 K 值的增大，输出的脉冲幅值增大。

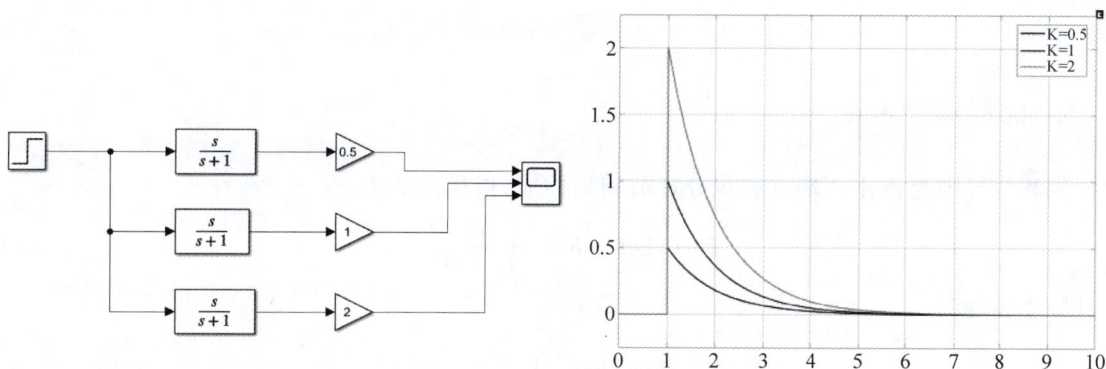

图 11-3　微分环节仿真模型及结果

11.1.4　惯性环节

惯性环节可看作一个储能元件，当输入量突然变化时，输出量不能跟着立刻变化，而是逐渐变化，它的传递函数为

$$G(s) = \frac{K}{Ts+1} \tag{11-7}$$

其频率特性为

$$\begin{cases} G(j\omega) = \dfrac{K}{1+jT\omega} = \dfrac{K}{\sqrt{1+T^2\omega^2}} e^{-T\omega} \\ A(\omega) = \dfrac{K}{\sqrt{1+T^2\omega^2}} \\ \phi(\omega) = -T\omega \end{cases} \tag{11-8}$$

惯性环节是一种低通滤波器，低频信号容易通过，高频信号通过后幅值衰减较大。通过选择不同 T 和 K 值，观测其变化规律，仿真模型及结果如图 11-4 所示。从仿真结果能够看出，由上到下依次为 $K = T = 2$、$K = T = 1$、$K = 1$ 且 $T = 2$、$K = 1$ 且 $T = 5$ 的输出信号，可见 K 值越大，输出的幅值越高，T 值增大，上升速度减慢。

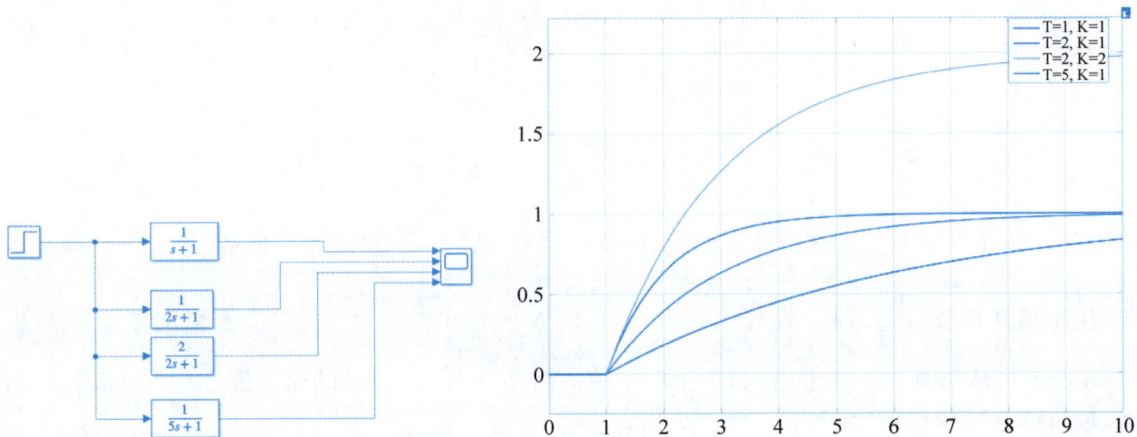

图 11-4　惯性环节仿真模型及结果

11.1.5　比例积分环节

比例积分环节是由比例环节和积分环节相加构成,传递函数为

$$G(s) = K + \frac{1}{Ts+1} \tag{11-9}$$

其频率特性为

$$\begin{cases} G(j\omega) = K + \dfrac{1}{jT\omega} \\[2mm] A(\omega) = \sqrt{K^2 + \dfrac{1}{T^2\omega^2}} \\[2mm] \phi(\omega) = -\arctan T\omega \end{cases} \tag{11-10}$$

比例积分环节的输出由相应的比例和积分构成,其中,比例 K 值决定输出幅值的大小,积分变化决定输出的上升速度。通过设置不同参数,观测输出值的变化,仿真模型及结果如图 11-5 所示。从仿真结果能够看出,由上到下依次为 $K=T=2$、$K=T=1$ 时的输出信号,可见比例值决定输出幅值的大小,T 值增大,上升速度变慢。

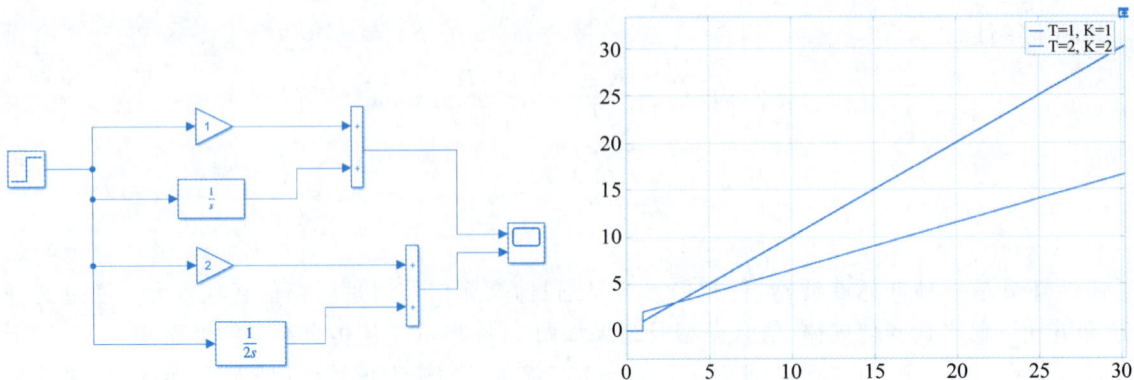

图 11-5　两组比例积分环节仿真模型及结果

11.1.6 比例微分环节

比例微分环节是由比例环节和微分环节相加构成,传递函数为

$$G(s) = K_1 + \frac{K_2 s}{s+1} \tag{11-11}$$

其频率特性为

$$\begin{cases} G(j\omega) = K_1 + \dfrac{K_2 j}{j T\omega + 1} \\[2mm] A(\omega) = \sqrt{K_1^2 + \dfrac{K_2^2}{(T\omega+1)^2}} \\[2mm] \phi(\omega) = -\arctan T\omega \end{cases} \tag{11-12}$$

比例微分环节的输出由相应的比例和微分特征构成,其中比例 K_1 值变化决定输出幅值的大小,微分 K_2 值变化决定输出脉冲的幅度。通过设置两组不同参数,观测输出变化的规律,仿真模型及结果如图 11-6 所示。从仿真结果看出,由上到下依次为 $K_1 = K_2 = 2$、$K_1 = K_2 = 1$ 时的输出信号,可见比例 K_1 值决定了输出幅值的大小,微分 K_2 值增大了脉冲的幅度。

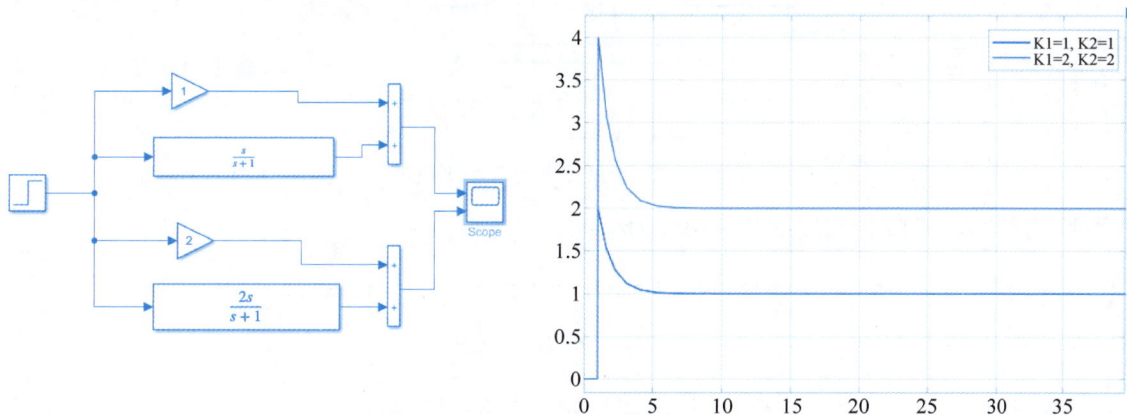

图 11-6　两组比例微分环节仿真模型及结果

11.2　典型二阶系统仿真

在自动控制系统中,二阶系统是最常见的系统。控制工程中的许多系统可以用二阶系统近似,因此,二阶系统的性能分析在自动控制系统分析中有非常重要的地位。二阶振荡环节的传递函数为

$$G(s) = \frac{1}{Ts^2 + 2T\xi s + 1} = \frac{\omega_n^2}{s^2 + 2\xi \omega_n s + \omega_n^2} \tag{11-13}$$

其中,$\omega_n = \dfrac{1}{T}$ 为无阻尼自然振荡频率,ξ 是阻尼比。

由于系统的仿真分析一般是指从阶跃响应曲线中观测系统的动态特性,因此,时域分析是根据

标准二阶系统传递函数 $G(s) = \dfrac{\omega_n^2}{s^2 + 2\xi\omega_n s + \omega_n^2}$ 的 ξ 和 ω_n 变化,研究系统输出的变化情况。通过调节两个参数,观测系统输出的超调量、上升时间、峰值时间、稳态时间及稳态误差等动态特征参数。

系统的特征方程为

$$s^2 + 2\xi\omega_n s + \omega_n^2 = 0 \tag{11-14}$$

特征根为

$$\begin{cases} s_1 = -\xi\omega_n + \sqrt{(\xi\omega_n)^2 - \omega_n^2} = (-\xi + \sqrt{\xi^2 - 1})\omega_n \\ s_2 = -\xi\omega_n - \sqrt{(\xi\omega_n)^2 - \omega_n^2} = (-\xi - \sqrt{\xi^2 - 1})\omega_n \end{cases} \tag{11-15}$$

一般当 ω_n 固定时,系统会分为无阻尼($\xi=0$)、欠阻尼($0<\xi<1$)、临界阻尼($\xi=1$)和过阻尼($\xi>1$)四种情况进行讨论,其仿真模型如图 11-7 所示。

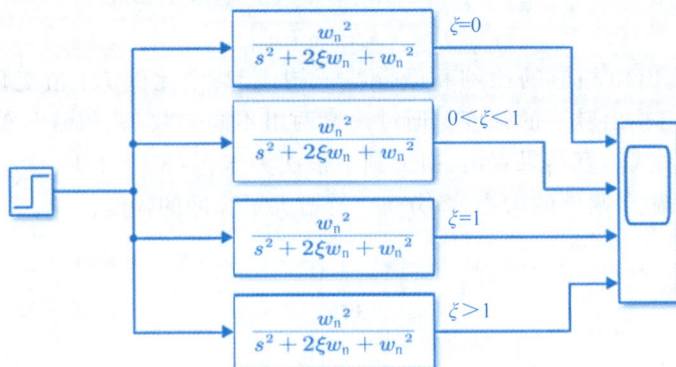

图 11-7 二阶系统不同阻尼比框图

当阻尼比 $0<\xi<1$ 时,相应的频率特性为

$$\begin{cases} G(j\omega) = \dfrac{1}{\left(1 - \dfrac{\omega^2}{\omega_n^2}\right) + j2\xi\dfrac{\omega}{\omega_n}} \\[4mm] A(\omega) = \dfrac{1}{\sqrt{\left(1 - \dfrac{\omega^2}{\omega_n^2}\right)^2 + 4\xi^2\dfrac{\omega^2}{\omega_n^2}}} \\[4mm] \varphi(\omega) = -\arctan\dfrac{2\xi\dfrac{\omega}{\omega_n}}{1 - \dfrac{\omega^2}{\omega_n^2}} \end{cases} \tag{11-16}$$

当 $\omega=0$ 时,$G(j0)=1\angle 0°$;当 $\omega=\omega_n$ 时,$G(\omega_n)=1/(2\xi)\angle -90°$;当 $\omega=\infty$ 时,$G(j\infty)=0\angle -180°$。

11.2.1 频率固定阻尼变化情况

(1)设频率 $\omega_n=1$ 不变,阻尼比 $\xi=0,0.3,1,2$,搭建的仿真模型如图 11-8 所示。

(2)在四种阻尼比情况下的仿真结果如图 11-9 所示。当二阶系统频率固定,$\xi=0$ 时为临界稳定状态,系统等幅振荡,随着阻尼比 ξ 变大,系统振荡幅度逐渐变小,超调量从 100% 变化到 0,到达稳态的时间在过阻尼后逐渐变长。

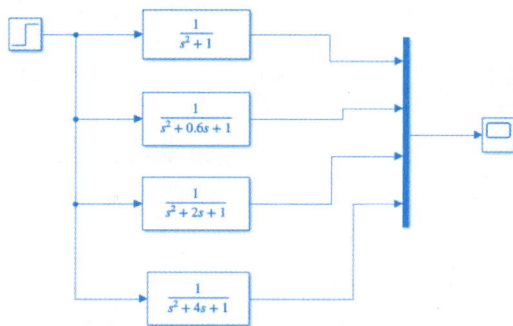

图 11-8   二阶系统不同阻尼比的仿真模型

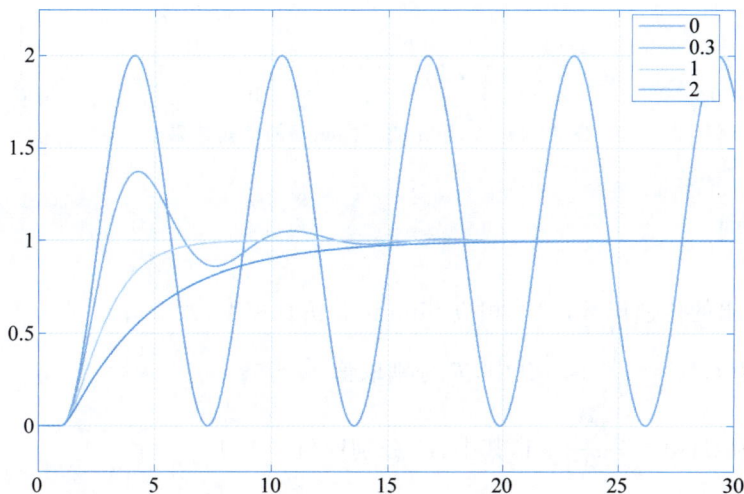

图 11-9   二阶系统不同阻尼比的仿真结果

11.2.2   阻尼固定频率变化情况

（1）设阻尼 $\xi=0.3$ 不变，频率 $\omega_n=1,2,3$，搭建的仿真模型如图 11-10 所示。

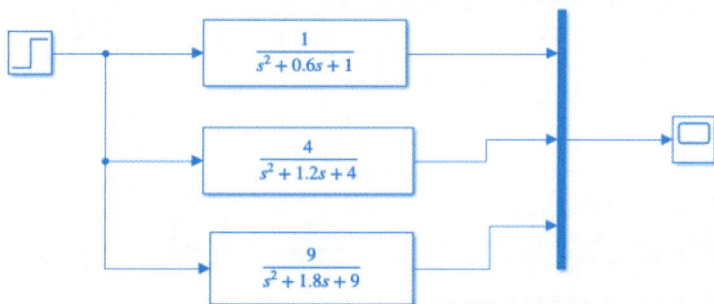

图 11-10   二阶系统不同频率的仿真模型

（2）三种不同频率的仿真结果如图 11-11 所示。当二阶系统阻尼固定时，随着频率 ω_n 从小到大变化，系统振荡的速度逐渐加快。超调量只与阻尼比 ξ 有关，即超调量不变，达到稳态的时间与频率成反比即逐渐变短。

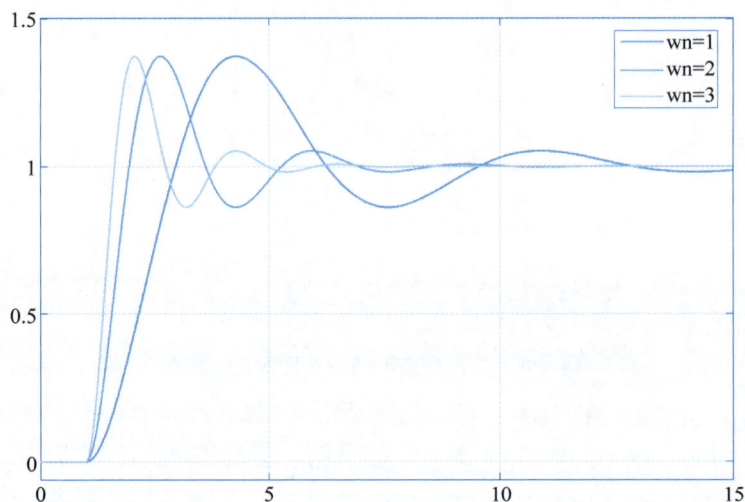

图 11-11　二阶系统不同频率的仿真结果

11.3　创新案例

1. 根据下列给出的传递函数,建立相应 Simulink 仿真模型,观察并记录其单位阶跃响应波形。

(1) 传递函数为 $G(s) = \dfrac{1}{Ts} + 5$,其中,T 分别取值 1,2,5。

(2) 传递函数为 $G(s) = \dfrac{K}{s+10} + 1$,其中,$K$ 分别取值 1,5,10。

(3) 传递函数为 $G(s) = \dfrac{5s}{s+1} + K$,其中,$K$ 分别取值 1,2,5。

2. 由于无阻尼振荡频率 ω_n 一般取正值才有意义,从特征根的表达式来看二阶系统的稳定性与 ξ 和 ω_n 有关。当 $G(s) = \dfrac{1}{s^2 + 0.05s + 1}$ 时,请画出系统阶跃响应曲线并观察其稳定性。若系统不稳定,固定 ξ,通过调节 ω_n 使系统稳定。总结系统稳定性与 ξ、ω_n 的关系。

本章主要介绍系统稳定性及稳态误差仿真与分析方法,主要内容如下。

(1) 介绍系统稳定性分析方法,包括开环增益与闭环系统稳定性关系、增益值对系统稳定性的影响等。

(2) 介绍系统稳态误差概念及相关仿真分析方法,并结合实际案例举例说明。

12.1 稳定性仿真与分析

系统稳定是控制系统能实际应用的首要条件,也是控制系统的关键因素。稳定性表示了当控制系统承受各种扰动,还能保持其预定工作状态的能力;如果系统不稳定,需要引入控制器来使系统稳定。系统的稳定性与本身参数有关,通过Simulink 仿真,研究系统开环增益 K 值的变化对系统稳定的影响。

考虑被控对象传递函数 $G(s)$ 和反馈传递函数 $H(s)$ 组成的开环传递函数 $H(s)G(s)$,将开环传递函数表示为标准形式:

$$G(s)H(s) = \frac{K \prod_{i=1}^{m}(T_i s + 1)}{s^v \prod_{j=1}^{q}(T'_j s + 1)} \tag{12-1}$$

其中,K 称为标准开环增益,v 表示开环传递函数中包含 v 个积分环节,开环传递函数积分环节的个数称为系统的"型"。$v=0,1$ 和 2 时,系统分别称为 0 型、1 型和 2 型系统,并且随着 v 的增加,系统的控制精度将得到改善,但同时也会使系统的稳定性恶化。通过 Simulink 仿真观测不同类型的系统的稳定性。

12.1.1 开环增益与闭环系统

开环增益是指当放大器中没有加入负反馈电路时的放大增益。系统的开环增益直接影响系统的稳定性,开环增益经闭环后出现在传递函数分母,影响闭环传递函数特征方程的极点位置。图 12-1 所示为比例模块和开环增益 K 已知的被控对象形成的闭环系统框图。

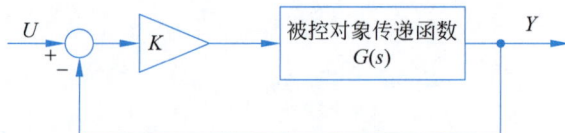

图 12-1　开环增益与闭环系统框图

12.1.2　开环增益值对系统稳定性的影响

例 12-1　已知被控对象为四阶系统,其闭环系统的框图如图 12-2 所示,根据 K 的变化判定系统的稳定性。

（1）使用根轨迹判定 K 的稳定范围,确定系统临界稳定时的 K 值。

（2）将 K 值设定在不同参数,分别对系统稳定、不稳定和临界稳定状态进行仿真。

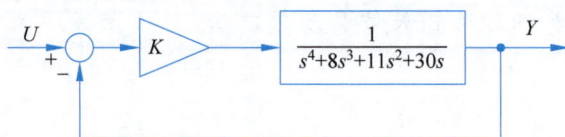

图 12-2　4 阶闭环系统的框图

操作步骤如下。

（1）令 $K=1$,绘制系统的根轨迹,找出 K 的临界稳定值的程序如下。

```
num = 1;
den = [1 8 11 30 0];
G0 = tf(num,den);
G = feedback(G0,1);
rlocus(G);
[K,p] = rlocfind(G)
```

绘制的根轨迹如图 12-3 所示。

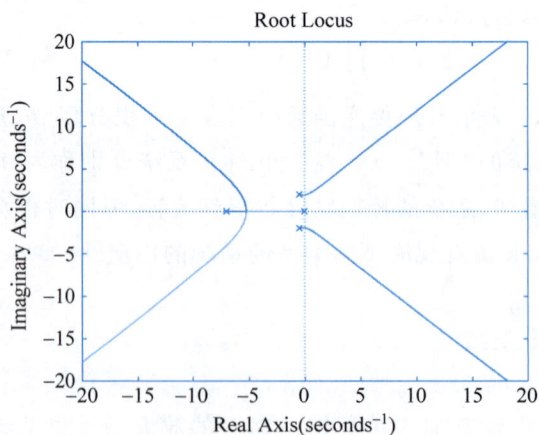

图 12-3　四阶闭环系统根轨迹

通过 rlocfind() 函数出现的十字线,找到根轨迹与虚轴的交点坐标后单击,此时可在命令框中查看临界稳定值 K,结果为: $K=26.9736$,即可说明 $K<26.9736$ 时系统稳定。

（2）根据临界点的值，令 $K=27$，搭建仿真框图如图 12-4 所示。

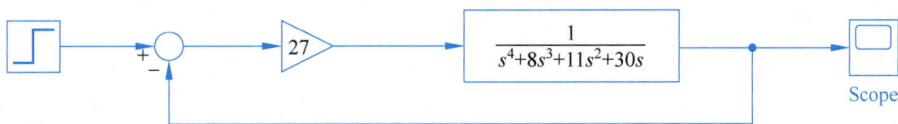

图 12-4 **$K=27$ 时的四阶闭环系统框图**

（3）$K=27$ 的仿真结果如图 12-5 所示。从图中观察可知，系统几乎处于临界稳定状态。

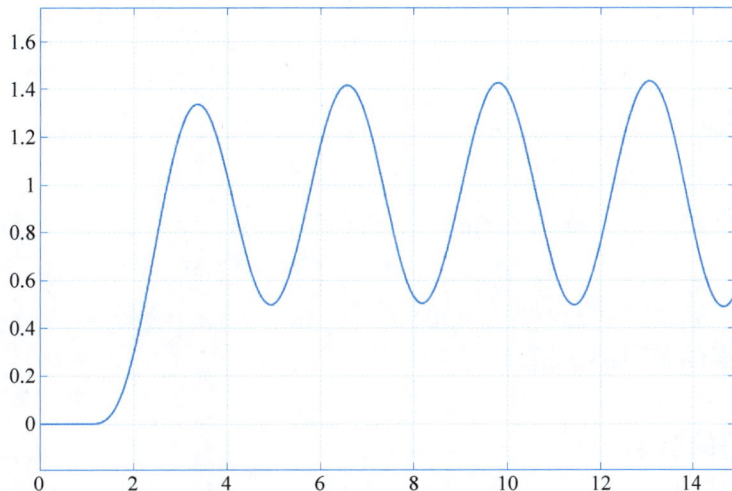

图 12-5 **$K=27$ 时高阶系统阶跃响应**

（4）令 $K=10$，系统的仿真结果如图 12-6 所示，系统稳定。

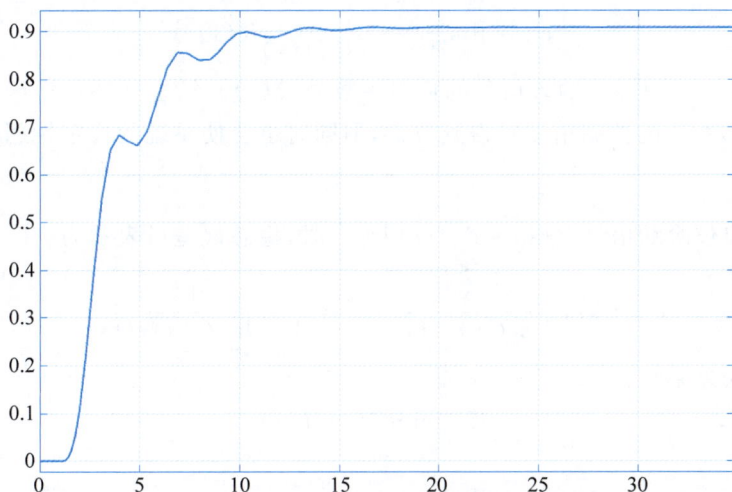

图 12-6 **$K=10$ 时高阶系统阶跃响应**

（5）令 $K=40$，仿真结果如图 12-7 所示。响应值幅值增大，系统发散，不稳定。

从图 12-5～图 12-7 中看出，K 取临界值时出现等幅振荡，属于临界稳定，当 $K<27$ 时，系统是衰减振荡，属于稳定，当 $K>27$ 时，系统是发散振荡，属于不稳定。上述结果说明了开环极点直接影响了系统的稳定性。

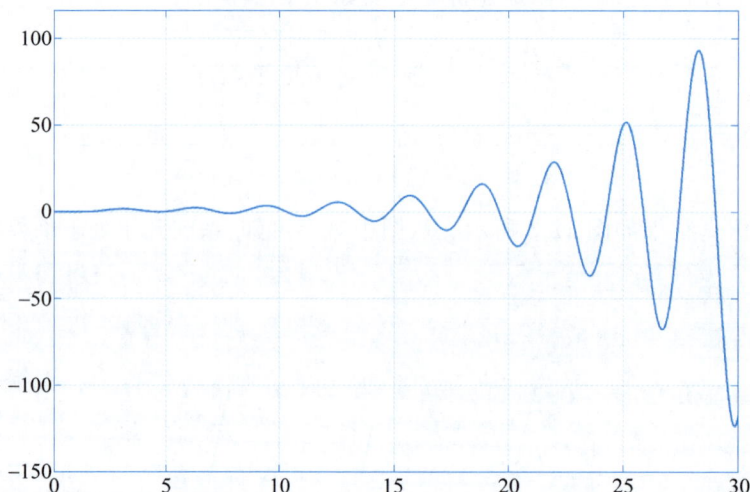

图 12-7 $K=40$ 时高阶系统阶跃响应

12.2 稳态误差仿真与分析

12.2.1 稳态误差的概念

系统的稳态误差是被控量的期望值与实际的值的差,即 $e(t)=U(t)-Y(t)$。利用开环传递函数的一般表达式可以分析稳态误差 e_{sr}:

$$e_{sr}=\lim_{s\to 0}\frac{s}{1+G(s)H(s)}R(s) \tag{12-2}$$

其中,开环传递函数 $G(s)H(s)$,输入信号的传递函数为 $R(s)$。结合开环传递函数的零极点表达式可知,随着 v 的增加,系统的控制精度将得到改善,但同时也会使系统的稳定性恶化。当 $v\geqslant 3$ 时,系统一般不稳定。

当输入信号为单位阶跃信号 $R(s)=\mathcal{L}[1(t)]=\dfrac{1}{s}$ 时,稳态误差可表示为

$$e_{sr}=\lim_{s\to 0}\frac{s}{1+G(s)H(s)}\frac{1}{s}=\frac{1}{1+\lim_{s\to 0}G(s)H(s)} \tag{12-3}$$

定义稳态位置误差系数为

$$K_p\overset{\Delta}{=}\lim_{s\to 0}G(s)H(s) \tag{12-4}$$

则有:

$$e_{sr}=\frac{1}{1+K_p} \tag{12-5}$$

对于不同类型的系统,可以计算其在单位阶跃信号下的稳态位置误差系数和稳态误差。其中,0 型系统 $K_p=K$,$e_{sr}=\dfrac{1}{1+K}$,1 型系统和 2 型系统 $K_p=\infty$,$e_{sr}=0$。

12.2.2 稳态误差仿真实例

例 12-2 给定二阶系统传递函数框图如图 12-8 所示,研究在斜坡信号输入作用下,不同 K 值对稳态误差的影响。

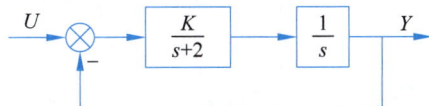

图 12-8 1 型系统框图

(1)分别令 $K=1$ 和 $K=0.1$,观测当斜坡信号输入时,系统仿真模型如图 12-9 所示。

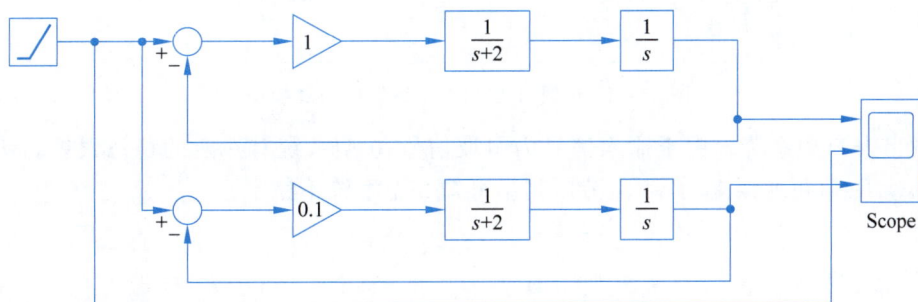

图 12-9 1 型系统仿真模型

(2)仿真结果如图 12-10 所示,由上到下依次为 Ramp、$K=1$、$K=0.1$ 时的输出信号,可见随着开环增益 K 减小,稳态误差有变大的趋势。

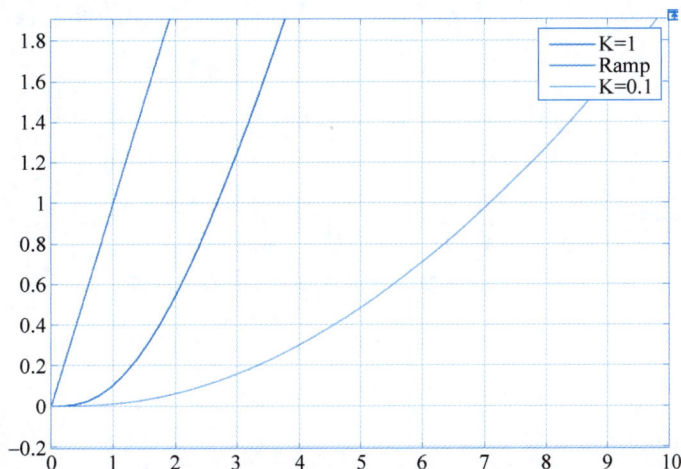

图 12-10 斜坡信号及不同 K 值输出

例 12-3 系统传递函数框图如图 11-8 所示,设置 $K=1$,$K_1=1$,$T=1$,$K_2=2$,在斜波输入信号作用下,仿真分析 0 型、1 型和 2 型系统的稳定性和稳态误差。

(1)按照要求,搭建的 0 型、1 型和 2 型系统的仿真框图如图 12-11 所示。

(2)仿真结果如图 12-12 所示,斜坡输出信号由上到下依次为输入信号 Ramp、1 型系统和 0 型

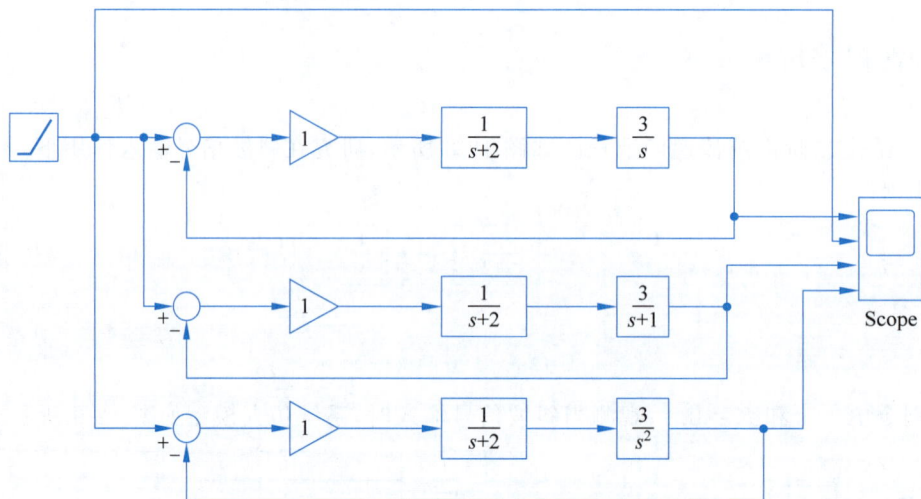

图 12-11　0 型、1 型和 2 型系统的仿真模型

系统,振荡输出为 2 型系统。由于输入信号为斜坡信号,0 型系统有一定的稳态误差,1 型系统误差较小,适当调整 K 值可使误差为零,由劳斯判据可知 2 型系统不稳定。

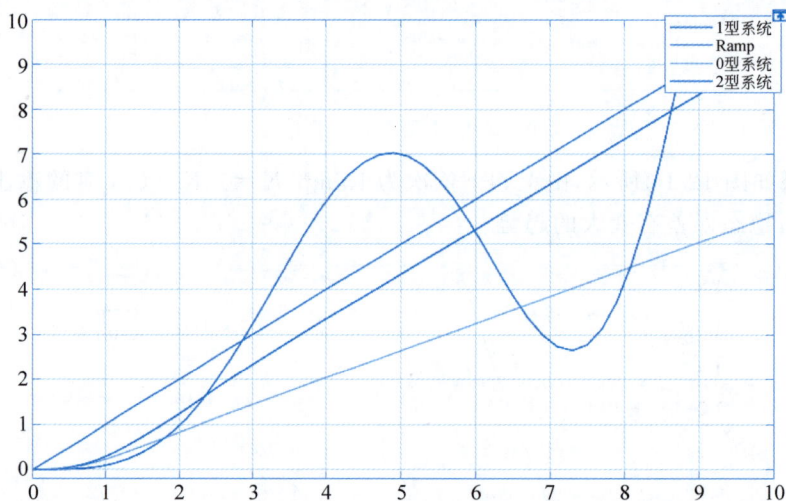

图 12-12　0 型、1 型和 2 型系统的仿真结果

12.3　创新案例

系统传递函数框图如图 12-13 所示,设置不同的 $G_1(s)=1+\dfrac{K}{s}$ 和 $G_2(s)=\dfrac{4}{s^v(s+2)}$,在不同输入信号 $r(t)=1(t)$、$r(t)=2t$、$r(t)=1+t+0.5t^2$ 的作用下,绘制系统仿真图,判断系统稳定性及计算系统稳态误差。

(1) 当 $K=0,v=0$ 时,绘制不同输入下的仿真图,判断它是几型系统,并判断系统是否稳定,如果系统稳定,计算系统的系统误差。

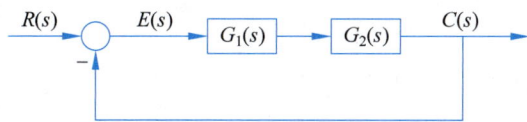

图 12-13　系统框图

（2）当 $K=1,v=1$ 时，绘制不同输入下的仿真图，判断它是几型系统，并判断系统是否稳定，如果系统稳定，计算系统的系统误差。

（3）当 $K=3,v=1$ 时，绘制不同输入下的仿真图，判断它是几型系统，并判断系统是否稳定，如果系统稳定，计算系统的系统误差。

第13章 串联超前、滞后校正仿真与设计

本章主要介绍串联超前、滞后校正实验,主要内容如下。

(1) 介绍超前校正原理,并给出串联超前校正模块的系统仿真方法。

(2) 介绍滞后校正原理,并给出串联滞后校正模块的系统仿真方法。

13.1 超前校正分析与仿真

线性系统的超前和滞后校正是频域分析设计的常用方法,超前滞后校正器的结构简单,可以通过调节参数来达到更满意的控制效果,其中,可根据相位裕度、幅值裕度、幅值、穿越频率的值来设计校正参数。例如,在超前校正中,可通过增大相位裕度来提高系统的快速性,改善系统暂态响应;在滞后校正中,可通过提高系统稳定性及减小稳态误差的值,来达到改善系统动态品质的目的。

13.1.1 超前校正原理

超前校正的数学模型为

$$G_c(s) = K \frac{\alpha T s + 1}{T s + 1} \tag{13-1}$$

当 $\alpha > 1$ 时,代表引入正相位的校正器,此校正器会增大前向通路模型的相位,使其相位"超前"于受控对象的相位,所以这样的控制器称为相位超前校正器,简称超前校正器。该控制器可通过增加开环系统的剪切频率和相位裕度,使校正后的闭环系统的阶跃响应速度加快且超调量减小。

考虑被控对象传递函数为 $G(s)$,超前校正控制器的传递函数为 $G_c(s)$,超前校正的基本原理是利用超前相角补偿系统的滞后相角,改善系统的动态性能,增加相角的裕度,提高系统的稳定性。超前校正的仿真框图如图 13-1 所示。

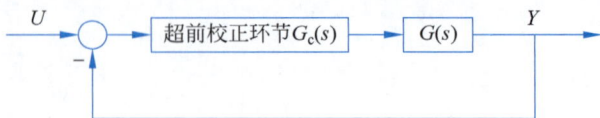

图 13-1 超前校正的仿真框图

结合下面的仿真案例,可以看出超前校正前后的动态特性参数。

例 13-1 被控对象开环传递函数为 $G(s) = \dfrac{120}{0.6s^2 + s}$,使用超前校正环节 $G_c(s) = \dfrac{0.8s + 1}{0.01s + 1}$ 进行仿真,比较校正前后的动态特性参数。

(1)打开 Simulink 环境和模型库,拖动 Source 模块库中的阶跃输入 Step 模块、Math Operations 库中的求和 Sum 模块、Continue 模块库中的传递函数 Transfer Fcn 模块和 Sink 模块库中的示波器 Scope 模块到窗口中。

(2)根据给定被控对象传递函数和校正环节传递函数值,双击输入参数,由于是负反馈,将求和的 Sum 模块中的 1 个加号改成 1 个减号,示波器改成 2 个输入口,构建校正前后的闭环负反馈仿真模型,如图 13-2 所示。

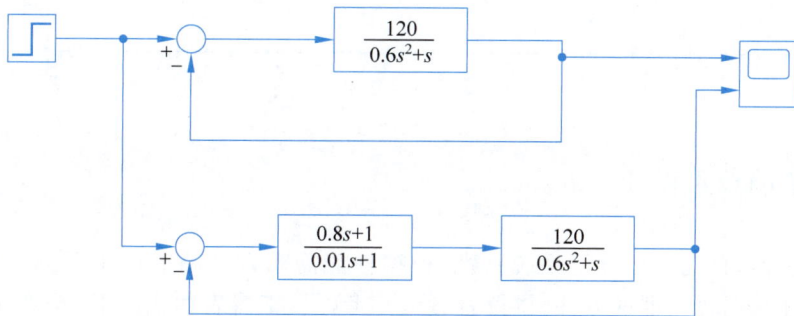

图 13-2 二阶闭环系统仿真框图

(3)单击工具栏运行按钮,修改示波器显示颜色,结果如图 13-3 所示。从图中观测校正前超调量为 81% 时,可观测到进入稳态值 ±2% 的误差范围内需要 5.921s。校正后超调量为 25% 时,可观测到进入稳态值 ±2% 的误差范围内需要 1.085s。由此可以看出,系统有较快的响应速度,校正后的稳态时间减少为原来的 1/5 左右,且超调量明显降低。

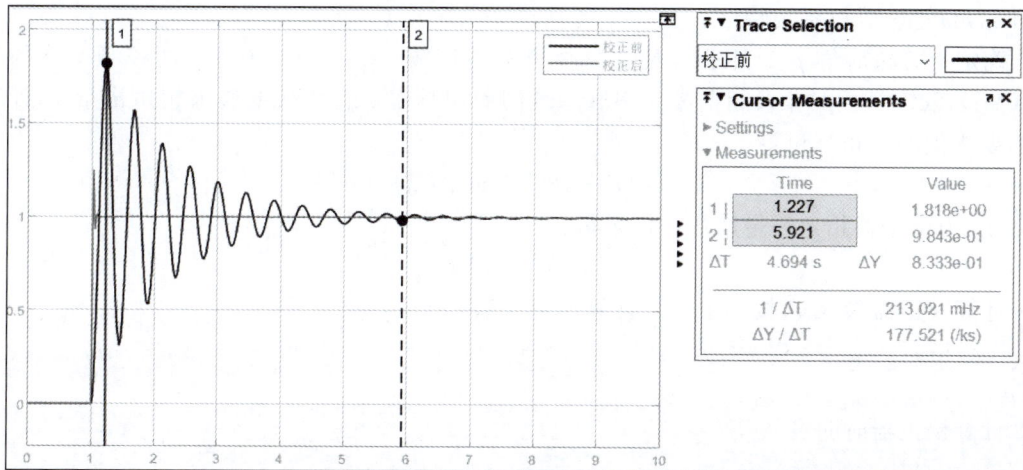

图 13-3 原系统仿真结果

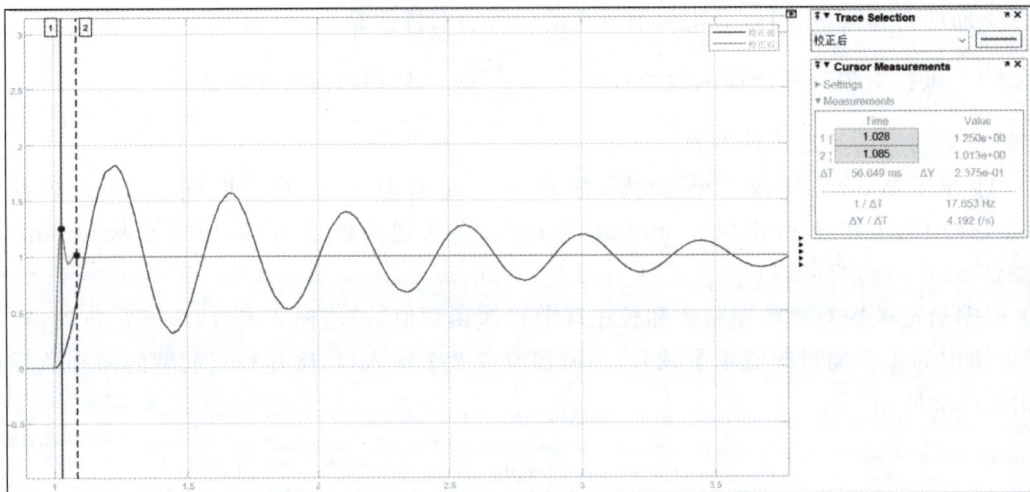

图 13-3　（续）

13.1.2　串联超前校正设计

设计超前校正器，首先需要分析系统特性，根据性能需求设计超前校正器的参数。本节介绍一种利用波特图设计超前校正器的方法，供读者参考。考虑校正器表达式如下，需要标定增益 K、参数 α 和时间参数 T，进而完成串联超前校正器的设计。

$$G_c(s) = K\frac{\alpha Ts + 1}{Ts + 1} \tag{13-2}$$

（1）根据稳态误差系数确定期望的开环增益。同时考虑控制器系数 K 和控制对象增益，根据增益与稳态误差系数之间关系计算得到控制器参数 K。

（2）调整增益后，计算系统的相角裕量。固定控制器参数 K，利用 MATLAB 读取该系统的剪切频率和相角裕量，分析系统特性。

（3）确定所需超前角 φ_m。根据性能指标要求的剪切频率 ω_c，计算未校正时该频率下的相角裕量 $\arg G(j\omega_c)$，取定被控对象及超前校正串联系统的剪切频率 ω_m，并根据要求相角裕量 γ，计算超前控制器需要提供的相角裕量：

$$\varphi = \gamma + 180° + \arg G(j\omega_c) \tag{13-3}$$

在此基础上，为校正器相角裕量增加一定余量：

$$\varphi_m = \varphi + 10° \tag{13-4}$$

（4）计算校正器参数 α，按如下公式计算相应参数：

$$\alpha = \frac{1 + \sin\varphi_m}{1 - \sin\varphi_m} \tag{13-5}$$

（5）计算校正器时间参数 T：

$$T = \frac{1}{\sqrt{\alpha}\,\omega_m} \tag{13-6}$$

（6）对校正后的系统进行检验与分析，验证各项性能指标是否满足设计要求，不满足要求则重复上述步骤进行微调，直到满足要求。

13.2 滞后校正分析与仿真

13.2.1 滞后校正原理

滞后校正器的数学模型为

$$G_c(s) = K \frac{Ts+1}{\alpha Ts+1} \tag{13-7}$$

当 $\alpha > 1$ 时,代表引入负相位的校正器,此校正器会减小前向通路模型的相位,使其相位"滞后"于受控对象的相位,所以这样的控制器称为滞后校正器。该控制器可通过减小开环系统的剪切频率,但可能增加相位裕度,使校正后的闭环系统的超调量减小,代价是阶跃响应速度将变慢。

考虑滞后校正控制器的传递函数为 $G_c(s)$,其原理是利用滞后校正环节的高频幅值衰减特性,校正原系统 $G(s)$ 的低频段,保持原有的已满足要求的动态性能不变,通过提高系统的开环增益,减小系统的稳态误差,以达到改善系统稳定性目的。滞后校正的不足之处是校正后系统截止频率会减小,瞬态响应速度变慢,且在截止频率处,滞后校正会产生一定的相角滞后量。串联滞后校正仿真框图如图 13-4 所示。

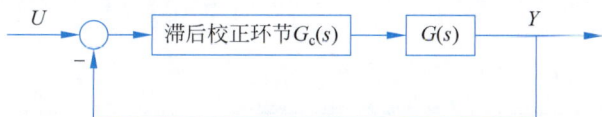

图 13-4　串联滞后校正仿真框图

结合下面的仿真案例,可以看出滞后校正对系统性能的提升。

例 13-2　被控对象开环传递函数为 $G(s) = \dfrac{120}{0.03s^2+s}$ 使用滞后校正环节 $G_c(s) = \dfrac{0.8s+1}{3.6s+1}$ 进行仿真,比较校正前后的动态特性参数。

(1) 按照例 13-1 中(1)和(2)建立的滞后校正前后的仿真模型如图 13-5 所示。

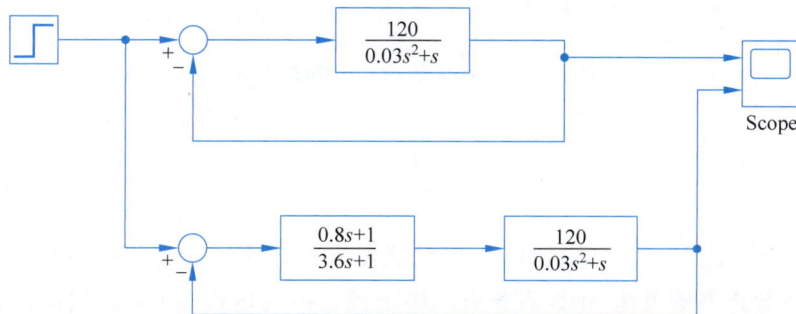

图 13-5　建立滞后校正前后仿真模型

(2) 单击仿真按钮,滞后校正前后的仿真结果如图 13-6 所示。

从图 13-6 可知,校正前超调量为 42.4%,可观测到进入稳态值 ±2% 的误差范围内需要 1.258s;校正后超调量为 16.4%,可观测到进入稳态值 ±2% 的误差范围内需要 1.254s,可见,滞后校正的稳态时间基本未变,但超调量从 42.4% 降低到 16.4%。

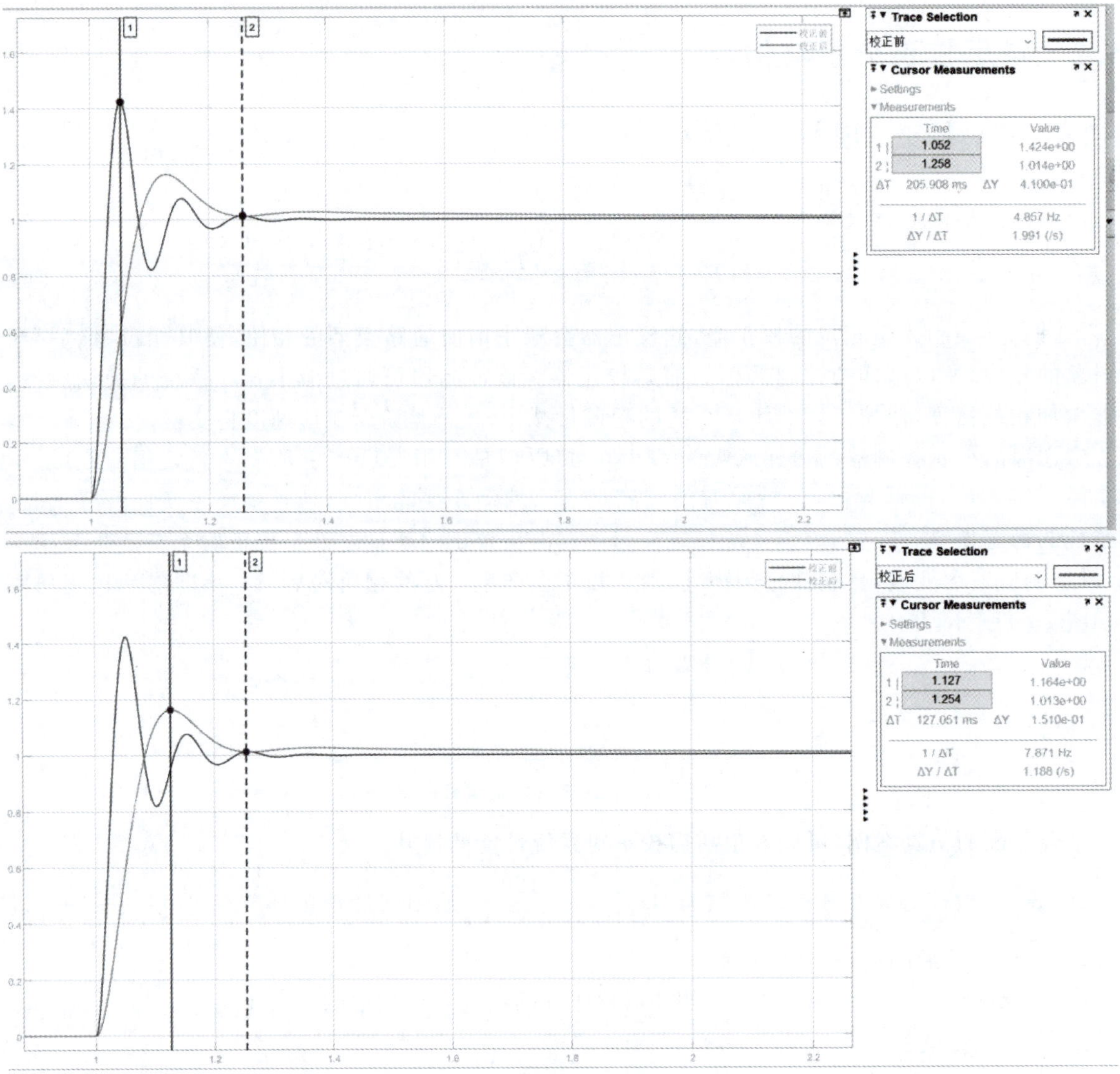

图 13-6　滞后校正前后仿真结果

13.2.2　串联滞后校正

设计滞后校正器,需要分析系统特性,根据性能需求设计滞后校正器的参数。本节介绍一种利用波特图设计滞后校正器的方法,供读者参考。考虑校正器表达式如下,需要标定增益 K、参数 α 和时间参数 T,进而完成串联超前校正器的设计。

$$G_c(s) = K \frac{Ts + 1}{\alpha Ts + 1} \tag{13-8}$$

(1) 根据稳态误差系数确定期望的开环增益。同时考虑控制器系数 K 和控制对象增益,根据增益与稳态误差系数之间关系计算得到控制器参数 K。

(2) 调整增益后,计算系统的增益裕量和相角裕量。固定控制器参数 K,利用 MATLAB 读取该系统的截止频率、增益裕量和相角裕量,分析系统特性。

(3) 选择新的截止频率 ω_c。根据性能指标要求的截止频率,选择被控对象及滞后校正串联系统 $G(s)$ 的新的截止频率 ω_c,其满足如下条件,其中,γ 为相角裕量。

$$180° + \arg[KG(j\omega_c)] = \gamma + (5° \text{ to } 12°) \tag{13-9}$$

(4) 计算校正器时间参数 T:

$$\frac{1}{T} < \left(\frac{1}{10} \text{ to } \frac{1}{5}\right)\omega_c \tag{13-10}$$

(5) 计算校正器参数 α。要求其满足在给定截止频率 ω_c 下的约束条件,其中 G 表示被控对象及滞后校正串联系统 $G(s)$:

$$20\lg|G(j\omega_c)| = 0$$

(6) 对校正后的系统进行检验与分析,验证各项性能指标是否满足设计要求,不满足要求则重复上述步骤进行微调,直到满足要求。

13.3 创新案例

设计校正装置并验证设计的校正装置是否能使系统稳定。

(1) 未校正系统的原理方框图如图 13-7 所示,画出其仿真图并判断原系统的稳定性。

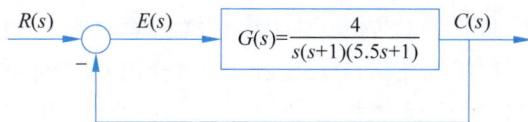

$$R(s) \quad E(s) \quad G(s) = \frac{4}{s(s+1)(5.5s+1)} \quad C(s)$$

图 13-7 未校正系统的原理方框图

(2) 试设计一个校正装置(超前校正、滞后校正),使系统稳定,并通过仿真图观察校正后的效果。

第14章 PID控制器参数仿真与设计

本章主要介绍基于 Simulink 仿真的 PID 控制器参数设计方法,主要内容如下。

(1) 介绍 PID 控制器由比例、积分、微分三部分作用及其对系统动态性能的影响。

(2) 介绍 PID 控制器参数设计方法:试凑法和波特图设计法。

(3) 通过 PID 控制器实际仿真案例,介绍基于 Simulink 的 PID 参数整定方法。

14.1　PID 控制器介绍

PID 控制称为比例-积分-微分控制,它们既可以组合使用,也可单独使用,工程应用中常使用比例(P)、比例+积分(PI)、比例+微分(PD)和比例+积分+微分(PID)四种控制方式,以提高系统动态性能为目的。

PID 控制器对象传递函数为

$$G_c(s) = K_p + \frac{K_i}{s} + K_d s = K_p\left(1 + \frac{1}{T_i s} + T_d s\right) \tag{14-1}$$

其中,K_p 表示比例系数,K_i 表示积分系数,K_d 表示微分系数,T_i 表示积分时间常数,T_d 表示微分时间常数。

(1) 增大比例增益 K_p 一般会加快系统的响应,并有利于减小稳态误差,但是过大的比例系数会使系统有比较大的超调,并产生振荡,使稳定性变差。

(2) 增大积分增益 K_i 有利于减小超调和稳态误差,但是系统稳态误差消除时间变长。将比例和积分环节结合为比例积分(PI)控制,即滞后校正控制器,两个参数可调,能同时改善稳态误差和动态性能。

(3) 增大微分增益 K_d 有利于加快系统的响应速度,使系统超调量减小,稳定性增加,但系统对扰动的抑制能力减弱。将比例和微分环节结合为比例微分(PD)控制,即超前校正控制器,两个参数可调,能够预测被控量变化趋势,抑制超调,改善动态性能。

14.2　PID 试凑原则

本节将介绍两种 PID 控制器参数设计方法:试凑法和基于波特图的设计方法,其中试凑法是一种基于经验的 PID 控制参数调整方法,常用于闭环控制系统中。它通过改变给定值来给系统引入干扰信号,并按照 K_p(比例增益)—K_i(积分系数)—K_d(微分系数)的顺序逐步调节控制器的参数,同时观察系统的过渡过程,直到达到满意的控制效果。其具体过程如下。

(1)先调节 K_p,让系统闭环,使积分和微分不起作用($K_d=0$,$K_i=0$),观察系统的响应,若响应快、超调小、静差满足要求,则就用纯比例控制器。

(2)调节 K_i,若使得静态误差太大,则加入 K_p,同时使 K_i 缓慢增加(如增加至原来的120%,因加入积分会使系统稳定性下降,故需减小 K_p),则将 K_i 由小到大进行调节,直到满足静态误差要求。

(3)调节 K_d,若系统动态特性不好,则加入 K_d,同时使 K_p 稍微提升一点,K_p 由小到大进行调节,直到满足动态特性的要求。

除了试凑法,结合前文介绍的超前校正方法,本节介绍一种基于波特图的 PID 控制器,即超前滞后校正控制器的参数设计方法,又称波特图设计法,供读者参考。设计超前滞后校正控制器,需要分析系统特性,根据性能需求设计超前滞后校正控制器的参数。考虑校正器表达式如下,需要标定增益 K、参数 β,以及时间参数 T_1 和 T_2,进而完成串联超前滞后校正控制器的设计。

$$G_c(s)=K \cdot \frac{1+T_1s}{1+T_1\beta s} \cdot \frac{1+T_2s}{1+T_2\beta s} \tag{14-2}$$

基本设计步骤如下所示。

(1)根据稳态误差系数确定期望的开环增益。同时考虑控制器系数 K 和控制对象增益,根据增益与稳态误差系数之间关系计算得到控制器参数 K。

(2)增益调整后,计算系统的相角裕量。固定控制器参数 K,利用 MATLAB 读取该系统的剪切频率和相角裕量,分析系统特性。

(3)计算校正器时间参数 T_2。取定被控对象及校正器串联系统的剪切频率 ω_c,选取 $\frac{1}{T_2}<\frac{\omega_c}{10}$,计算得到 T_2。

(4)计算校正器参数 β。基于剪切频率和时间参数,确定校正器参数 β,使得相角裕量满足如下约束:

$$\frac{j\omega_c+\dfrac{1}{T_2}}{j\omega_c+\dfrac{1}{\beta T_2}}=-(3° \text{ to } 5°) \tag{14-3}$$

(5)计算校正器时间参数 T_1。参数设置可以参考超前校正器的时间参数设置方法,将被控对象与滞后校正器串联系统看作被控系统,利用相关方法计算得到 T_1。

(6)对校正后的系统进行检验与分析,验证各项性能指标是否满足设计要求,不满足条件则重复上述步骤进行微调,直到满足要求。

14.3 PID 控制器仿真案例

在实际应用中,Simulink 仿真能够辅助设计 PID 控制器参数,通过精确计算被控对象及串联控制器的剪切频率、相角裕度等指标,验证不同参数的有效性。同时,Simulink 提供 PID 参数整定功能,可以自动设定 PID 控制器参数。下面通过三个例子介绍 Simulink 在 PID 控制器参数设计中的辅助功能。

例.14-1 针对三阶被控对象 $G(s) = \dfrac{85}{(s+2)(s+6)(s+9)}$,使用试凑法整定 PID 控制参数,要求:

(1) 超调量小于 20%,稳态时间小于 1s;

(2) 对比 PID 控制前后参数。

操作步骤如下。

(1) 根据已知的被控对象,在 Continuous 连续系统模块库中拖拽控制器 PIDController 模块和传递函数 Transfer Fcn 模块,搭建 PID 控制前后的仿真模型,如图 14-1 所示。

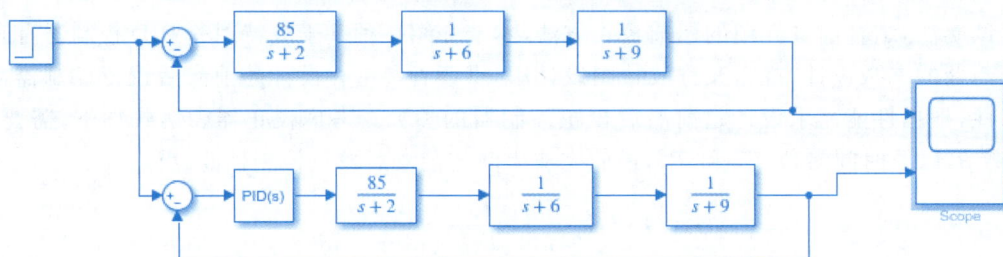

图 14-1   试凑 PID 校正前后仿真模型

(2) 双击 PIDController 模块修改参数,经过 PID 试凑,当 $K_p = 8$,$K_i = 26$,$K_d = 2$ 时,输出曲线满足了要求,设置控制参数如图 14-2 所示。

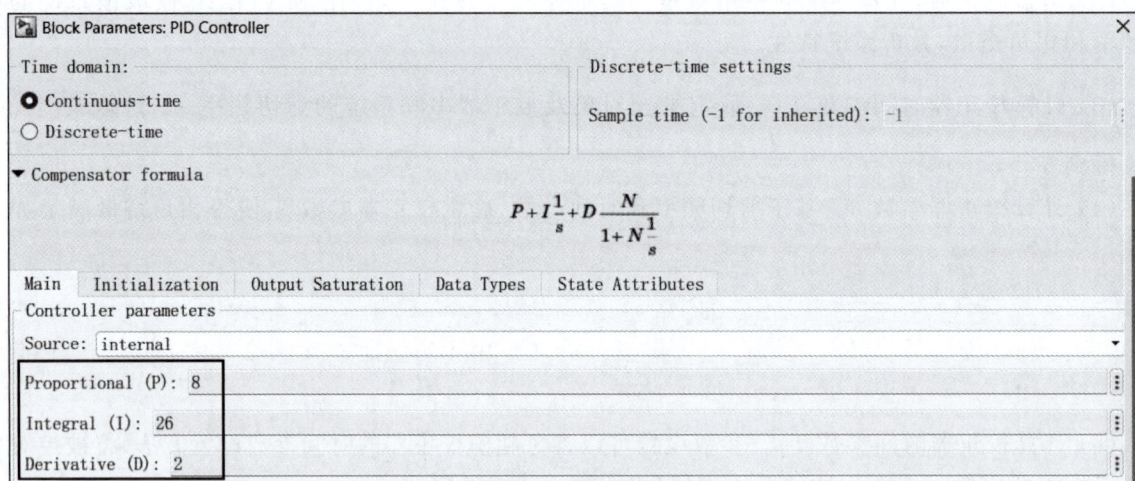

图 14-2   PID 控制参数设置

(3) 从图 14-2 中看出,系统设置的 PID 控制器模块 D 微分取了一个调整系数 N,做了一个微分值的近似,根据图 14-2 试凑的参数,控制结果如图 14-3 所示。

从图 14-3 中看出,该被控对象在加入 PID 控制前闭环系统是稳定的,但存在 59.6% 的稳态误差,不能满足系统要求。加入 PID 控制后,稳态误差为零,且上升时间由原来的 2.131s 减小到 1.281s,速度有了明显改变。

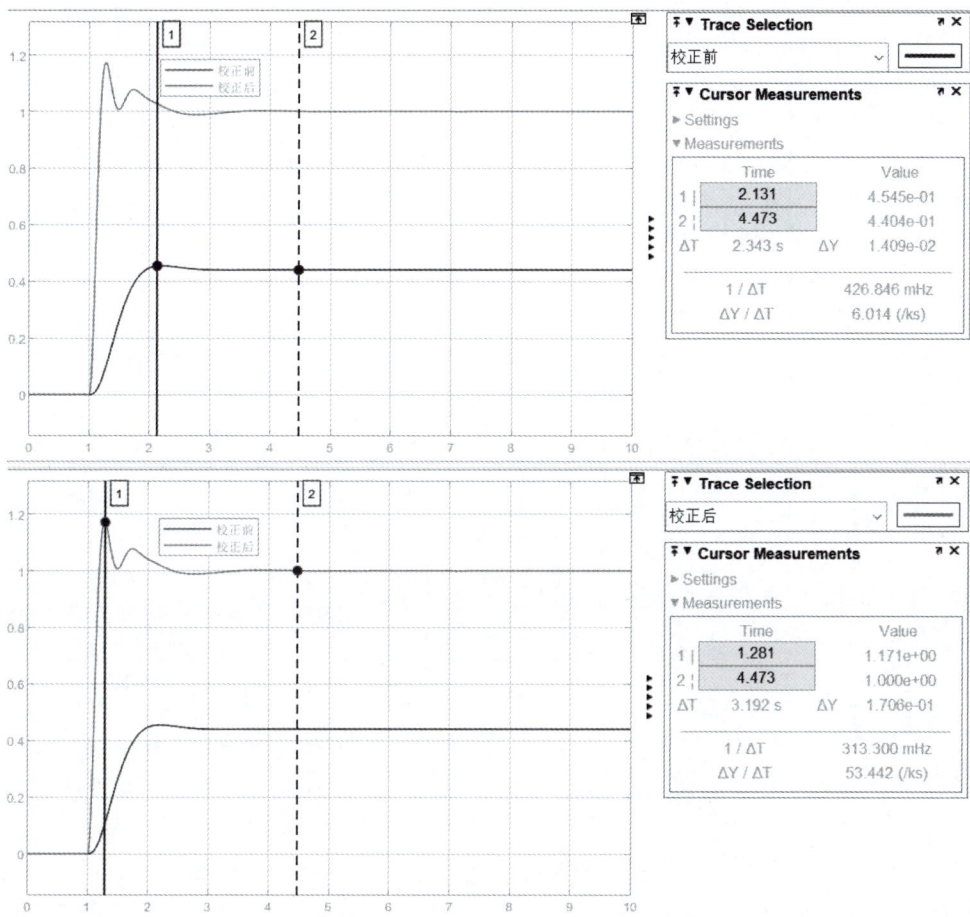

图 14-3 试凑 PID 校正前后仿真结果

例 14-2 针对一阶惯性加延迟的被控对象 $G(s) = \dfrac{22}{50s+1}\mathrm{e}^{-20s}$，使用试凑法整定 PID 控制参数，要求：

(1) 超调量小于 20%，稳态时间小于 1s；

(2) 对比 PID 控制前后参数。

操作步骤如下。

(1) 根据已知的被控对象，在 Continuous 连续系统模块库中拖动传递函数和延迟环节 Transport Delay 模块，并双击设置延迟时间为 20s，搭建的仿真模型如图 14-4 所示。

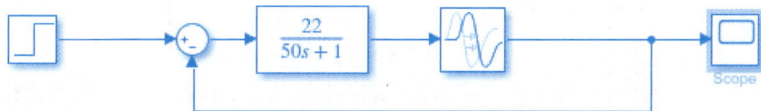

图 14-4 原系统的仿真模型

(2) 单击仿真，输出结果如图 14-5 所示。

(3) 利用比例模块(Gain)、积分模块(Integrator)、微分模块(Derivative)和相加模块(Add)搭建 PID 控制器，建立仿真模型，利用试凑法不断调整参数，最后得到 $K_p = 0.09$，$T_i = 44.3$，$T_d = 12.5$，添加参数后仿真模型如图 14-6 所示。

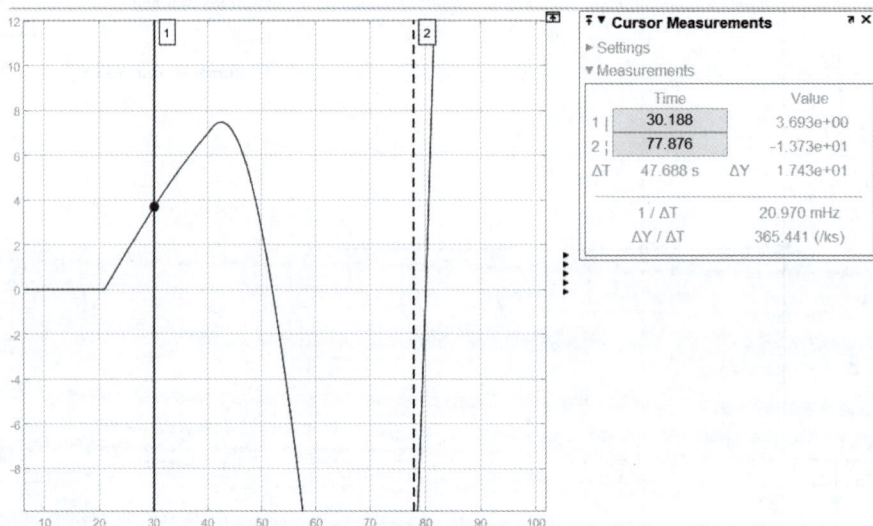

图 14-5　仿真模型

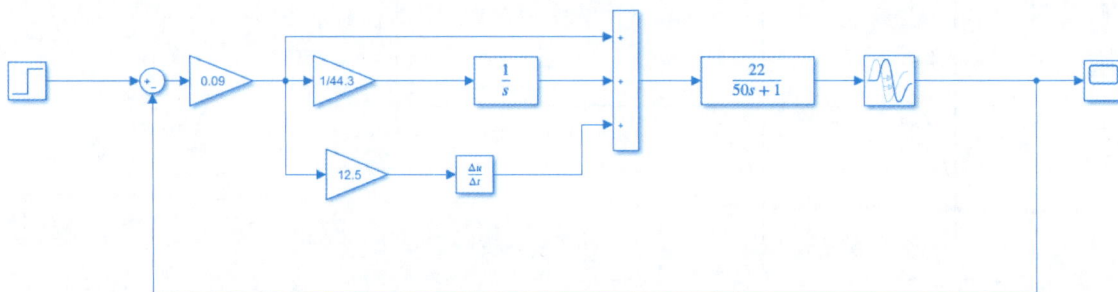

图 14-6　添加试凑参数 PID 控制的仿真模型

（4）单击仿真按钮,输出结果如图 14-7 所示。

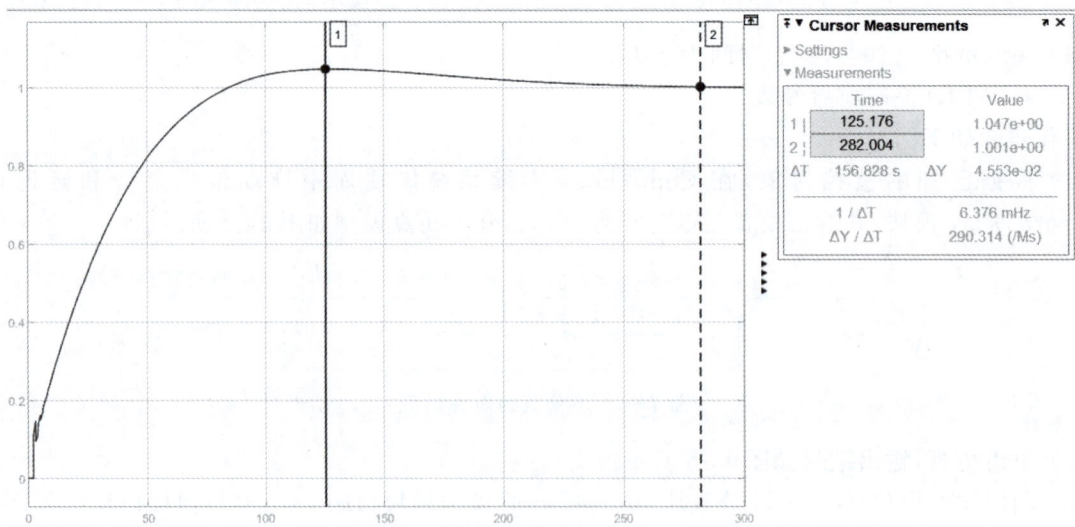

图 14-7　添加控制后的 PID 仿真结果

从控制前的仿真结果图 14-5 看出，原闭环系统是发散不稳定的，经过添加 PID 控制，且试凑设置控制参数后，从图 14-7 中看到闭环系统是稳定的，达到了稳态误差为零，超调量 4.7%，稳态时间为 282s，上升时间为 78s，峰值时间为 125.2s，系统的稳定性及性能指标获得了改善，充分说明了 PID 控制器不仅能改变系统的动态性能，并且能够对不稳定的系统进行控制。

例 14-3 当时变受控对象模型为

$$\ddot{y}(t) + e^{-0.2t}\dot{y}(t) + e^{-5t}\sin(2t+6)y(t) = u(t) \tag{14-4}$$

其中，PID 控制器带有执行器饱和 $|u(t)| \leqslant 2$，采用交互式控制器进行整定参数。

（1）使用 Simulink 建立 PID 控制系统仿真模型，如图 14-8 所示。

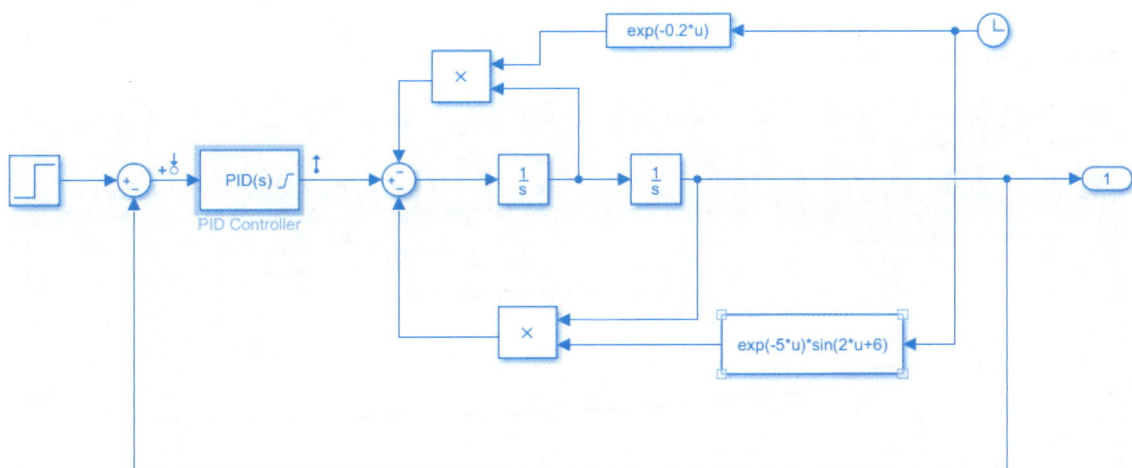

图 14-8 Simulink 建立 PID 控制系统仿真模型

（2）利用 Simulink 界面的菜单命令在 PID 模块左侧 $e(t)$ 处设置输入端子和右侧 $u(t)$ 处设置输出端子，例如，右击误差线 $e(t)$，则可以得出快捷菜单，如图 14-9 所示。

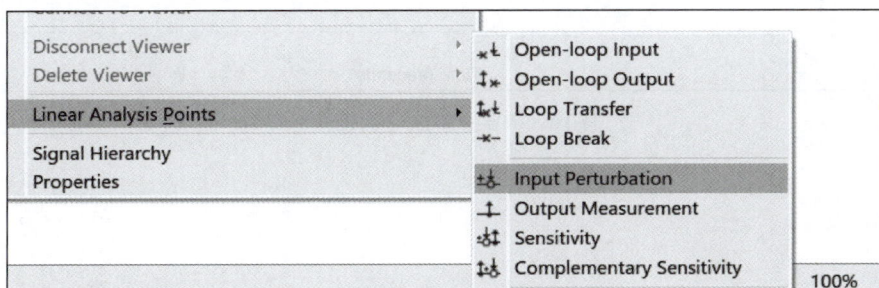

图 14-9 快捷菜单

（3）双击 PID 控制器按钮，弹出 PID 控制器参数设置界面。在弹出的界面中单击 Tune 按钮则将自动开始 PID 控制器的参数整定过程。该设计过程首先启动线性化功能，在线性化模型的基础上启动交互式控制器参数整定的功能，如图 4-10 所示，可以看出交互式 PID 控制效果。

因此，在设计时应兼顾交互调节效果和实际控制效果，或使用更好的设计工具。

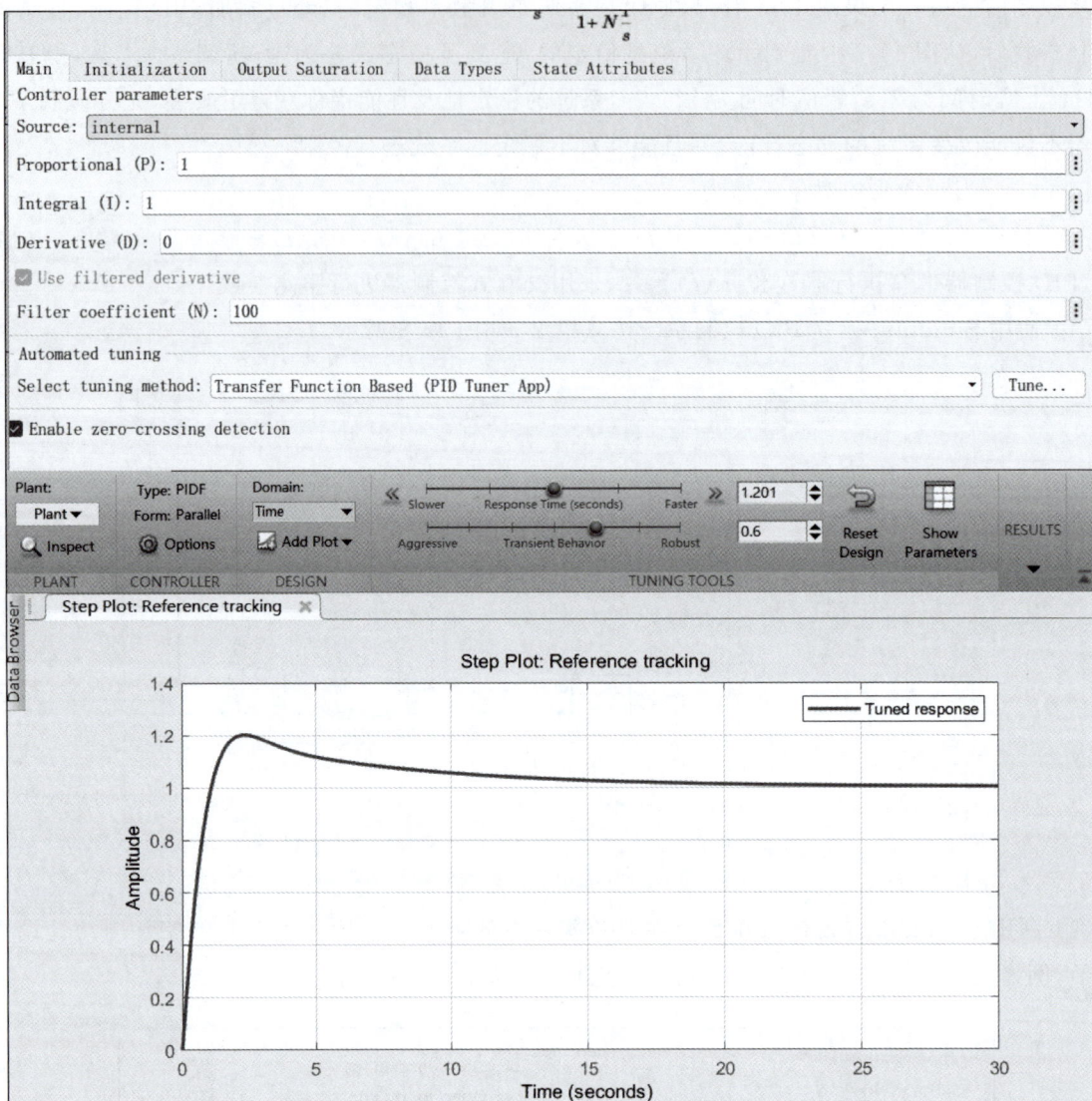

图 14-10　PID 控制器参数设置界面

14.4　创新案例

原系统开环传递函数为

$$G_0(s) = \frac{K}{(s+1)(s/5+1)(s/30+1)}$$

基于 Bode 图法整定 PID 控制参数，使系统满足以下要求：当输入为 $r(t)=t$ 时，满足 $ess^* \leqslant 0.1$、$\gamma^* \geqslant 65°$、$\omega_c \geqslant 13.6$。

本章主要介绍典型控制系统实验,主要内容如下。

(1) 掌握多种非线性环节模块,包括饱和、死区、继电、变化率限幅器、量化器和磁滞回环等模块。

(2) 掌握非线性系统在自激振荡情况下,会出现极限环现象。

(3) 掌握 Simulink 仿真环境下离散连续变量混合系统的仿真。

15.1　Simulink 非线性模块

CSMP、ACSL、MATLAB/Simulink 等仿真语言及环境为非线性系统的研究提供了基于仿真的研究方法。在此之前,非线性系统的研究只能局限于对简单的非线性系统的近似研究,如对固定结构的反馈系统来说,非线性环节位于前向通路的线性环节之前,这样的非线性环节可以近似为描述函数,就可以近似分析出系统的自激振荡及非线性系统的极限环,但不能得出极限环的精确形状。

Simulink 为非线性系统研究提供了多种常见的非线性环节,包括:饱和模块(Saturation)、死区模块(Dead Zone)、继电模块(Relay)、变化率限幅器模块(Rate Limiter)、量化器模块(Quantizer)、磁滞回环模块(Backlash)等。下面将介绍时变系统和多值非线性环节两类典型非线性环节的仿真方法。

15.1.1　时变系统仿真

例 15-1　对于时变受控对象模型:

$$\ddot{y}(t) + e^{-0.2t}\dot{y}(t) + e^{-5t}\sin(2t+6)y(t) = u(t) \tag{15-1}$$

考虑一个 PI 控制系统模型,如图 15-1 所示,其中,控制器参数为 $K_p = 200$,$K_i = 10$,饱和非线性的宽度为 $\delta = 2$,试分析闭环系统的阶跃响应曲线。

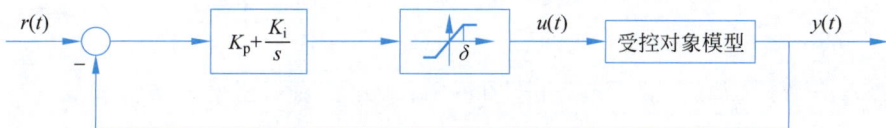

图 15-1　时变控制系统框图

由给出的模型可以看出,除了时变模块,其他模块的建模是简单且直观的。对时变部分来说,假设 $x_1(t)=y(t)$,$x_2(t)=\dot{y}(t)$,则可以将微分方程变换成下面的一阶微分方程组。

$$\begin{cases} \dot{x}_1(t)=x_2(t) \\ \dot{x}_2(t)=-\mathrm{e}^{-0.2t}x_2(t)-\mathrm{e}^{-5t}\sin(2t+6)x_1(t)+u(t) \end{cases} \tag{15-2}$$

给每个状态变量设置一个积分器,则可以搭建起如图 15-2 所示的 Simulink 仿真框图,其中,时变函数用 Simulink 中的函数模块直接表示,注意各函数模块中函数本身的描述方法是用 u 表示该模块输入信号的,而其输入接时钟模块,生成时变部分的模型,与状态变量用乘法器相乘即可。

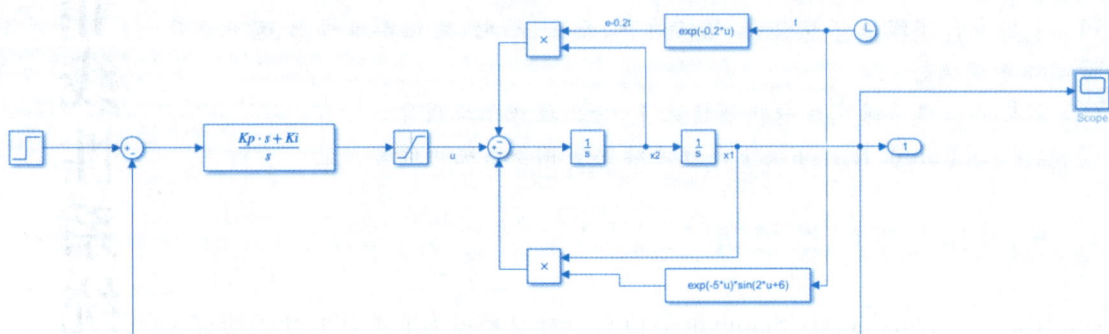

图 15-2 时变系统的 Simulink 表示

建立了仿真模型以后,就可以使用下面的 MATLAB 命令,对该系统进行仿真,并得出该时变系统的阶跃响应曲线,如图 15-3 所示。

```
opt = simset('RelTol',1e-8);              % 设置相对允许误差
Kp = 200;
Ki = 10;                                   % 设定控制器参数
[t,x,y] = sim('c6mtimv',10,opt);plot(t,y)  % 仿真并绘图
```

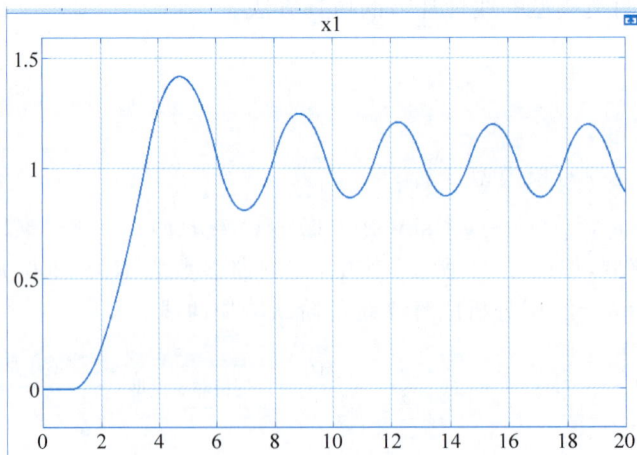

图 15-3 时变系统的阶跃响应曲线

15.1.2 多值非线性环节仿真

例 15-2 分别考虑构建如图 15-4(a)和图 15-4(b)所示的两种回环非线性环节,假设构想如图 15-5(a)所示的回环模块。可以看出该特性不是单值的,该模块中输入在增加时走一条折线,减小时走另外一条折线。将这个非线性函数分解成如图 15-5 所示的单值函数,其中该单值函数是有条件的,它能区分输入信号上升还是下降。

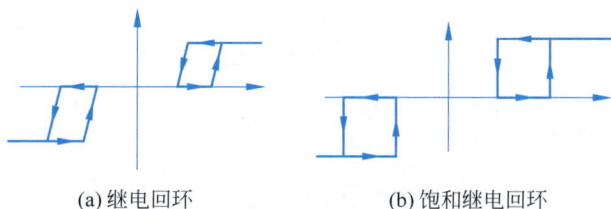

(a) 继电回环	(b) 饱和继电回环

图 15-4 给定的回环函数表示

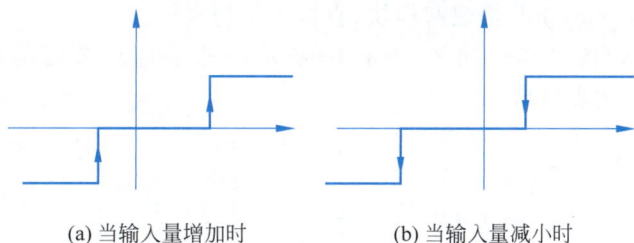

(a) 当输入量增加时	(b) 当输入量减小时

图 15-5 回环函数分解为单值函数

Simulink 的连续模块组中提供了 Memory 模块,该模块记忆前一个计算步长上的信号值,所以可以按照如图 15-6 中所示的格式构造一个 Simulink 模型。在该框图中使用了一个比较符号来比较当前的输入信号与上一步输入信号的大小,其输出是逻辑变量,在上升时输出的值为 1,下降时输出的值为 0。由该信号可以控制后面的开关模块,设开关模块的阈值为 0.5,则当输入信号为上升时由上面的通路计算系统输出,而下降时由下面的通路计算输出。

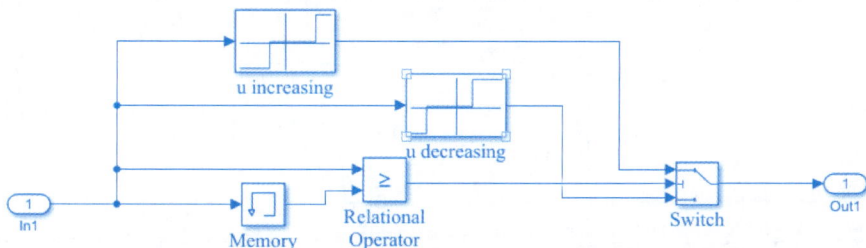

图 15-6 非线性模块的 Simulink 模型

两个查表模块的输入输出分别为

$$\begin{cases} \boldsymbol{x}_1 = [-3, -1, -1+\varepsilon, 2, 2+\varepsilon, 3], & \boldsymbol{y}_1 = [-1, -1, 0, 0, 1, 1] \\ \boldsymbol{x}_2 = [-3, -2, -2+\varepsilon, 1, 1+\varepsilon, 3], & \boldsymbol{y}_2 = [-1, -1, 0, 0, 1, 1] \end{cases} \tag{15-3}$$

其中,ε 可以取很小的数值,如可以取 MATLAB 保留的常数 eps。

再考虑如图 15-4(b)所示的非线性环节,仍可以利用前面建立的 Simulink 模型,只需要将查表函数修改为

$$\begin{cases} \boldsymbol{x}_1 = [-3,-2,-1,2,3,4], \quad \boldsymbol{y}_1 = [-1,-1,0,0,1,1] \\ \boldsymbol{x}_2 = [-4,-3,-2,1,2,3], \quad \boldsymbol{y}_2 = [-1,-1,0,0,1,1] \end{cases} \tag{15-4}$$

从而可得到整个系统的 Simulink 仿真框图,如图 15-7 所示。

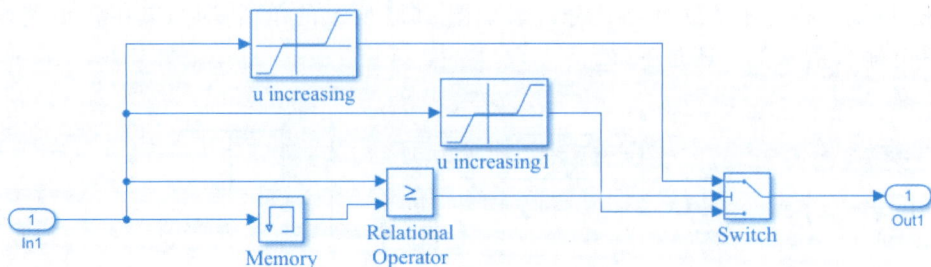

图 15-7　多值非线性的 Simulink 模型

从前述的分析结果可以看出,对任意的非线性静态环节,无论是单值非线性还是多值非线性,均可以用类似的方法,使用 Simulink 搭建起模块,直接用于仿真。

例 15-3　要观察正弦信号经过如图 15-4(b)所示的非线性环节后的畸变波形,可以搭建如图 15-8 所示的 Simulink 仿真模型。

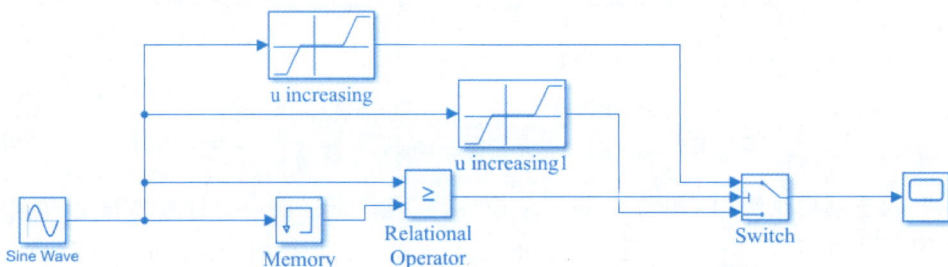

图 15-8　正弦激励的多值非线性 Simulink 仿真模型

正弦信号模型的幅值分别设置为 2、4 和 8,则可以得出如图 15-9 所示的仿真结果,可以看出,该非线性环节对给定信号的畸变较为严重,不宜与线性环节近似。

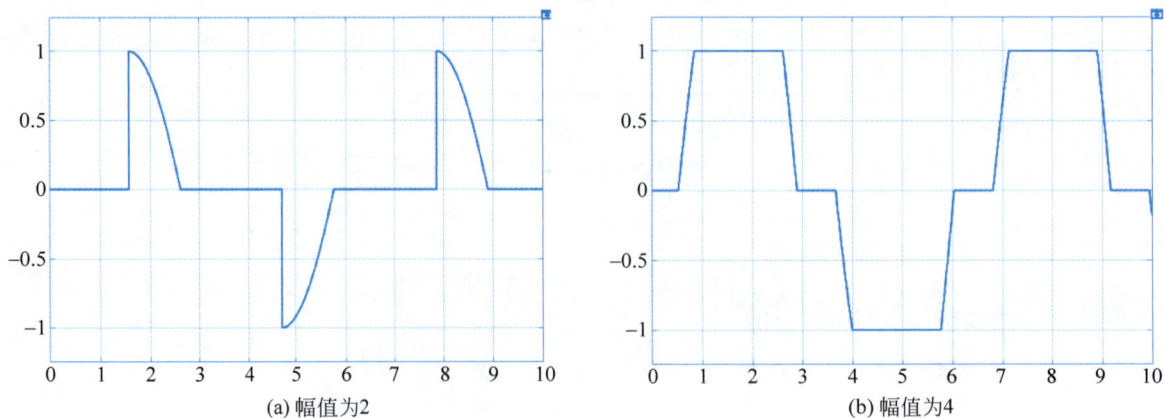

(a) 幅值为2　　(b) 幅值为4

图 15-9　正弦信号不同幅值下的仿真结果示意图

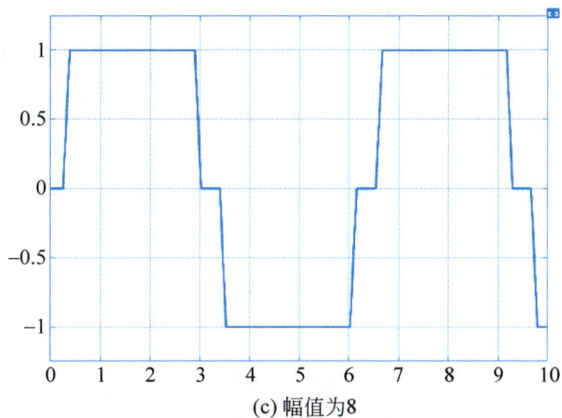

(c) 幅值为8

图 15-9 （续）

15.2 非线性系统的极限环仿真研究

很多时候,非线性系统由于本身的特性,其表现形式和线性系统是不同的。例如,非线性系统在没有受到外界作用的情况下,有时可能会出现一种所谓自激振荡的现象,这样的振荡是等幅的。

例 15-4 考虑典型非线性系统模型,非线性环节可以用 Simulink 表示,如图 15-10 所示。对这样的反馈系统模型,可以借用前面的建模结果,搭建如图 15-11 所示的 Simulink 仿真模型,在仿真模型中,将积分器模块的初始值设置为1,可以认定为发生自激振荡的初始条件。

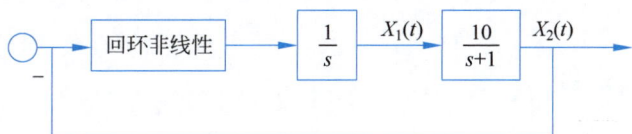

图 15-10 非线性反馈系统的框图

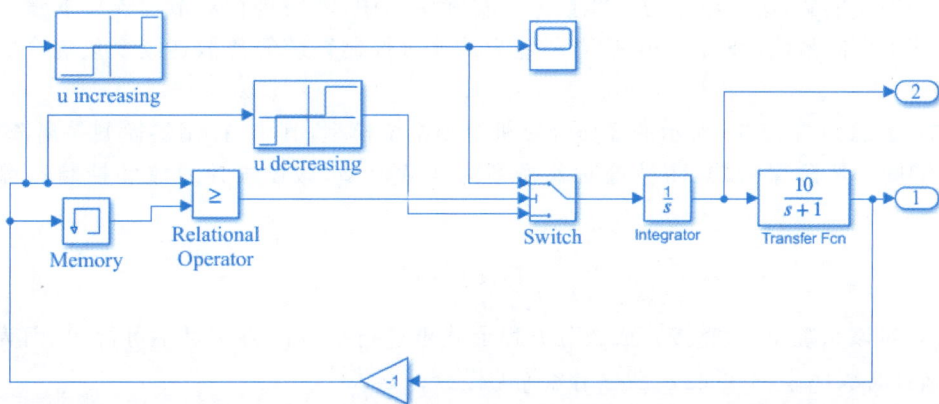

图 15-11 Simulink 仿真模型

设置系统仿真的终止时间为 40s,另外为保证仿真精度,可以将默认的相对误差限 Relative tolerance 设置成 10^{-8} 或者更小的值。启动仿真过程,则可以用下面的语句绘制系统的阶跃响应曲线,如图 15-12 所示。

```
[t,x,y] = sim('c6mlimcy',40);              % 启动仿真过程
plot(t,y)                                   % 绘制系统的阶跃响应曲线
```

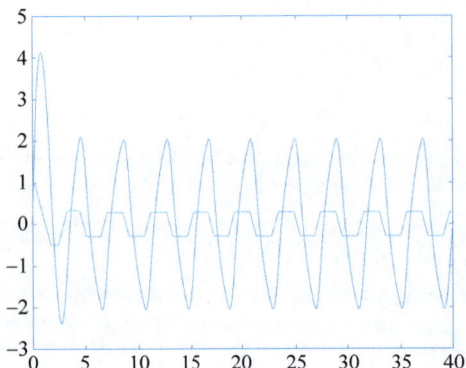

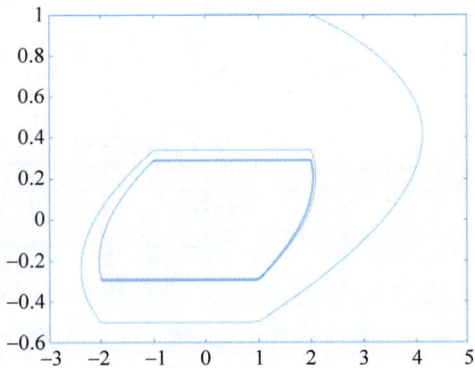

(a) 直接仿真结果   (b) 系统的相平面图

图 15-12　非线性反馈系统的仿真结果

可以看出,系统的 $x_1(t)$ 和 $x_2(t)$ 信号在初始振荡结束后出现等幅振荡现象。利用 MATLAB 的绘图功能,还可以用下面的语句立即绘制出系统的相平面图曲线,如图 15-12(b)所示。可见,系统的阶跃响应的相平面最终稳定在一个封闭的曲线上,该封闭曲线称为极限环,是非线性系统响应的一个特点。

```
plot(y(:,1),y(:,2))                         % 绘制系统的相平面图
```

15.3　计算机控制系统仿真

计算机控制系统应用广泛,其控制器模型是基于计算机指令集的离散模型,而被控对象一般是物理世界中的连续模型,输入输出为连续量。在实际应用中,需要进行离散和连续变量之间的转换才能实现计算机控制系统。Simulink 仿真环境为计算机控制系统等离散连续变量混合的系统仿真提供了便利。

例 15-5　考虑如图 15-13 所示的经典计算机控制系统模型,其中,控制器模型是离散模型,采样周期为 T,ZOH 为零阶保持器,而被控对象模型为连续模型,假设被控对象和控制器都已经给定如下:

$$G(s) = \frac{a}{s(s+1)}, \quad D(z) = \frac{1-e^{-T}}{1-e^{-0.1T}} \frac{z-e^{-0.1T}}{z-e^{-T}} \tag{15-5}$$

其中,$a=0.1$,对该系统而言,直接写成微分方程形式再进行仿真的方法是不可行的,因为其中既有连续环节,又有离散环节,不可能直接写出系统的微分方程模型。

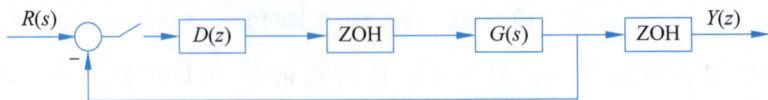

图 15-13　计算机控制系统框图

可以用 Simulink 对该系统进行仿真,仿真框图如图 15-14 所示。该模型中使用了以下几个参数:a、T、z_1、p_1、K,其中前两个参数需要用户给定,后面 3 个参数需要由控制器模型计算。在第一个零阶保持器模块中,设置其采样周期为 T,在其他的零阶保持器和离散控制器模型中,采样周期均可设置为 -1,表示其采样周期继承其输入信号的采样周期。

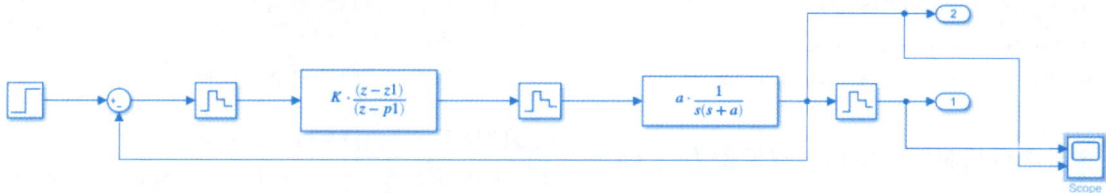

图 15-14 计算机控制系统的 Simulink 表示

对某受控对象 $a=0.1$ 来说,如果选择采样周期为 $T=0.2$s,则可以用下面的语句绘制出系统阶跃响应曲线,如图 15-15(a)所示,其中,阶梯图表示输出信号的采样结果。

```
T = 0.2;a = 0.1;
z1 = exp(-0.1*T);
p1 = exp(-T);
K = (1-p1)/(1-z1);
[t,x,y] = sim('c6mcompc',20);          %启动仿真过程,得出仿真结果
plot(t,y(:,2));hold on;stairs(t,y(:,1))   %连续、离散输出
```

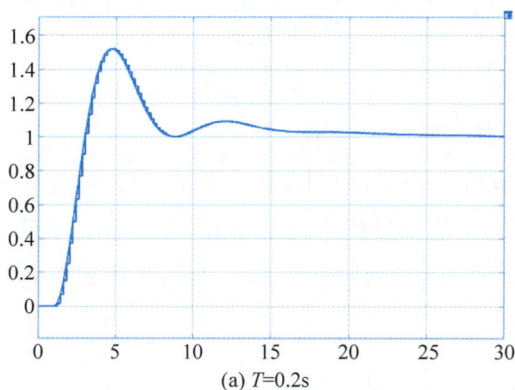

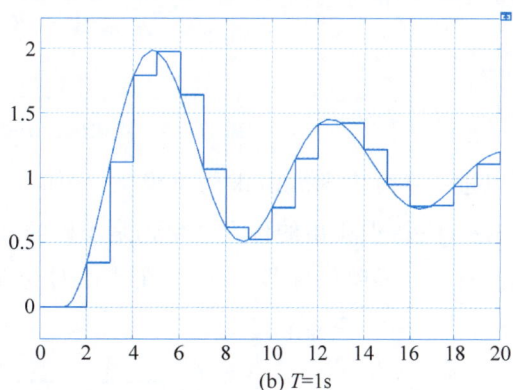

图 15-15 不同采样周期下系统的阶跃响应

考虑更大的采样周期 $T=1$s,可以用下面的语句绘制出系统的阶跃响应曲线,如图 15-15(b)所示,可见在采样周期较大时,连续信号和其采样信号相差很大。

```
T = 1;
z1 = exp(-0.1*T);
p1 = exp(-T);K = (1-p1)/(1-z1);        %控制器参数
[t,x,y] = sim('c6mcompc',20);plot(t,y(:,2));  %仿真
hold on;stairs(t,y(:,1))               %阶梯图表示
```

事实上,可以在采样周期 T 下获得受控对象的离散传递函数,从而得出闭环系统的离散零极点模型,最终绘制出系统的阶跃响应曲线。实现上述分析的 MATLAB 语句如下。

```
T = 0.2;
z1 = exp( - 0.1 * T);
p1 = exp( - T);
K = (1 - p1)/(1 - z1);
Dz = zpk(z1,p1,K,'Ts',T);                    % 控制器零极点模型输入
G = zpk([],[0; - a],a);Gz = c2d(G,T);        % 变换出离散模型
GG = zpk(feedback(Gz * Dz,1)),step(GG)       % 绘制离散系统的阶跃响应曲线
```

这时离散控制器的传递函数模型为 $G_c(z) = \dfrac{0.018187(z + 0.9934)(z - 0.9802)}{(z - 0.9802)(z^2 - 1.801z + 0.8368)}$。

这些语句能够得出和 Simulink 完全一致的结果,且分析格式简单。但该方法存在一定的局限性,只能分析线性系统,若含有非线性环节则不能用该方法,而 Simulink 求解则没有这样的限制。

仔细分析 Simulink 的仿真模型,可见控制器 $D(z)$ 后面的零阶保持器在仿真模型中其实是多余的,因为 $D(z)$ 控制器已经输出了离散信号,且在一个采样周期内的值不变,相当于已经加了零阶保持器,所以可取消零阶保持器。另外系统输出上加的零阶保持器实际上也是多余的,因为系统的输出信号应该是连续的,这样可将原系统的仿真模型简化,如图 15-16 所示。

图 15-16　简化的计算机控制系统 Simulink 表示

可以进一步简化 Simulink 仿真模型,比如取消零阶保持器,如图 15-17 所示,虽然这在控制系统概念上有些不妥,但得出的仿真结果仍是正确的,因为在仿真过程中,Simulink 环境会自动认定离散控制器前有一个零阶保持器。不过,在建模时为保持系统的物理意义,最好在系统中保留各保持器模块。

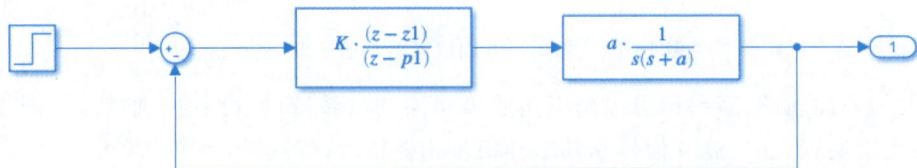

图 15-17　进一步简化的计算机控制系统 Simulink 表示

上面的例子中还存在一定的问题:系统框图中有若干参数需要在仿真之前赋值,这使得仿真过程较烦琐。在实际仿真中可以在仿真之前自动进行参数赋值。模型窗口的 File→Model properties 菜单可以打开一个对话框,选择 Callbacks 标签,弹出如图 15-18 所示的对话框,可以将初始赋值语句填写到 PreLoadFcn 栏目,这样每次启动该 Simulink 模型时,会自动先执行该代码。

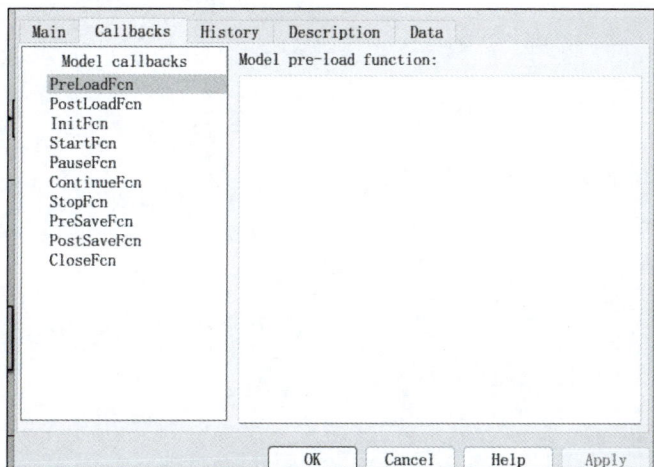

图 15-18　模型属性设置对话框

15.4　创新案例

建立如图 15-19 所示的非线性系统的 Simulink 框图,并设阶跃信号的幅值为 1.1,观察在阶跃信号输入下系统的输出曲线和误差曲线。求取系统在阶跃输入下的工作点,并在工作点处对整个系统矩形线性化,得出近似的线性模型。对近似模型仿真分析,将结果和精确仿真结果进行对比分析。

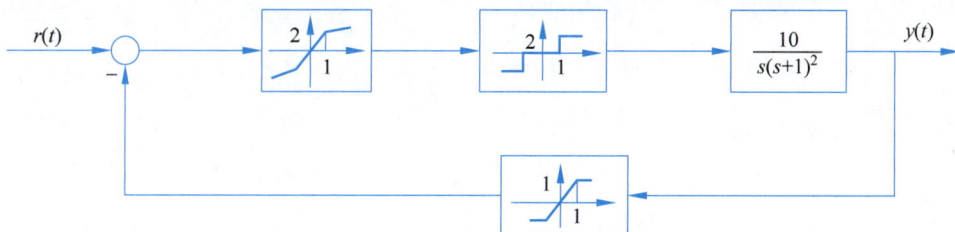

图 15-19　非线性系统的 Simulink 框图

思考:本系统中涉及两个非线性环节的串联,试问这两个非线性环节可以互换吗?试根据仿真结果加以解释。

第 四 篇
典型控制系统实验

直流电机和倒立摆是控制理论中的两个经典对象,直流电机具备简单的物理结构和电气特性,倒立摆则是一个经典的非线性动力学系统,有较复杂的控制特性。它们被广泛用于研究控制系统设计和性能评估。

本篇主要结合直流电机及倒立摆两种典型的被控对象,在确定其数学模型后,结合经典控制理论中的时域分析法和频域分析法来分析系统的动态性能和稳态性能;根据被控对象及给定的技术指标来分析设计控制系统;结合倒立摆建立非线性系统数学模型,对其进行线性化,并建立状态空间方程,应用最优控制方法对其进行稳摆控制。具体包括如下章节:

第 16 章　直流电机的控制系统分析与设计

第 17 章　旋转倒立摆的控制系统分析与设计

本章以直流电机为被控对象，介绍控制系统分析与控制器设计方法，主要内容如下。

（1）掌握直流电机的数学模型，了解 QUBE-Servo2 电机为被控对象的"电压-速度"模型及"电压-位置"模型。

（2）掌握一阶系统、二阶系统的闭环时域响应特性，能够理解评价系统动态特性和稳态特性的指标和影响因素。能够理解被控对象系统实际响应曲线和数学模型响应曲线的区别，并能够分析原因。

（3）掌握电机系统在不同频率输入信号下的响应曲线，分析一阶、二阶系统的频域特性。观测不同频率输入信号下数学模型仿真与直流电机测试结果的不同。

（4）掌握双闭环控制器的作用。掌握双闭环控制器控制参数对系统动态指标的影响。

（5）掌握超前校正对系统动态指标的影响。掌握不同性能指标对设计校正参数的影响。

16.1 直流电机系统模型

直流电机系统由直流电机、刚性轴和惯性负载组成，系统简化的结构示意图如图 16-1 所示。本书设计的实验内容涉及直流电机的时域、频域分析及控制器设计，均以 Quanser 公司的 QUBE-Servo2 旋转电机系统为被控对象进行半实物仿真实验，系统实物如图 16-2 所示。QUBE-Servo2 旋转电机系统的参数介绍和基于 QUARC 的硬件在环使用方法详见右侧二维码。假设系统刚性轴的转动惯量为 J_h，负载惯性盘的转动惯量为 J_d，系统参数见表 16-1 和表 16-2（由电机设备厂商提供）。在实验过程中同时比较了数字模型和实物对象的响应，读者在实验过程中要注意比较两种方式的响应区别并分析原因。

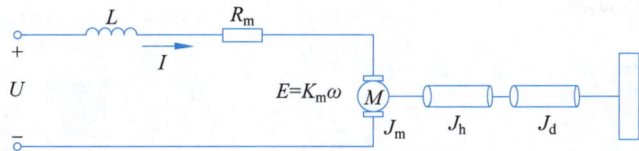

图 16-1 系统直流电机和负载连接方式示意图

图 16-2 QUBE-Servo2 电机实物外观图

表 16-1 惯性圆盘、旋转臂和摆臂的主要参数

符　号	物理量名称	数　值	符　号	物理量名称	数　值
m_d	惯性圆盘质量	0.053kg	L_r	旋转臂长度	0.085m
f_d	惯性圆盘半径	0.0248m	m_p	摆臂质量	0.024kg
m_r	旋转臂质量	0.095kg	L_p	摆臂长度	0.129m

表 16-2 直流电机主要参数特性表

符　号	描　述	数　值	符　号	描　述	数　值
V_{nom}	标称输入电压	18.0V	k_m	电机反电势常数	0.042V/(rad/s)
τ_{nom}	标称扭矩	22mN·m	J_m	转子惯量	4.0×10^{-6}kg·m²
ω_{nom}	标称转速	3050r/min	L_m	转子电感	1.16mH
I_{nom}	标称电流	0.540A	m_h	粘贴模块轴的质量	0.0106kg
R_m	电枢电阻	8.4Ω	r_h	粘贴模块轴的半径	0.0111m
k_t	扭矩常数	0.042N·m/A	J_h	粘贴模块转动惯量	0.6×10^{-6}kg·m²

16.1.1 直流电机电压-速度模型

首先,建立直流电机电压-转速的数学模型,即求直流电机输出转速与输入电压的关系。

$$G(s)=\frac{\omega(s)}{U(s)} \tag{16-1}$$

其中,$U(s)$为系统输入的电机电压,$\omega(s)$为系统输出的电机转速。根据基尔霍夫定律和如图 16-1 所示的直流电机结构,可以得到电路方程为

$$U=L\frac{\mathrm{d}I}{\mathrm{d}t}+IR_m+E \tag{16-2}$$

直流电机的电动势平衡方程为

$$E=K_m\omega \tag{16-3}$$

其中,K_m 为电动势常数。

转矩平衡方程为

$$J\frac{\mathrm{d}\omega}{\mathrm{d}t}=K_tI \tag{16-4}$$

其中，K_t 为电磁力矩常数，系统的转矩具有以下关系：

$$J = J_m + J_h + J_d \tag{16-5}$$

其中，$J_h = \dfrac{1}{2} m_h r_h^2$，$J_d = \dfrac{1}{2} m_d r_d^2$。

联立式(16-2)、式(16-3)和式(16-4)，可以得到：

$$U = L\frac{\mathrm{d}I}{\mathrm{d}t} + \frac{JR_m \mathrm{d}\omega}{K_t \mathrm{d}t} + K_m \omega \tag{16-6}$$

由于系统电枢绕组的电感 L 很小，可忽略第一项，则方程式(16-6)可简化为

$$U = \frac{JR_m \mathrm{d}\omega}{K_t \mathrm{d}t} + K_m \omega \tag{16-7}$$

令初始条件为 0，对方程式(16-7)两边进行拉普拉斯变换，可以得到：

$$U(s) = \left(\frac{JR_m}{K_t}s + K_m\right)\omega(s) \tag{16-8}$$

因此，系统的传递函数 $G(s)$ 为

$$G(s) = \frac{\omega(s)}{U(s)} = \frac{K_t}{JR_m s + K_m K_t} \tag{16-9}$$

整理得：

$$G(s) = \frac{1/K_m}{\dfrac{JR_m}{K_m K_t}s + 1} = \frac{K}{Ts + 1} \tag{16-10}$$

其中，$K = \dfrac{1}{K_m}$，$T = \dfrac{JR_m}{K_t K_m}$。由此可见，该系统为一阶惯性环节。代入 QUBE-Servo2 电机参数，整理得到直流电机被控对象的传递函数为

$$G(s) = \frac{\omega_m(s)}{U_m(s)} = \frac{K}{Ts + 1} \tag{16-11}$$

其中，系统输出 $\omega_m(s)$ 为电机速度，单位是 rad/s；系统输入 $U_m(s)$ 为电机电压，单位是 V；K 为模型的开环增益，可以计算得到 $K = 23.8\mathrm{rad}/(\mathrm{V} \cdot \mathrm{s})$；$T$ 为模型的时间常数，$T = 0.1\mathrm{s}$。

因此，可以得到直流电机电压-转速开环传递函数为

$$G(s) = \frac{23.8}{0.1s + 1} \tag{16-12}$$

构建直流电机速度闭环系统，如图 16-3 所示。

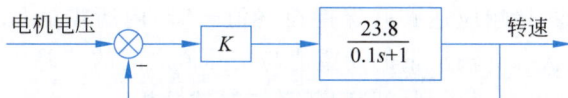

图 16-3　电机速度闭环系统

电机系统速度闭环传递函数为

$$G(s) = \frac{23.8K}{0.1s + 23.8} \tag{16-13}$$

16.1.2 直流电机电压-位置模型

直流电机的位移是速度的积分,建立直流电机电压-位置模型,根据式(16-12),可以得到直流电机电压-位置的开环传递函数为

$$G(s) = \frac{S_m(s)}{U_m(s)} = \frac{23.8}{(0.1s+1)s} \tag{16-14}$$

其中,系统输出 $S_m(s)$ 为电机/转盘的位置;系统输入 $U_m(s)$ 为电机电压。建立直流电机电压-位置闭环系统结构如图 16-4 所示。

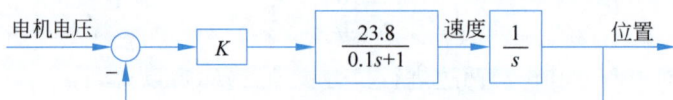

图 16-4　直流电机位置闭环系统结构图

可以得到直流电机系统的位置闭环传递函数为

$$G(s) = \frac{23.8K}{0.1s^2 + s + 23.8K} = \frac{238K}{s^2 + 10s + 238K} \tag{16-15}$$

16.2　直流电机系统时域分析

控制系统的时域响应分为动态过程和稳态过程两部分。动态过程指系统在典型输入信号作用下,系统输出从初始状态到最终状态的响应过程。稳定系统的动态过程是振荡衰减的,衡量系统动态性能指标包括超调量、上升时间、峰值时间和稳态时间。稳态过程是指典型输入作用下时间趋于无穷时输出量的表现形态,表征系统输出量最终复现输入量的程度。稳态性能指标可由稳态误差来描述。

16.2.1　一阶闭环系统时域分析

一阶闭环系统的标准传递函数为

$$G(s) = \frac{Y(s)}{R(s)} = \frac{1}{Ts+1} \tag{16-16}$$

一阶闭环系统时域分析重点关注系统在典型输入信号下的响应和系统增益 K 对系统性能指标的影响。选取系统在典型信号输入下的调节时间和稳态误差作为评估系统性能的关键指标,其中,调节时间表征系统动态特性,指响应达到并保持在终值 $\pm 5\%$ 内所需的最短时间;稳态误差表征系统稳态特性,指系统在稳定状态下输出量的期望值与实际值之间的偏差。

以直流电机调速系统为例进行典型一阶闭环系统时域分析。

(1) 研究典型输入信号下的一阶闭环系统时域响应。在 Simulink 搭建在相同输入信号下的数学模型和直流电机半实物仿真的一阶闭环模型,如图 16-5 所示。分别设置系统的输入信号为:脉冲信号、阶跃信号、斜坡信号、加速度信号和正弦信号,观察并记录系统在不同输入作用下的时域响应曲线,将响应曲线图填入表 16-3。

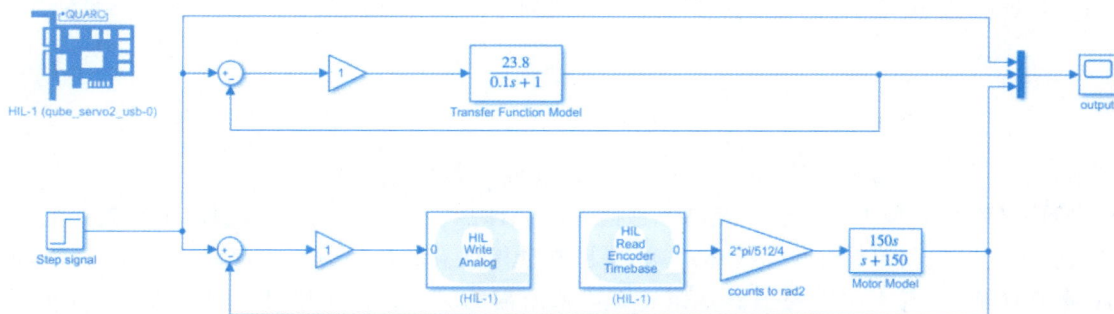

图 16-5　一阶闭环系统时域分析框图

表 16-3　典型输入信号下的一阶闭环系统时域响应曲线

脉 冲 信 号	阶 跃 信 号	斜 坡 信 号	加速度信号	正 弦 信 号
数学模型				
电机系统				

（2）研究系统增益 K 对系统性能指标影响。将系统输入设置为阶跃信号（幅值设置为 10），改变系统增益 K（0.1,0.3,1,2,10），观察并记录阶跃响应的稳态误差和调节时间情况，填写表 16-4，根据实验数据分析闭环系统增益 K 对系统特性的影响。

表 16-4　系统增益 K 对系统特性影响

系 统 特 性		K 的取值				
		0.1	0.3	1	2	10
稳态误差	数学模型					
	电机系统					
调节时间	数学模型					
	电机系统					

（3）根据以上两组实验，分析直流电机物理系统和数学模型在相同输入信号时，时域响应存在差别的原因。

16.2.2　二阶闭环系统时域分析

电机电压-位置开环传递函数可以表示为

$$G(s) = \frac{K}{s(Ts+1)} \tag{16-17}$$

相应的闭环传递函数可以将表示为

$$G(s) = \frac{K}{Ts^2 + s + K} \tag{16-18}$$

以直流电机位置闭环系统为例，进行典型二阶闭环系统时域分析，二阶系统传递标准函数为

$$G(s) = \frac{Y(s)}{U(s)} = \frac{\omega_n^2}{s^2 + 2\xi\omega_n^2 s + \omega_n^2} \tag{16-19}$$

将式(16-18)与式(16-19)联立,可求出自然振荡频率 ω_n 和阻尼比 ξ:

$$\omega_n = \sqrt{\frac{K}{T}} \tag{16-20}$$

$$\xi = \frac{1}{2\sqrt{TK}} \tag{16-21}$$

二阶闭环系统时域分析关注系统动态性能和稳态性能。对于系统动态过程,重点关注超调量、峰值时间、上升时间和调节时间等指标。其中,超调量指响应的最大偏离量与终值的差与终值的百分比;峰值时间指响应超过其终值到达第一个峰值所需的时间;上升时间指响应从终值 10% 上升到终值 90% 所需的时间,对于有振荡的系统,亦可定义为响应从零第一次上升到终值所需的时间;调节时间指响应达到并保持在终值±5% 内所需的最短时间。

在 Simulink 搭建在相同输入信号下的数学模型和直流电机半实物仿真的二阶闭环模型,如图 16-6 所示,设置系统的输入信号为阶跃信号(幅值为 π,即电机旋转半圈),设置不同的增益 K 值($K=0.05,0.084,0.1,0.2,1,2$)时,分别在响应曲线测取系统动态和稳态的性能指标,并计算在不同增益 K 时的系统阻尼比和自然振荡频率,填写表 16-5。结合实验数据分析增益 K 对系统动态特性影响。

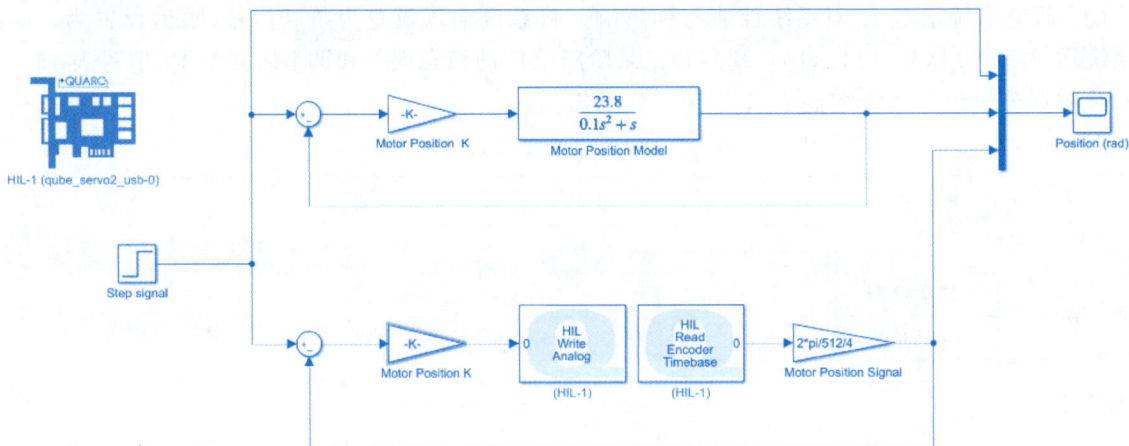

图 16-6　二阶闭环系统时域分析框图

表 16-5　不同增益 K 下的系统动态和稳态性能指标

K	数学模型响应曲线							实际电机系统响应曲线						
	超调量	上升时间	峰值时间	稳态时间	稳态误差	阻尼比	自然振荡频率	超调量	上升时间	峰值时间	稳态时间	稳态误差	阻尼比	自然振荡频率
0.05														
0.084														
0.1														
0.2														
1														
2														

16.2.3　系统稳态误差分析

稳态误差分析用于评估系统的稳态性能。在理想情况下，系统应该完全跟随参考输入，但实际系统中存在各种因素会导致稳态误差。通过对稳态误差的分析，可以评估系统的精度和稳定性。假设闭环控制系统结构如图 16-7 所示。

误差的时域表达式为

$$e(t) = \mathcal{L}^{-1}[E(s)] = \mathcal{L}^{-1}[\Phi_e(s)R(s)] \qquad (16\text{-}22)$$

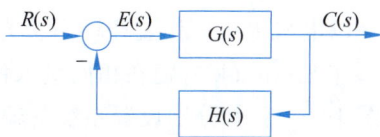

图 16-7　控制系统框图

其中，$\Phi_e(s)$ 是系统误差传递函数，具体表达式如下：

$$\Phi_e(s) = \frac{E(s)}{R(s)} = \frac{1}{1 + G(s)H(s)} \qquad (16\text{-}23)$$

依据拉氏变换的终值定理，系统稳态误差可以按如下方法求出：

$$e_{ss}(\infty) = \lim_{s \to 0} sE(s) = \lim_{s \to 0} \frac{sR(s)}{1 + G(s)H(s)} \qquad (16\text{-}24)$$

根据式(16-24)可知，对于一个稳态系统，输入信号一定的情况下，系统的稳态误差取决于系统开环传递函数，因此，可按照系统对不同的输入信号的跟踪能力来进行分类，系统开环传递函数表达式可表示为

$$G(s)H(s) = \frac{K \prod_{i=1}^{m}(\tau_i s + 1)}{s^v \prod_{j=1}^{n-v}(T_j s + 1)} \qquad (16\text{-}25)$$

其中，v 表示开环系统在 s 平面坐标原点上极点的重数。以其数值来划分，$v=0$ 称为 0 型系统；$v=1$ 称为 Ⅰ 型系统；$v=2$ 称为 Ⅱ 型系统；$v=3$ 称为 Ⅲ 型系统。系统类型与不同输入下的稳态误差计算见表 16-6。

表 16-6　系统类型与不同输入函数下的稳态误差

系统型别	静态误差系数			阶跃输入 $r(t) = R \cdot 1(t)$	斜坡输入 $r(t) = R \cdot t$	加速度输入 $r(t) = R \cdot t^2/2$
	k_p	k_v	k_a	位置误差 $e_{ss} = R/1+k_p$	速度误差 $e_{ss} = R/k_v$	加速度误差 $e_{ss} = R/k_a$
0	k	0	0	$R/1+k$	∞	∞
Ⅰ	∞	k	0	0	R/k	∞
Ⅱ	∞	∞	k	0	0	R/k
Ⅲ	∞	∞	∞	0	0	0

系统稳态误差计算通式则可表示为

$$e_s(\infty) = \frac{\lim_{s \to 0}[s^{v+1}R(s)]}{K + \lim_{s \to 0}s^v} \qquad (16\text{-}26)$$

式(16-26)表明，影响稳态误差的因素有系统型别、开环增益、输入信号的形式和幅值。系统在阶跃信号、斜坡信号和加速度信号输入作用下稳态误差计算可参见表 16-6。其中，输入信号用 $r(t)$

表示。阶跃输入信号可以表示为 $r(t)=R\cdot 1(t)$，此处 R 为输入阶跃函数的幅值。斜坡输入信号可表示为 $r(t)=R\cdot t$，此处 R 表示速度输入函数的斜率。加速度输入信号可表示为 $r(t)=R\cdot t^2/2$，此处 R 为加速度输入函数的速度变化率。通常采用静态位置误差系数 k_p 表示各型系统在阶跃输入作用下的稳态误差，称为位置误差；采用静态速度误差系数 k_v 表示各型系统在斜坡输入作用下的稳态误差，称为速度误差；采用静态加速度误差系数 k_a 表示各型系统在加速度输入作用下的稳态误差，称为加速度误差。

以电机电压—位置开环系统为例来研究典型输入信号下 I 型系统的稳态误差。

在 Simulink 搭建在相同输入信号下的数学模型和直流电机半实物仿真的稳态误差分析模型，如图 16-8 所示，分别设置系统的输入信号为阶跃信号（幅值设置为 10）、斜坡信号（斜率为 1，仿真时长 5s）和加速度信号（仿真时长 5s），观测响应曲线，记录系统不同时间下的输出值，并观察系统的稳态响应，对比实际电机系统和数学模型的稳态响应，从而评估系统的稳态性能。实验过程结果记录在表 16-7 中。

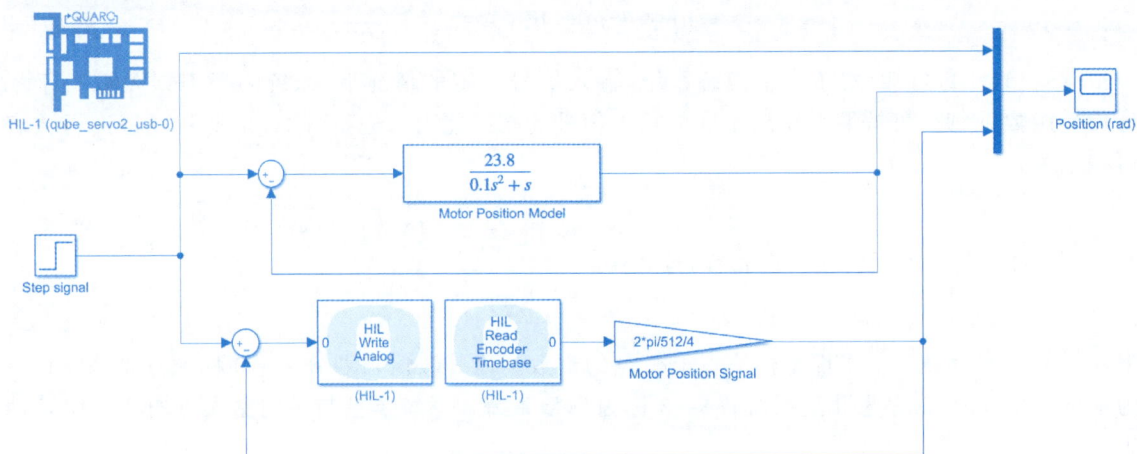

图 16-8　稳态误差分析框图

表 16-7　不同输入信号系统稳态误差

系统输入信号		时间/s					
		0	1	2	3	4	5
阶跃信号	参考给定值						
	数学模型值						
	电机测量值						
斜坡信号	参考给定值						
	数学模型值						
	电机测量值						
加速度信号	参考给定值						
	数学模型值						
	电机测量值						

16.3　直流电机系统频域分析

控制系统中输入信号可以表示为不同频率的正弦信号的合成。描述控制系统在不同频率的正弦函数作用时的稳态输出和输入信号之间关系的数学模型称为频率特性。频率特性反映了在正弦信号作用下系统响应的性能。

对于稳定的线性定常系统，由正弦输入产生的输出稳态分量仍然是与输入同频率的正弦函数，而幅值和相位的变化是频率 ω 的函数，且与系统数学模型相关。系统频率特性的表达式为

$$G(j\omega) = A(\omega)e^{j\varphi(\omega)} \tag{16-27}$$

其中，$A(\omega)$ 表示系统的幅频特性，$\varphi(\omega)$ 表示系统的相频特性。在实际系统分析中，通常会对幅值进行对数变换，相频特性中相位的单位常选取角度单位，从而构造 Bode 图，即

$$L(\omega) = 20\lg | G(j\omega) | = 20\lg A(\omega) \tag{16-28}$$

对数相频曲线的纵坐标按 $\varphi(\omega)$ 线性分度，单位为度。

以直流电机调速系统和位置闭环系统为例进行典型一阶、二阶闭环系统频域分析。在 Simulink 搭建在相同输入信号下的数学模型和直流电机半实物仿真的一阶开环系统和二阶开环系统频域分析模型，如图 16-9 所示。根据电机系统的频率范围，选取正弦信号的幅值，频率 ω 分别为 0.5,1,2,4,8,16,32,50,64 时，记录输入信号和系统输出曲线的输出峰值和波峰时间，计算系统输入（速度）位移与输出（速度）位移之间的幅值比和相位差，实验过程记过记录在表 16-8 中。

根据不同频率下的幅值比和相位差绘制出电机的一阶（二阶）开环 Bode 图。与理论电机一阶（二阶）数学模型的 Bode 图比较，验证数学模型的正确性。

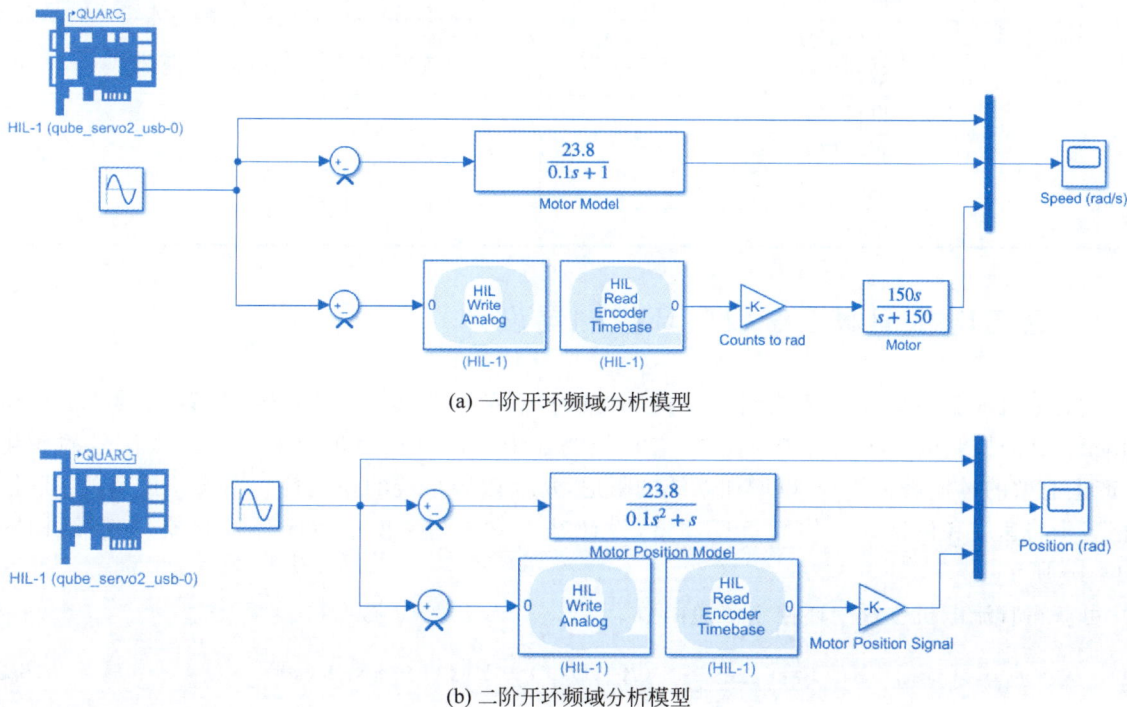

(a) 一阶开环频域分析模型

(b) 二阶开环频域分析模型

图 16-9　系统开环频域分析模型

表 16-8　不同输入频率下系统的频率响应

频率/(rad·s⁻¹)	信　号　源	峰峰值/V	波峰时间/s	幅值比/dB	相位差/(°)
0.5	正弦信号				
	数学模型				
	电机				
1	正弦信号				
	数学模型				
	电机				
2	正弦信号				
	数学模型				
	电机				
4	正弦信号				
	数学模型				
	电机				
8	正弦信号				
	数学模型				
	电机				
16	正弦信号				
	数学模型				
	电机				
32	正弦信号				
	数学模型				
	电机				
50	正弦信号				
	数学模型				
	电机				
64	正弦信号				
	数学模型				
	电机				

16.4　直流电机伺服系统双闭环控制器设计

　　直流电机伺服系统双闭环控制器是经典 PD 控制的一个变体,即使用"位置-速度"(Position-Velocity,PV)控制的方法实现 PD 控制。PD 控制器中的微分控制规律能反映输入信号的变化趋势,产生有效的早期修正信号,以增加系统的阻尼,从而改善系统的稳定性。本实验设计的 PD 控制器相当于将速度和位置同时作为负反馈量,设计基于位置和速度的双闭环控制器,控制结构图如图 16-10 所示。

　　可获得直流电机位置闭环控制传递函数为

$$Y(s) = \frac{K}{s(Ts+1)}(K_{\mathrm{p}}(U(s)-Y(s)) - sK_{\mathrm{d}}Y(s)) \tag{16-29}$$

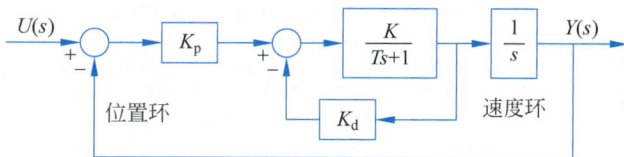

图 16-10 电机双闭环控制器结构图

$$G(s) = \frac{Y(s)}{U(s)} = \frac{K \cdot K_p}{Ts^2 + (1 + K \cdot K_d)s + K \cdot K_p} \tag{16-30}$$

根据标准的二阶系统传递函数式(16-19),控制器参数与性能指标关系如下:

$$\omega_n^2 = \frac{K \cdot K_p}{T}, \quad 2\xi\omega_n = \frac{1 + K \cdot K_d}{T} \tag{16-31}$$

可得电机双闭环控制器中参数 K_p 和 K_d 的计算式为

$$K_p = \frac{T\omega_n^2}{K}, \quad K_d = \frac{2\xi\omega_n T - 1}{K} \tag{16-32}$$

电机闭环 PV 控制是一个标准形式二阶系统,通过比例增益 K_p 和微分时间常数 K_d 来改变 ζ 和 ω_n 的值,进而改变系统的极点位置,最终对系统的动态特性(超调量、上升时间、峰值时间及稳态时间)产生影响。

(1) 研究控制器参数 K_p 和 K_d 对系统动态特性影响。在 Simulink 搭建在相同输入信号下的数学模型和直流电机半实物仿真的双闭环控制系统模型,如图 16-11 所示。设置系统输入为阶跃信号,设置增益 $K_p = 1 \sim 4\text{V/rad}$ 的数值,微分增益 K_d 在 $0 \sim 0.2$ 的数值,测试数学模型和电机的动态特性。改变比例增益 K_p 和微分时间系数 K_d,观测这两个参数数学模型和电机动态特性的影响,并填写表 16-9。

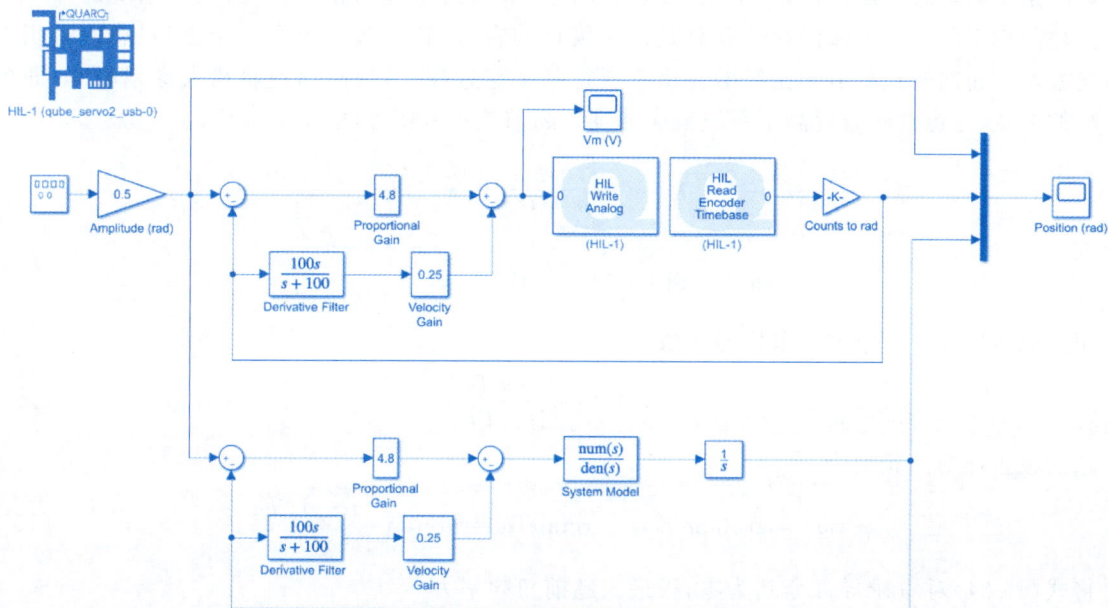

图 16-11 直流电机双闭环控制器模型

表 16-9　不同参数下系统动态性能指标

参　　数	信　号　源	上 升 时 间	峰 值 时 间	稳 态 时 间	超 调 量
$K_p =$	数学模型				
$K_d =$	电机				
$K_p =$	数学模型				
$K_d =$	电机				
$K_p =$	数学模型				
$K_d =$	电机				

（2）根据系统指标计算设计参数。给定动态性能指标超调量 $M_p \leqslant 5\%$，稳态时间 $t_s \leqslant 0.1s$，根据参数设计式(16-32)计算 K_p 和 K_d 的值，并写入模型中，测试数学模型与电机信号波形，并观测是否满足了给定动态指标，若不满足，需重新设计参数直至满足为止。

16.5　直流电机二阶系统的超前补偿器设计

开环系统被控对象的控制性能若不满足指标要求，需要采用反馈控制结构，在系统被控对象之前加一个误差控制器，超前、滞后调节器都是比较常规的方法。设计超前、滞后控制器的过程其实就是单个零点和单个极点的配置过程，零极点配置的大致过程如下。

（1）将控制要求转化为 s 平面主导极点的位置。

（2）配置零极点使根轨迹刚好通过那一点。对于频域方法而言，设计思路与根轨迹方法类似。

（3）将控制要求转化为频域要求，如增益裕度、相位裕度、截止频率、带宽、零频率幅值等。

（4）依据估计公式设计超前、滞后调节器的零极点。

通过对系统的分析，本次实验需要设计一个超前补偿器来提升系统的动态特性。超前校正的目的是提高系统的动态性能指标，利用相位超前校正环节增大系统的相位裕度，改变系统的开环频率特性。超前校正环节的传递函数零点总是位于极点的右方，它使系统产生一个正相位移动，相当于高通滤波器。超前校正环节的比例增益用于获得某个穿越频率，提高增益将增大穿越频率，即扩展了系统的带宽，这也意味着提高了系统响应速度。超前校正框图如图 16-12 所示。

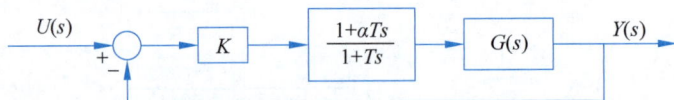

图 16-12　超前校正框图

超前或滞后校正环节的一般传递函数为

$$G_c(s) = \frac{1 + \alpha T s}{1 + T s} \tag{16-33}$$

超前校正环节的相角为

$$\varphi_c(\omega) = \arctan a T \omega - \arctan T \omega = \arctan \frac{(a-1)T\omega}{1 + a T^2 \omega^2} \tag{16-34}$$

将式(16-34)对 ω 求导并令其为零，得最大超前角频率为

$$\omega_m = \frac{1}{T \sqrt{a}} \tag{16-35}$$

将式(16-35)代入式(16-34),得最大超前角为

$$\varphi_{\mathrm{m}} = \arctan \frac{a-1}{2\sqrt{a}} = \arcsin \frac{a-1}{a+1} \qquad (16\text{-}36)$$

$$\alpha = \frac{1+\sin\varphi_{\mathrm{m}}}{1-\sin\varphi_{\mathrm{m}}} \qquad (16\text{-}37)$$

超前校正的两个主要参数为期望的相角裕量和期望的穿越频率。相角裕量主要影响响应的形状。相角裕量越高,系统的稳定性越好,超调量越小。一般按照相位在 40°~80°设计系统相角裕量,此时的超调量小于5%。穿越频率定义为 Bode 图上增益为1的频率点,它主要影响系统的响应速度和穿越频率值。

用频域法设计超前校正环节参数的步骤如下。

(1)根据未校正系统的 Bode 图,计算出稳定裕度,包括相位裕度 γ_0。

(2)按照相位裕量为 $\gamma_1 = 70°$ 且时域指标超调量 $M_{\mathrm{p}} \leqslant 5\%$,稳态时间 $t_{\mathrm{s}} \leqslant 0.1s$ 进行设计超前校正环节传递函数,由校正后的相位 γ_1 和所需补偿的相位角(最大超前角)φ_{m},即 $\varphi_{\mathrm{m}} = \lambda_1 - \gamma_0 + (5\sim10)$。由式(16-37)计算 α。

(3)由 α 值确定校正后的系统的剪切频率 ω_{m},即 $L(\omega) = -10\lg\alpha(\mathrm{dB})$。

(4)根据 ω_{m} 计算校正器的零极点的转折频率 T。

(5)由 α 值和 T 值计算校正超前校正环节的传递函数 $G_{\mathrm{c}}(s)$。

(6)根据超调量及稳态时间计算开环增益 K。

在 Simulink 搭建在相同输入信号下的数学模型和直流电机半实物仿真的超前校正控制系统模型,如图 16-13 所示。设置系统输入为阶跃信号(幅值为 10),按步骤(1)~(6)设计超前校正环节传递函数及开环增益 K,观察输出曲线是否满足时域性能指标,填写表 16-10,若满足,绘制 Bode 图,判断是否满足频域特性指标;若不满足,需重新设计校正环节。相关实验 Simulink 模型请读者查看本书配套电子资源。

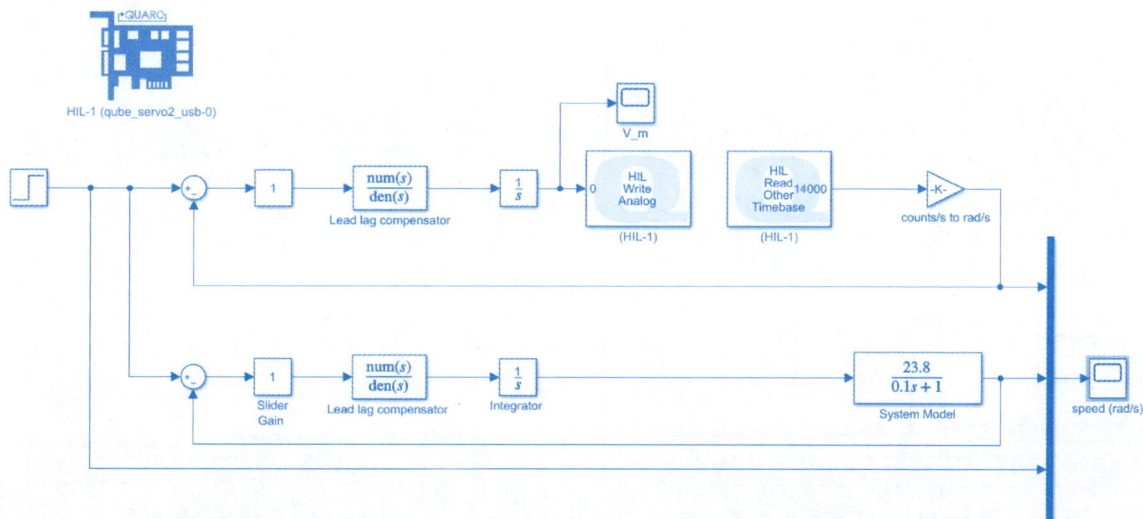

图 16-13 直流电机超前校正器模型

表 16-10　超前补偿器校正前后系统指标值

超前补偿器状态		超调量	上升时间	峰值时间	稳态时间	稳态误差	相位裕量	穿越频率
电机校正前								
模型校正前								
$K=$ $T=$ $\alpha=$	电机校正后								
	模型校正后								

16.6　参考实验步骤

（1）打开 Simulink，搭建以电机系统为核心的硬件在环闭环系统。选择 HIL Write Analog 模块输出直流电机电压，选择 HIL Read Encoder Timebase 模块读取直流电机编码器采集的电机位移数据，利用比例模块设置转换系数（$2\pi/512/4$）将编码器计数值转化为弧度值，利用微分模块并设计低通滤波器得到当前的角速度（或者通过数字转速表获得转速）。拖拽传递函数模块，搭建被控对象数学模型系统。保存仿真模型，注意：要将模型保存在全英文路径下，且将 MATLAB 当前路径设置在模型存储路径下。

（2）根据实验所需输入信号，选择对应的输入信号，阶跃信号开始时间（Step time）设置为 1s，结束幅值（Final value）设置为 5V，如图 16-14 所示。

（3）频域实验中选取正弦信号作为输入信号，参数配置如图 16-15 所示。

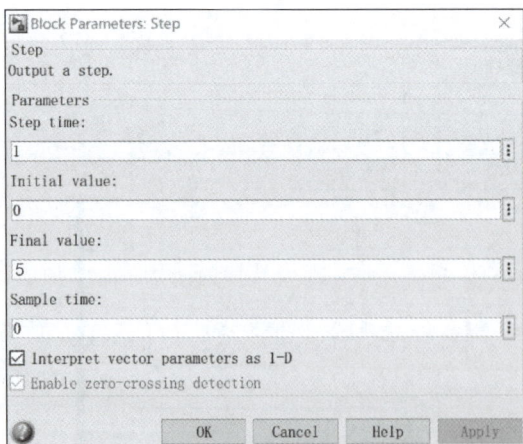

图 16-14　阶跃信号的配置

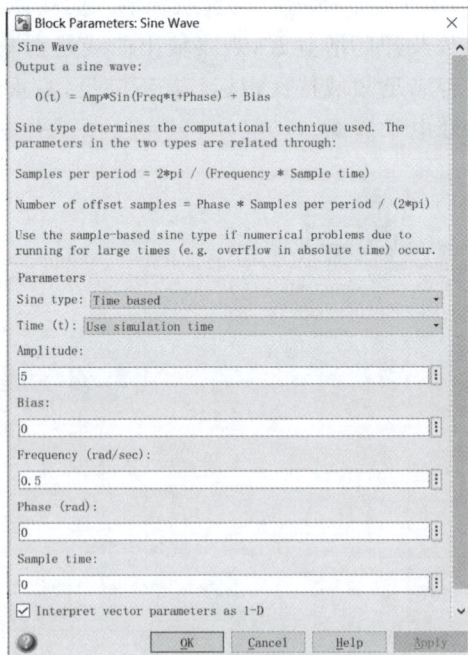

图 16-15　正弦信号的配置

（4）设置仿真参数。将 Simulink 模型设置为 External 模式，如图 16-16 所示，在工具栏中单击 Model Configuration Parameters 配置硬件模块参数，具体参数设置内容如下。

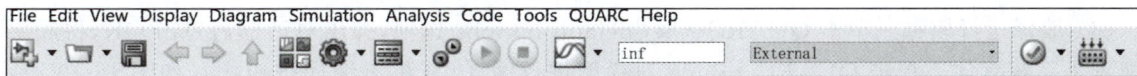

图 16-16　配置系统仿真器参数

① 设置仿真时间：在 Simulation time 项中，设定仿真开始时间和结束时间分别为 0 和 10。

② 设置求解器类型：在 Solver selection 项中，选择 Fixed-step 求解器，求解器类型为 auto。

③ 设置求解器参数：在 Solver details 中输入当前的仿真步距为 0.002，相当于设置控制系统的采样频率为 500Hz。以上设置如图 16-17 所示。

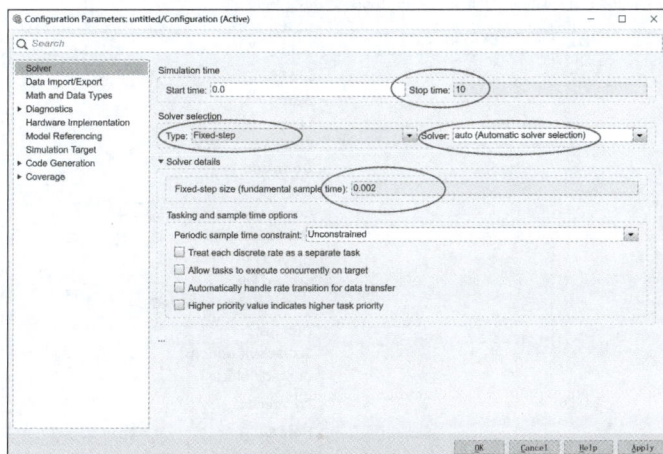

图 16-17　求解器参数设置

（5）设置采样板卡参数。双击 HIL-1 板卡初始化模块，在 Board type 中设置接口参数，选择接口型号为 qube_servo2_usb，如图 16-18 所示。

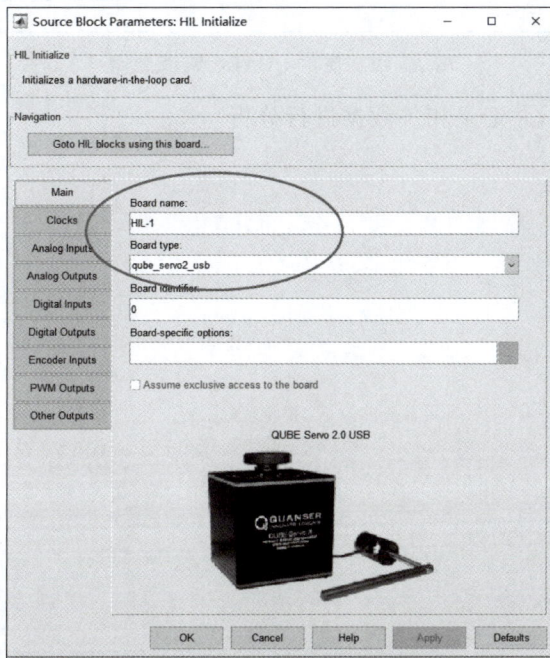

图 16-18　采样板卡参数设置

（6）编译运行模型。单击 QUARC→Set default options 选项，弹出对话框后单击 OK，将底层环境配置为系统默认。单击 QUARC→Build 对模型进行编译（或单击编译按钮▦·），如图 16-19 所示。此时，采样板卡提供的驱动会自动对当前的 Simulink 程序进行编译并下载到采样板卡中，实现数据的实时传输和显示。单击 QUARC→Connect 对模型进行链接（或单击按钮），构建硬件在环的模型控制器。单击 QUARC→Start 运行模型（或单击运行按钮⬤）。若运行成功，系统电机会按照指令运动，环形灯带变为绿色，此时可在 Simulink 窗口的底部查看当前运行的进度。

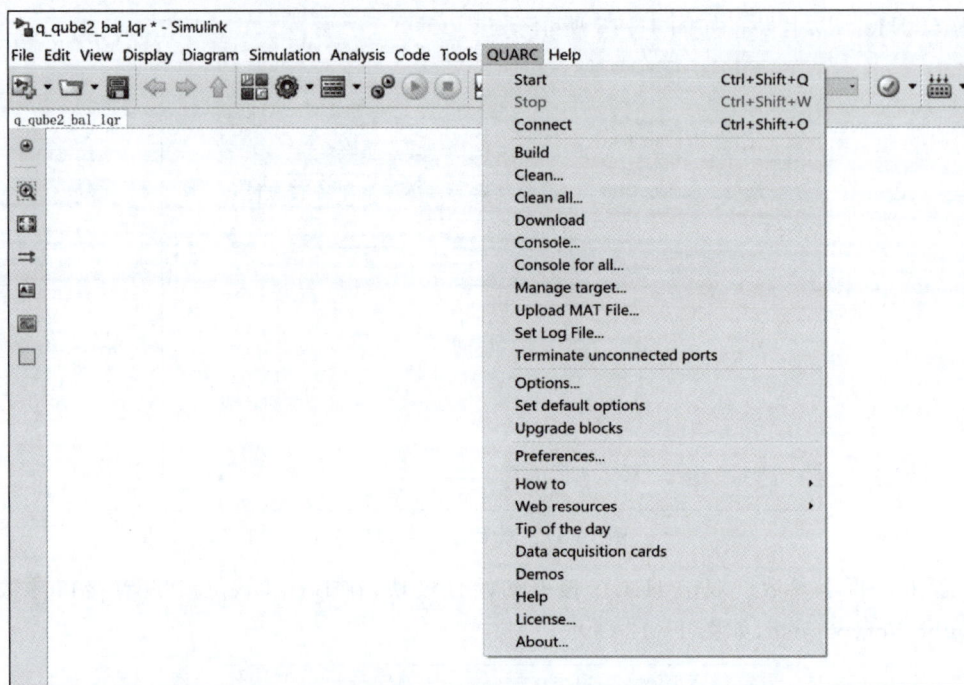

图 16-19　使用 QUARC 编译文件

（7）观测系统输出曲线，并记录相关数据进行分析。

本章主要介绍倒立摆起摆控制和稳摆控制，以及典型控制系统实验，主要内容如下。

（1）掌握旋转倒立摆稳摆控制及起摆控制数学模型。

（2）掌握倒立摆的 PD 控制方法。

（3）掌握倒立摆起摆控制中能量控制原理，通过设置不同控制增益、参考动能和转子最大加速度参数，理解起摆过程及转角、能量和电压的变化关系。

（4）掌握 LQR 控制对倒立摆起摆及稳摆的作用。

17.1 旋转倒立摆数学模型

倒立摆系统是一个高阶次、不稳定、多变量、非线性且强耦合的快速系统，其系统结构简单，便于模拟实现多种不同的控制方法。倒立摆系统可以用多种理论和方法来实现其稳定控制，如 PID、自适应、LQR 最优控制、智能控制、模糊控制及人工神经元网络等多种理论和方法。

本书所涉及倒立摆实物稳定控制采用 QUBE-Servo2 旋转倒立摆系统实现，加装倒立摆后实物外观图如图 17-1 所示。

图 17-1　倒立摆实物外观图

17.1.1 稳摆控制数学模型

旋转倒立摆稳摆控制模型可以简化，如图 17-2 所示。连接到电机转子上的部分为旋转臂，电机转子带动旋转臂转动的角度用 θ 表示，当电机转子逆时针转动时，θ 正向增加旋转臂末端的摆杆转动的角度叫作摆角，用 α 表示，摆杆逆时针转动时，α 正向增加。旋转臂转轴连接至系统并被电机驱动。旋转臂的质量为 m_p，长度为 L_p，转动惯量为 J_p，动能为 O_p。摆杆连接到旋转臂的末端，对于质心的转动惯量为 J_r，长度为 L_r，动能为 D_r。定义以下几个假设。

（1）角度 α 为倒立摆转角，即相对于垂直位置时，$\alpha=0$ 意味着摆杆完全直立，数学上表示为

$$\alpha = \alpha_{\text{full}} \bmod 2\pi - \pi \tag{17-1}$$

其中，α_{full} 为编码器测得的摆角，其初始位置定义为摆角自然垂直向下，此时转角测量为 0，mod 为取余操作。

（2）旋转臂和摆逆时针旋转，定义为正方向，即逆时针旋转时 α 和 θ 均增加。

（3）当在电机上施加正方向控制电压时，旋转臂逆时针方向旋转。

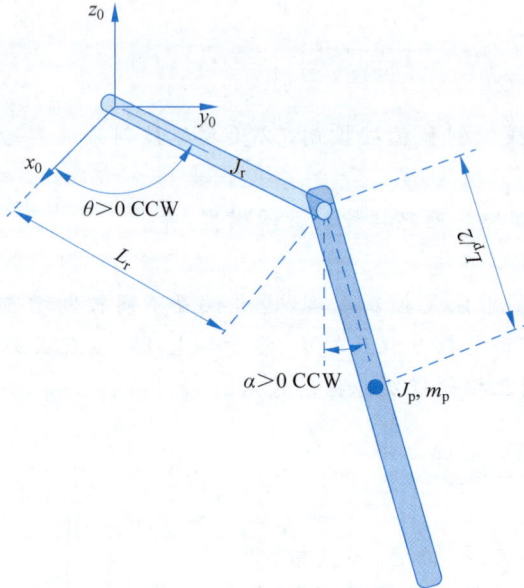

图 17-2　旋转倒立摆模型

旋转倒立摆处于稳摆状态时，利用 Euler-Lagrange 法建立旋转倒立摆系统的运动方程：

$$\left(m_{\text{p}}L_{\text{r}}^2 + \frac{1}{4}m_{\text{p}}L_{\text{p}}^2 - \frac{1}{4}m_{\text{p}}L_{\text{p}}^2\cos(\alpha)^2 + J_{\text{r}}\right)\ddot{\theta} - \left(\frac{1}{2}m_{\text{p}}L_{\text{p}}L_{\text{r}}\cos(\alpha)\right)\ddot{\alpha} +$$

$$\left(\frac{1}{2}m_{\text{p}}L_{\text{p}}^2\sin(\alpha)\cos(\alpha)\right)\dot{\theta}\dot{\alpha} + \left(\frac{1}{2}m_{\text{p}}L_{\text{p}}L_{\text{r}}\sin(\alpha)\right)\dot{\alpha}^2 = \tau - D_{\text{r}}\dot{\theta} \tag{17-2}$$

$$\frac{1}{2}m_{\text{p}}L_{\text{p}}L_{\text{r}}\cos(\alpha)\ddot{\theta} + \left(J_{\text{p}} + \frac{1}{4}m_{\text{p}}L_{\text{p}}^2\right)\ddot{\alpha} - \frac{1}{4}m_{\text{p}}L_{\text{p}}^2\cos(\alpha)\sin(\alpha)\dot{\theta}^2 + \frac{1}{2}m_{\text{p}}L_{\text{p}}g\sin(\alpha) = -D_{\text{p}}\dot{\alpha}$$

$$\tag{17-3}$$

其中，τ 为电机输出扭矩，是系统旋转臂基座的伺服电机的输出，其动力方程如下：

$$\tau = \frac{k_{\text{m}}(V_{\text{m}} - k_{\text{m}}\dot{\theta})}{R_{\text{m}}} \tag{17-4}$$

在稳摆工作状态时 θ 很小，因此可对非线性运动方程在稳态工作点附近进行局部线性化，得到倒立摆稳摆的运动方程为

$$(m_{\text{p}}L_{\text{r}}^2 + J_{\text{r}})\ddot{\theta} - \frac{1}{2}m_{\text{p}}L_{\text{p}}L_{\text{r}}\ddot{\alpha} = \tau - D_{\text{r}}\dot{\theta} \tag{17-5}$$

$$\frac{1}{2}m_{\text{p}}L_{\text{p}}L_{\text{r}}\ddot{\theta} + \left(J_{\text{p}} + \frac{1}{4}m_{\text{p}}L_{\text{p}}^2\right)\ddot{\alpha} + \frac{1}{2}m_{\text{p}}L_{\text{p}}g\alpha = -D_{\text{p}}\dot{\alpha} \tag{17-6}$$

其中，g 是重力加速度，取值为 9.8。

反解加速度项可以得到：

$$\ddot{\theta} = \frac{1}{J_{\mathrm{T}}} \left(-\left(J_{\mathrm{p}} + \frac{1}{4} m_{\mathrm{p}} L_{\mathrm{p}}^2\right) D_{\mathrm{r}} \dot{\theta} + \frac{1}{2} m_{\mathrm{p}} L_{\mathrm{p}} L_{\mathrm{r}} D_{\mathrm{p}} \dot{\alpha} + \frac{1}{4} m_{\mathrm{p}}^2 L_{\mathrm{p}}^2 L_{\mathrm{r}} g \alpha + \left(J_{\mathrm{p}} + \frac{1}{4} m_{\mathrm{p}} L_{\mathrm{p}}^2\right) \tau \right)$$

(17-7)

$$\ddot{\alpha} = \frac{1}{J_{\mathrm{T}}} \left(\frac{1}{2} m_{\mathrm{p}} L_{\mathrm{p}} L_{\mathrm{r}} D_{\mathrm{r}} \dot{\theta} - \left(J_{\mathrm{r}} + m_{\mathrm{p}} L_{\mathrm{r}}^2\right) D_{\mathrm{p}} \dot{\alpha} - \frac{1}{2} m_{\mathrm{p}} L_{\mathrm{r}} g \left(J_{\mathrm{t}} + m_{\mathrm{p}} L_{\mathrm{r}}^2\right) \alpha - \frac{1}{2} m_{\mathrm{p}} L_{\mathrm{r}} L_{\mathrm{r}} \tau \right)$$

(17-8)

其中，$J_{\mathrm{T}} = J_{\mathrm{p}} m_{\mathrm{p}} L_{\mathrm{r}}^2 + J_{\mathrm{r}} J_{\mathrm{p}} + \frac{1}{4} J_{\mathrm{r}} m_{\mathrm{p}} L_{\mathrm{p}}^2$。

根据线性状态空间方程：

$$\begin{cases} \dot{\boldsymbol{x}} = \boldsymbol{A}\boldsymbol{x} + \boldsymbol{B}\boldsymbol{u} \\ \boldsymbol{y} = \boldsymbol{C}\boldsymbol{x} + \boldsymbol{D}\boldsymbol{u} \end{cases}$$

(17-9)

其中，$\boldsymbol{x}$ 为状态，$\boldsymbol{u}$ 为控制输入，$\boldsymbol{A}$、$\boldsymbol{B}$、$\boldsymbol{C}$ 和 $\boldsymbol{D}$ 为状态空间矩阵。

对于旋转摆系统，定义系统状态和输出分别为

$$\boldsymbol{x}^{\mathrm{T}} = \begin{bmatrix} \theta & \alpha & \dot{\theta} & \dot{\alpha} \end{bmatrix}$$

(17-10)

$$\boldsymbol{y}^{\mathrm{T}} = \begin{bmatrix} x_1 & x_2 \end{bmatrix}$$

(17-11)

旋转臂和摆杆转动惯量 J_{r} 和 J_{p} 的计算公式为

$$J_{\mathrm{r}} = \frac{M_{\mathrm{r}} L_{\mathrm{r}}^2}{12}$$

(17-12)

$$J_{\mathrm{p}} = \frac{M_{\mathrm{p}} L_{\mathrm{p}}^2}{12}$$

(17-13)

由定义的状态变量，输出变量及旋转倒立摆的线性模型可以得到状态空间模型中 $\boldsymbol{A}$、$\boldsymbol{B}$ 分别为

$$\boldsymbol{A} = \frac{1}{J_{\mathrm{T}}} \begin{bmatrix} 0 & 0 & J_{\mathrm{r}} & 0 \\ 0 & 0 & 0 & J_{\mathrm{r}} \\ 0 & \frac{1}{4} m_{\mathrm{p}}^2 L_{\mathrm{p}}^2 L_{\mathrm{r}} g & -\left(J_{\mathrm{p}} + \frac{1}{4} m_{\mathrm{p}} L_{\mathrm{p}}^2\right) D_{\mathrm{r}} & \frac{1}{2} m_{\mathrm{p}} L_{\mathrm{p}} L_{\mathrm{r}} D_{\mathrm{p}} \\ 0 & -\frac{1}{2} m_{\mathrm{p}} L_{\mathrm{p}} g \left(J_{\mathrm{r}} + m_{\mathrm{p}} L_{\mathrm{r}}^2\right) & \frac{1}{2} m_{\mathrm{p}} L_{\mathrm{p}} L_{\mathrm{r}} D_{\mathrm{r}} & -\left(J_{\mathrm{r}} + m_{\mathrm{p}} L_{\mathrm{r}}^2\right) D_{\mathrm{p}} \end{bmatrix}$$

$$\boldsymbol{B} = \frac{K_{\mathrm{m}}}{J_{\mathrm{T}} R_{\mathrm{m}}} \begin{bmatrix} 0 \\ 0 \\ J_{\mathrm{p}} + \frac{1}{4} m_{\mathrm{p}} L_{\mathrm{p}}^2 \\ -\frac{1}{2} m_{\mathrm{p}} L_{\mathrm{p}} L_{\mathrm{r}} \end{bmatrix}$$

(17-14)

根据 QUBE-Servo2 电机的参数代入数值，计算得到 $\boldsymbol{A}$，$\boldsymbol{B}$ 的数据值为

$$\boldsymbol{A} = \begin{bmatrix} 0 & 0 & 1 & 0 \\ 0 & 0 & 0 & 1 \\ 0 & 149.2751 & -0.0104 & 0 \\ 0 & -261.6091 & -0.0103 & 0 \end{bmatrix}, \quad \boldsymbol{B} = \begin{bmatrix} 0 \\ 0 \\ 49.7275 \\ 49.1493 \end{bmatrix}$$

在输出方程中,由于倒立摆系统中只有旋转摆的位置和旋转角度可被检测,因此输出方程中 C、D 两个矩阵分别为

$$C = \begin{bmatrix} 1 & 0 & 0 & 0 \\ 0 & 1 & 0 & 0 \end{bmatrix}, \quad D = \begin{bmatrix} 0 \\ 0 \end{bmatrix}$$

根据旋转摆及直流电机相关参数,在 MATLAB 中计算 A、B 参数部分代码如下:

```
% 模型
rotpen_param;
% 建立旋转单倒立摆的开环状态空间模型
ROTPEN_ABCD_eqns;
% 显示矩阵
A
B
```

rotpen_param 中设置参数内容如下:

```
% 电机
% 电阻
Rm = 8.4;
% 电流转矩(N * m/A)
kt = 0.042;
% 反电动势常数(V * s/rad)
km = 0.042;
% 旋转臂
% 质量(kg)
Mr = 0.095;
% 总长(m)
Lr = 0.085;
% 绕枢轴转动的惯性矩(kg * m^2)
Jr = Mr * Lr^2/12;
% 等效黏性阻尼系数(N * m * s/rad)
Dr = 0;
% 摆杆连杆
% 质量 (kg)
Mp = 0.024;
% 总长 (m)
Lp = 0.129;
% 绕枢轴转动的惯性矩(kg * m^2)
Jp = Mp * Lp^2/12;
% 等效黏性阻尼系数(N * m * s/rad)
Dp = 0;
% 重力常数
g = 9.81;
```

ROTPEN_ABCD_eqns 中求取 A、B、C 和 D 矩阵值的代码如下:

```
% 状态空间表示
Jt = Jr * Jp + Mp * (Lp/2)^2 * Jr + Jp * Mp * Lr^2;
A = [0  0  1  0;
     0  0  0  1;
     0  Mp^2 * (Lp/2)^2 * Lr * g/Jt   - Dr * (Jp + Mp * (Lp/2)^2)/Jt   - Mp * (Lp/2) * Lr * Dp/Jt;
```

```
        0   Mp * g * (Lp/2) * (Jr + Mp * Lr^2)/Jt   - Mp * (Lp/2) * Lr * Dr/Jt   - Dp * (Jr + Mp * Lr^2)/Jt];
    B = [0; 0; (Jp + Mp * (Lp/2)^2)/Jt; Mp * (Lp/2) * Lr/Jt];
    C = eye(4,4);
    D = zeros(4,1);
    % 增加动力系数
    B = kt * B / Rm;
    A(3,3) = A(3,3) - kt * kt/Rm * B(3);
    A(4,3) = A(4,3) - kt * kt/Rm * B(4);
    % 加载到状态空间系统
    rp_sys = ss(A,B,C,D);
```

17.1.2　起摆控制数学模型

倒立摆起摆控制的目标是使摆从垂直状态倒立起来,并控制其保持在倒立状态。起摆控制中摆杆受力分析如图 17-3 所示,其中摆杆质心位于杆的中间,这种情况下质心到转轴的距离为 $l_p = L_p/2$。旋转臂转角 α 在垂直位置时为 0。

可通过轴的加速度 u 对摆的动力学特性重新定义:

$$J_p\ddot{\alpha} + \frac{1}{2}M_pgL_p\sin\alpha = \frac{1}{2}M_pL_pu\cos\alpha \qquad (17\text{-}15)$$

其中,u 为摆的线性加速度。

摆的势能为

$$E_p = M_pgl_p(1 - \cos\alpha) \qquad (17\text{-}16)$$

摆的动能为

$$E_k = \frac{1}{2}J_p\dot{\alpha}^2 \qquad (17\text{-}17)$$

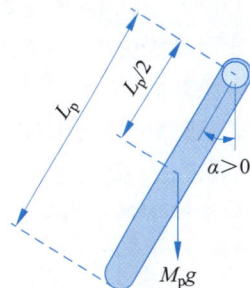
图 17-3　摆杆受力图

当摆角 $\alpha = 0$ 时,摆的势能为 0;当摆直立 $\alpha = \pm\pi$ 时,势能为 M_pgL_p。摆的动能与势能之和为

$$E = \frac{1}{2}J_p\dot{\alpha}^2 + M_pgl_p(1 - \cos\alpha) \qquad (17\text{-}18)$$

对上式微分,得微分方程:

$$\dot{E} = \dot{\alpha}\left(J_p\ddot{\alpha} + \frac{1}{2}M_pgL_p\sin\alpha\right) \qquad (17\text{-}19)$$

将摆的运动方程 $J_p\ddot{\alpha} = -M_pgl_p\sin\alpha + M_pul_p\cos\alpha$ 代入上式,整理得到:

$$\dot{E} = M_pul_p\dot{\alpha}\cos\alpha \qquad (17\text{-}20)$$

17.2　旋转倒立摆稳摆控制

稳摆控制常用方法是 PID 和 LQR,在倒立摆的数学模型基础上,设计了闭环系统 PD 控制,使摆杆倒立稳定。使用双回路控制,其中,一组 PID 控制器控制倒立摆转子与旋转臂角 θ,另一组 PID 控制器控制旋转臂角与垂直位置夹角 α。组合控制会产生稳态误差,因此不适合加入积分,而仅加入比例控制是不够的,因此采用比例微分(PD)控制是最合适的方案,倒立摆稳摆控制框图结构如图 17-4 所示。

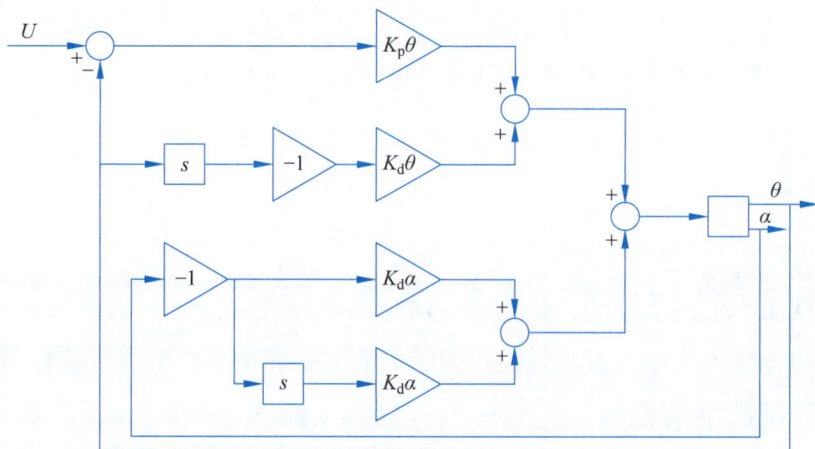

图 17-4　稳摆 PD 控制结构

两组 PD 控制参数 $k_{p,\theta}$、$k_{p,\alpha}$、$k_{d,\theta}$ 和 $k_{d,\alpha}$ 分别为旋转臂转角的比例增益、摆角比例增益、旋转臂转角的微分增益和摆转角的微分增益。旋转臂的期望角度记为 θ_r，摆的期望角度为 0（即直立位置）。

在 Simulink 搭建直流电机半实物仿真的倒立摆稳摆控制模型，如图 17-5 所示。将 PD 控制增益分别设置为 $k_{p,\theta}=2$、$k_{p,\alpha}=30$、$k_{d,\theta}=-2$ 和 $k_{d,\alpha}=2.5$，首先需要将摆连接到电机上，摆杆从向下垂直位置开始，人工将其拿到向上垂直位置（人工使摆与向上垂直±10°），运行 PD 控制器，观测倒立摆状态（即倒立旋转臂转角稳定在什么位置）并记录倒立旋转臂转角和摆转角的测试曲线，改变图 17-5 中 Constant 模块数值为 30V，观测并记录倒立旋转臂转角和摆转角的测试曲线填写入表 17-1。相关实验模型请读者查看本书配套电子资源。

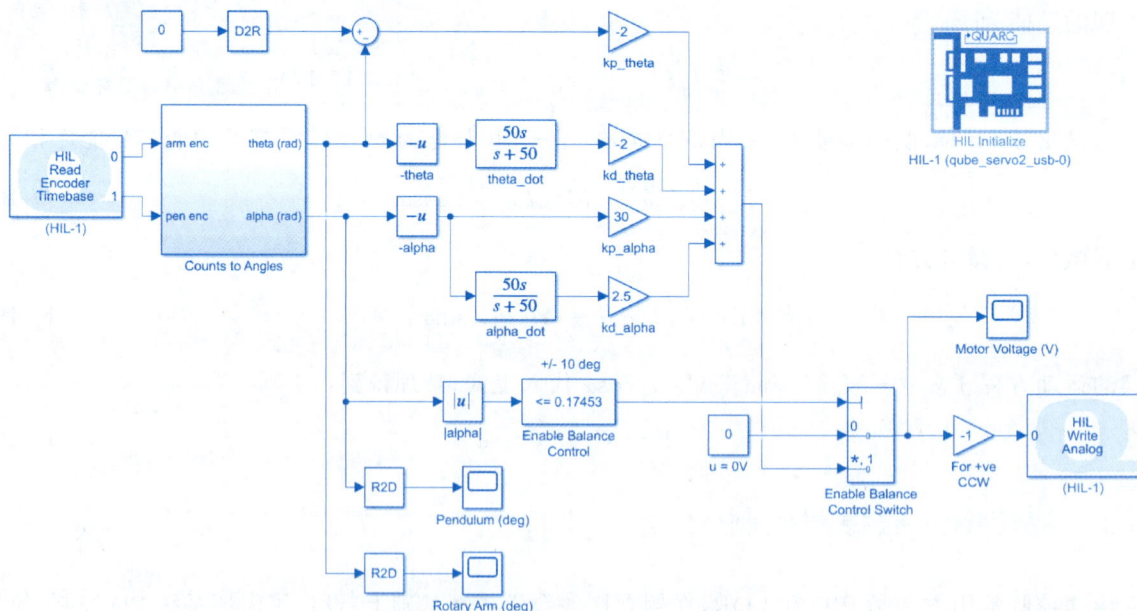

图 17-5　倒立摆稳摆 PD 控制框图

注意：倒立摆的旋转臂转角和摆转角以程序开始部署的初始状态为零点，需要在程序部署之前将旋转臂转角放置在旋转臂垂直向下的 0 位置处，即旋转臂转角必须和硬件角度对应才能正确观测到后面的位置。

表 17-1　稳摆 PD 控制过程旋转臂转角和摆转角曲线图

参　数	旋转臂转角曲线	摆转角曲线	倒立摆状态
Constant＝0			
Constant＝30 V			

17.3　旋转倒立摆起摆控制

17.3.1　能量控制

　　能量控制的思想是基于理想系统对能量的保持：动能与势能的和为常数。理论上，如果旋转臂转角保持为常值，给摆一个初始位置，它将以确定的幅度摆动。然而，因为实际运动过程中摩擦的存在，摆动过程中存在阻尼，系统的能量不为常值。因此可以通过采集能量的损失与轴的加速度，找到一种控制器实现起摆控制。能量控制的核心思想是利用摆杆的动能和势能之间的转换来实现控制。

　　倒立摆起摆过程使用能量控制的方法，旨在通过管理系统的能量转换和分配，使摆保持在稳定的倒立状态。控制系统会对摆杆的动能和势能进行估计和管理，以及时调整控制输入，维持系统的能量平衡。例如，当摆杆倾向于偏离垂直位置时，控制系统可以通过控制摆杆的转动速度，将其重新带到垂直位置，从而实现能量的再分配，使倒立摆保持在稳定状态。

　　因为电机转子的加速度与电枢电流成正比，也就正比于驱动电压，可利用比例控制规律控制摆的能量：

$$u=(E_r-E)\dot{\alpha}\cos\alpha \tag{17-21}$$

　　将参考能量设置为摆的势能（$E_r=E_p$），控制率将会使关节摆动到直立位置。注意，因比例增益依赖于摆转角 α 的余弦，所以控制律是非线性的。当 $\dot{\alpha}$ 符号变化或角度为 $\pm90°$ 时，控制信号的符号也将发生变化。由于起摆是一个能量快速变化的过程，控制信号的幅度也要不断变大，才可实现更快速的控制切换。起摆控制器可设置为

$$u=\mathrm{sat}_{u_{\max}}(\mu(E_r-E)\mathrm{sign}(\dot{\alpha}\cos\alpha)) \tag{17-22}$$

其中，μ 为可调的控制增益，函数 $\mathrm{sat}_{u_{\max}}$ 在转子最大加速度 $u_{\max}$ 时，使控制信号饱和。表达式 $\mathrm{sign}(\dot{\alpha}\cos\alpha)$ 用于产生更快的控制切换。

17.3.2　混合控制

　　混合控制是采用能量反馈的方法进行倒立摆起摆控制，在平衡点附近（摆转角进入 $\pm20°$）进行切换到稳摆控制，原理图如图 17-6 所示，可完成起摆和稳摆双重任务。

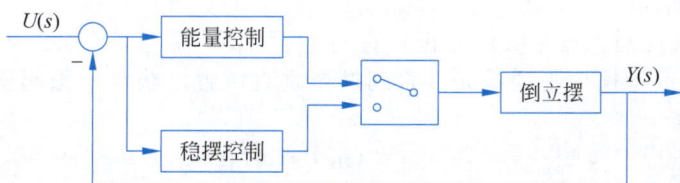

图 17-6　混合摆原理图

混合控制倒立摆的起摆控制其数学表达式为

$$u = \begin{cases} u_{\mathrm{bal}}, & |\alpha| - \pi \leqslant 20° \\ u_{\mathrm{swing}}, & \text{其他} \end{cases} \tag{17-23}$$

其中, bal 表示稳摆控制的条件是 $|\alpha| - \pi$ 在 $[-20°, 20°]$ 内, 其他角度均是能量控制, 切换控制的切换角度的范围确定决定着倒立摆系统整个运行过程完成效果。如果切换角度范围确定太小, 摆杆难以准确进入稳摆角度控制范围内; 如果切换角度选择范围太大, 稳摆算法得不到有效控制。

在 Simulink 搭建倒立摆半实物仿真起摆控制模型, 如图 17-7 所示。请读者查看本书配套电子资源。在 MATLAB 中实现旋转摆状态空间模型 **A**、**B**、**C** 和 **D** 的装载。

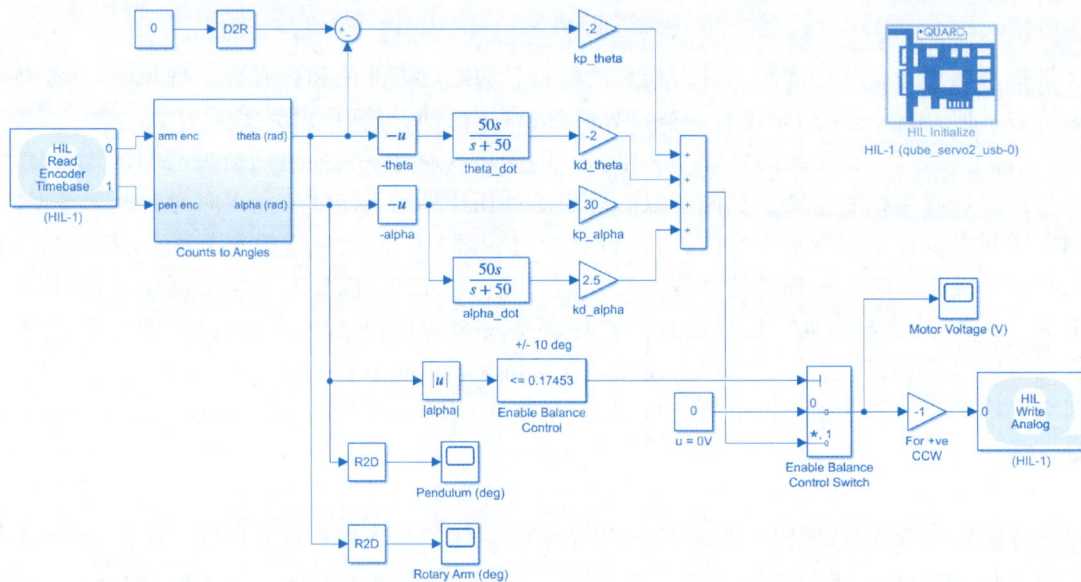

图 17-7 倒立摆起摆控制模型

(1) 研究起摆控制模块参数设置对倒立摆起摆过程影响。利用起摆控制模块进行能量控制, 通过设置 m_u (控制增益)、E_r (动能)、$u_{\max}$ (转子最大加速度)的值, 见式(17-24), 在 Pendulum (deg) 和 Pendulum Energy (mJ) 示波器中观察摆转角和能量变化曲线, 填写表 17-2。

$$\begin{cases} m_u = 50(\mathrm{m \cdot s^{-1}})/\mathrm{J} \\ E_r = 30.0\mathrm{mJ} \\ u_{\max} = 6\mathrm{m/s^2} \end{cases} \tag{17-24}$$

注意: 如果摆没有运动, 用手轻轻地给摆一定的扰动, 使其动起来。

(2) 研究 m_u 和 E_r 参数对起摆过程的影响。设置参考能量 E_r 在 10.0mJ 和 20.0mJ 之间。观测摆转角和能量变化曲线。将 E_r 的值固定在 $20 \sim 60\mathrm{m/(s^2 \cdot J^{-1})}$ 区间, 改变起摆控制增益 m_u。观测摆转角和能量变化曲线。

(3) 研究混合起摆控制。确保摆杆静止垂直向下, 且编码器电缆不会影响摆的运行, 设置起摆控制参数如下, 逐渐提高起摆控制增益 m_u, 直到摆至垂直位置。获取一张起摆响应图, 并记录所需起摆控制增益。

$$\begin{cases} m_u = 20(\mathrm{m \cdot s^{-1}})/\mathrm{J} \\ E_r = 30\mathrm{mJ} \\ u_{\mathrm{mix}} = 6\mathrm{m/s^2} \end{cases} \tag{17-25}$$

表 17-2 起摆控制过程摆转角和能量变化曲线图

参　　数	摆转角曲线	能量变化曲线
$m_u =$ $E_r =$ $u_{max} =$		
$m_u =$ $E_r =$ $u_{max} =$		
$m_u =$ $E_r =$ $u_{max} =$		

17.4 旋转摆 LQR 控制器设计

旋转摆 LQR 控制器设计的目标是设计一个状态反馈器,以最小化控制器输出状态的偏差。LQR 数学基础建立在线性系统理论和最优控制理论上。下面将详细介绍 LQR 的原理。

考虑一个线性时不变系统,其状态空间表达式为

$$\begin{cases} \dot{x} = Ax + Bu \\ y = Cx + Du \end{cases} \tag{17-26}$$

LQR 的目标是找到一个状态反馈控制器,以状态变量 x 为反馈,控制输入 u 表示为

$$u = -Kx \tag{17-27}$$

其中,K 是控制器增益矩阵,需要根据系统参数和性能指标来选择。当系统处于状态 x 时,控制器会计算出相应的控制输入 u,将系统引导到所需的状态。

为了设计最优的控制器增益矩阵 K,LQR 考虑以下代价函数:

$$J = \int_0^\infty (X^T QX + u^T Ru)\, \mathrm{d}t \tag{17-28}$$

其中,Q 是对状态向量 X 的加权矩阵,表示不同状态量的权重;R 是对控制输入 u 的加权矩阵,表示不同控制输入的权重。通过调整 Q 和 R 的值,可以平衡系统状态量和控制输入的比重,若想要更加重视状态量时,可以增加相应状态的 Q 值;若想要更加节约控制能量时,可以增加相应控制输入的 R 值。

在求 A、B 矩阵的基础上,计算 K 值的 MATLAB 实现代码如下。

```
% 平衡控制
% LQR 加权矩阵
Q = diag([5 1 1 20]);
R = 1;
K = lqr(A,B,Q,R)
```

LQR 的目标是找到一个最优的控制器增益矩阵 K^*,使得成本函数 J 最小化。经过一系列的优化计算,可以得到最优的 LQR 控制器增益矩阵 K^*,使系统在给定性能指标下表现最优。

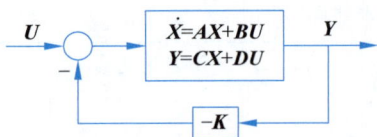

图 17-8 最优 LQR 控制框图

最优 LQR 控制框图如图 17-8 所示。

根据系统可控性分析可知倒立摆系统是可控的,借助 MATLAB 中的 lqr() 函数,求出最优反馈增益 $\boldsymbol{K}^*$,即为 LQR 控制器参数进行反馈控制。改变矩阵 $\boldsymbol{Q}$ 的值,可以得到不同的响应效果。

根据本章前面介绍的倒立摆的状态空间模型,给定 $\boldsymbol{R}$ 矩阵及加权矩阵 $\boldsymbol{Q}$ 为单位阵:

$$\boldsymbol{R} = [1], \quad \boldsymbol{Q} = \begin{bmatrix} 1 & 0 & 0 & 0 \\ 0 & 1 & 0 & 0 \\ 0 & 0 & 1 & 0 \\ 0 & 0 & 0 & 1 \end{bmatrix},$$

改变矩阵 $\boldsymbol{Q}$ 的值,可以得到不同的响应效果,在一定范围内,$\boldsymbol{Q}$ 值越大抗干扰能力越强,响应速度越快,但 $\boldsymbol{Q}$ 值过大引起系统不稳定。

在 Simulink 搭建倒立摆半实物仿真的 LQR 控制模型,如图 17-9 所示。在 MATLAB 中实现旋转摆状态空间模型 $\boldsymbol{A}$、$\boldsymbol{B}$、$\boldsymbol{C}$ 和 $\boldsymbol{D}$ 的装载,设置初始 R=1,加权控制矩阵 $\boldsymbol{Q}$ 为 diag(5 1 1 1) 函数,得到增益模块配置矩阵 $\boldsymbol{K}$,并记录在表 17-3 中;将旋转摆连接到电机,手动将摆杆旋转到直立位置(与垂直位置的夹角小于 10°),待控制摆平衡后,观测的控制电压、旋转臂转角和摆转角响应曲线,记录在表 17-3。设置加权控制阵 $\boldsymbol{Q}$ 的参数为 diag(5 1 1 20),生成新的控制增益矩阵 $\boldsymbol{K}$ 并记录,观测控制电压和旋转臂转角曲线及摆角曲线,考虑 $\boldsymbol{Q}$ 值对倒立摆起摆及稳摆的影响。

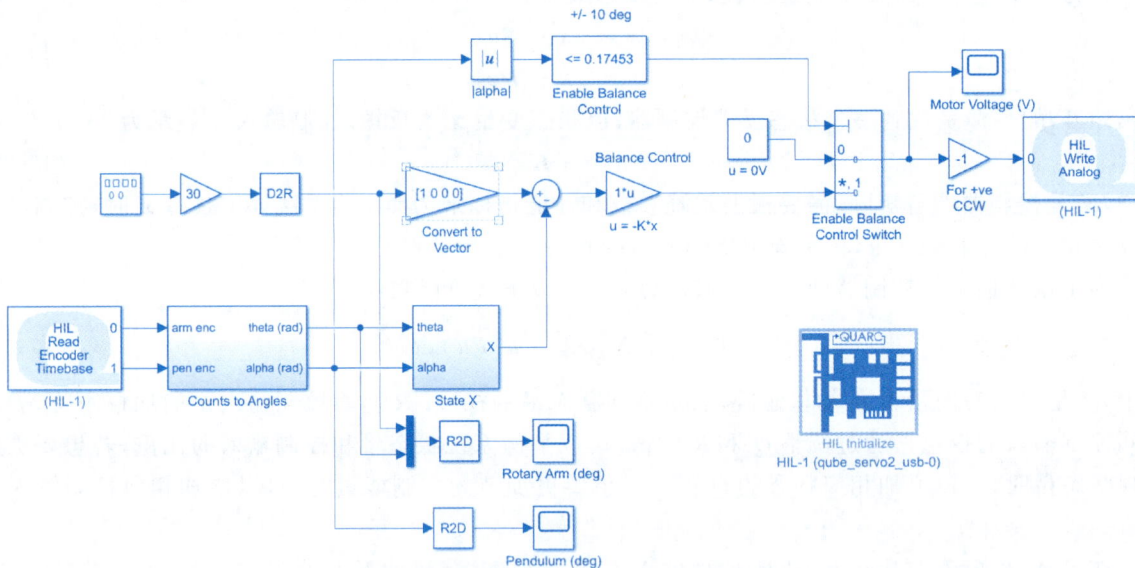

图 17-9 倒立摆 LQR 控制框图

表 17-3 起摆控制过程旋转臂转角、摆转角和能量变化曲线图

参 数	旋转臂转角曲线	摆转角曲线	控制电压曲线
$\boldsymbol{Q} = \mathrm{diag}(5 \ 1 \ 1 \ 1)$ $\boldsymbol{K} =$			
$\boldsymbol{Q} = \mathrm{diag}(5 \ 1 \ 1 \ 20)$ $\boldsymbol{K} =$			

17.5　参考实验步骤

（1）打开 Simulink，搭建倒立摆半实物仿真模型，保存仿真模型。

注意：要将模型保存在全英文路径下，且将 MATLAB 当前路径设置在模型存储路径下。

（2）根据实验所需输入信号，选择对应的输入信号模块，LQR 最优控制中使用阶跃信号模块作为输入信号，模块设置如图 17-10 所示。

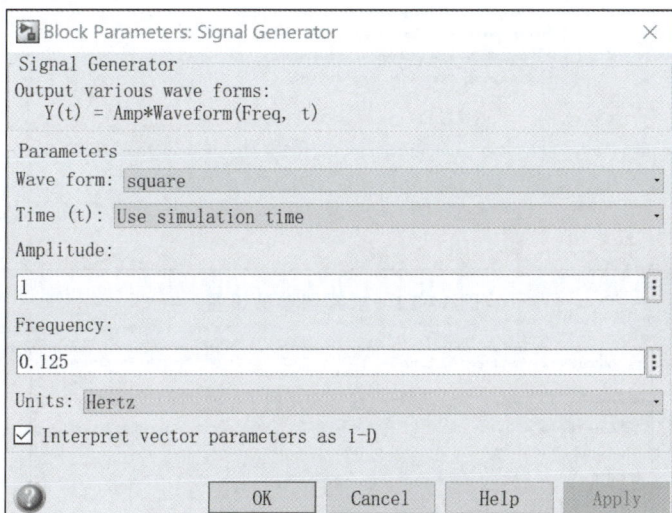

图 17-10　阶跃信号模块设置

（3）设置仿真参数。将 Simulink 模型设置为 External 模式，在工具栏中单击 Model Configuration Parameters 配置硬件模块参数，如图 17-11 所示，具体参数设置内容如下。

图 17-11　配置系统仿真器参数

① 设置仿真时间：在 Simulation time 项中，设定仿真开始时间和结束时间分别为 0 和 inf。

② 设置求解器类型：在 Solver selection 项中，选择 Fixed-step 求解器，求解器类型为 auto。

③ 设置求解器参数：在 Solver details 中输入当前的仿真步距为 0.002，相当于设置控制系统的采样频率为 500Hz。

以上设置如图 17-12 所示。

（4）设置采样板卡参数。双击 HIL-1 板卡初始化模块，在 Board type 中设置接口参数，接口型号选择 qube_servo2_usb，如图 17-13 所示。

（5）编译运行模型。单击 QUARC→Set default options 选项，弹出对话框后单击 OK，将底层环境配置为系统默认环境。单击 QUARC→Build 对模型进行编译（或单击编译按钮▦ᐧ）。此时，采样板卡提供的驱动会自动将当前的 Simulink 程序进行编译并下载到采样板卡中，实现数据的实时传输和显示。单击 QUARC→Connect to target 对模型进行链接（或单击链接按钮🔗），构建硬件在环

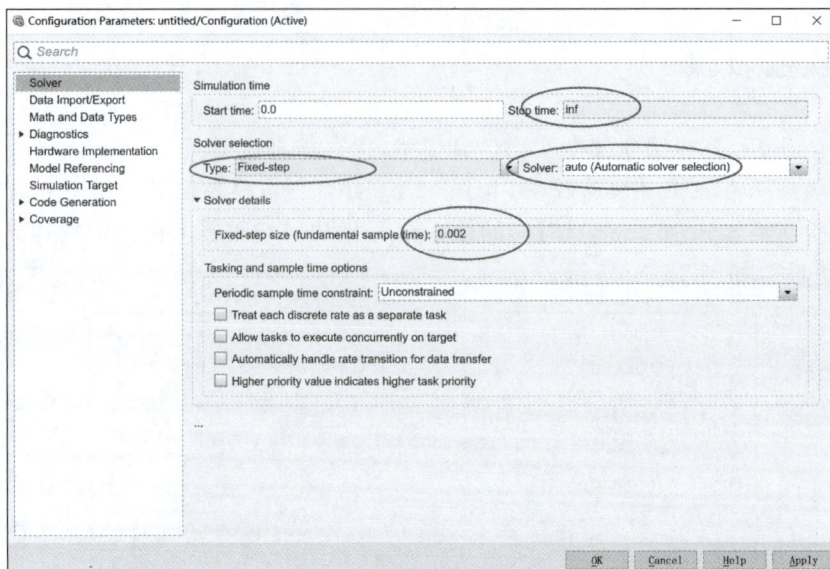

图 17-12　求解器参数设置

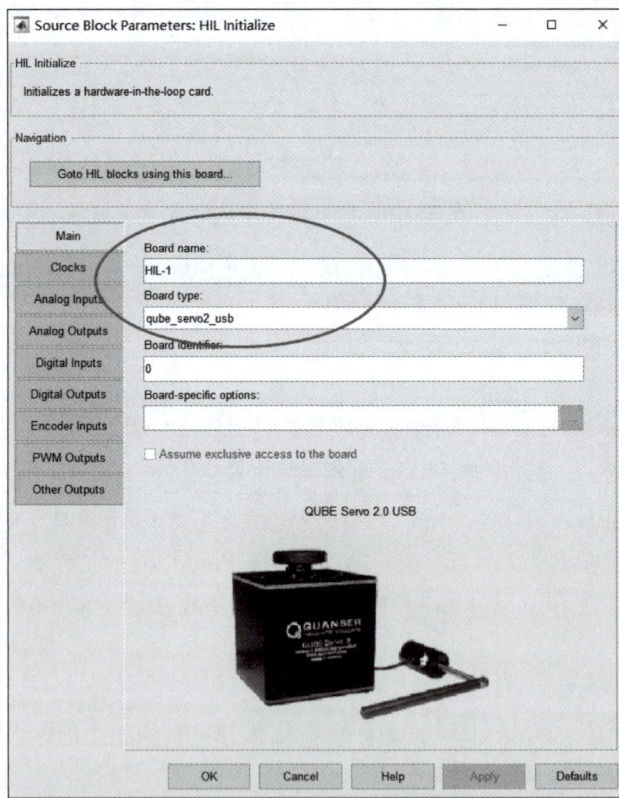

图 17-13　采样板卡参数设置

的模型控制器。单击 QUARC→Start 运行模型(或单击运行按钮◉),若运行成功,系统电机会按照指令进行运动,环形灯带变为绿色,此时可在 Simulink 窗口的底部查看当前运行的进度。

(6)完成实验内容,观测系统输出曲线,并记录有关系统指标结果。

第 五 篇
项目制控制系统设计案例

开展创新性实验,学生可以更加深入地了解学科前沿和技术发展,形成更加完整的构建理论知识和实践项目的系统逻辑,提升学生面向复杂问题的思考和辨识能力,从而培养学生创新意识和知识应用能力,为未来的科研、生产和管理工作打下坚实的基础。

创新性实验设计重点着眼于以下几个方面。

(1)培养创新思维:创新性实验注重培养学生的创新思维和创新能力,针对某一具体问题或需求展开,学生可以探索新的现象、新的思路和方法。通过实验提高学生的综合素质和竞争力。

(2)强化实践能力:创新性实验注重学生的实践能力培养,通过实验操作和探究过程,提高学生的动手能力和解决问题的能力。

(3)深化对理论知识的理解和掌握:创新实践的项目设计,基于对经典理论知识的应用,同时融合了现代工程系统的元素。帮助学生面向复杂系统,构建基于理论和实际应用的系统思考能力。

(4)培养团队合作:创新性实验通常需要学生组成团队合作进行,这可以培养学生的团队合作能力和沟通协调能力,同时也能提高学生的领导力。

(5)促进学科交叉:创新性实验往往涉及多学科交叉的知识和技能,可以帮助学生拓展知识面和视野,提高跨学科的综合能力和素质。

(6)提高解决问题的能力:创新性实验注重学生解决问题的能力的培养和提高。在实验过程中,学生需要面对各种问题和挑战,通过思考和实践,寻找解决问题的方法和途径。

(7)提升学生表达能力:创新性实验设计注重交互和表达,通过学生自治课堂,帮助学生提升科学表达。

(8)服务社会力:创新性实验通常涉及社会热点问题和实际需求,通过实验研究和探索,可以为社会提供新的解决方案和技术支持。

创新性实验是提高学生创新能力和实践能力的重要途径,理解实际项目管理中的约束条件则是实验成功的重要保障。因此,通过创新性实验,指导学生进行科学的项目管理,学生的系统管理能力将在以下几个方面得到提升。

(1)项目规划:在启动一个创新性实验项目之前,充分理解项目背景、项目目标、软硬件约束是进行项目规划的充分且必要条件。项目规划将明确的项目目标和范围、项目计划、项目所需资源和时间变成一个系统,学生通过这个过程将深刻理解项目规划是确保项目能够有序进行的重要步骤。

（2）资源管理：创新性实验项目通常涉及各种资源的配置和管理，如实验设备、技术人员、经费等。在项目管理中，要合理进行资源分配，确保每项工作都有足够的资源支持，并且将资源利用效率最大化。

（3）风险分析：在创新性实验设计验证过程中，对可能存在的风险进行分析、探讨和规避，是学生能够最终完成实验的基础。在复盘改进中进行设计风险分析，对于团队重新审视实验规划，也提供了有益的参考。

（4）进度控制：对于创新性实验项目来说，按照预定计划推进是至关重要的。在项目管理中，需要不断进行进度控制和监控，及时发现项目延误的风险，并采取相应措施进行调整和修正，确保项目按时完成。

（5）团队协作：项目管理需要通过有效的团队协作来实现项目目标。

（6）数据分析：学生需要对实验数据进行理论和工程两个方面相结合的分析总结，发现问题并提出改进措施。通过做好实验记录和分析总结可以帮助学生更好地融合理论知识，掌握实验的规律和特点，为今后的学习和研究工作打下坚实的基础。

本书所涉及的创新性实验以创新思维能力培养和实现为核心，注重培养学生沟通、思考、辨识和表达能力。在实验过程中，学生需要结合理论知识和项目要求，完成从实验设计、实验验证、数据收集到项目反思的整个闭环。帮助学生独立思考、积极尝试、发现问题并寻求解决方案，用实验验证自己的想法，将理论知识转化为实践经验，培养创新意识和创新能力。

本书提供了两个创新性实验案例，供广大教师和同学参考。具体包括如下章节：

第 18 章　垃圾分拣系统设计

第 19 章　平衡球传递系统设计

第18章 垃圾分拣系统设计

18.1 项目背景

随着城市化和工业化的不断推进,垃圾产生量不断增加。垃圾分类能够有效提高资源利用率和末端处置的安全性,是垃圾进行"三化"处理的前提。2017年3月18日,国务院办公厅转发国家发展改革委、住房城乡建设部《生活垃圾分类制度实施方案》,提出到2020年年底,基本建立垃圾分类相关法律法规和标准体系,形成可复制、可推广的生活固废处理模式,在实施生活垃圾强制分类的城市,使生活垃圾回收利用率达到35%以上。

垃圾分类是指将不同类型的垃圾分别收集、分类投放和分类处理,提高垃圾的资源价值和经济价值,减少垃圾处理量和处理设备的使用,降低处理成本,减少土地资源的消耗。积极推进垃圾分类工作有利于国家可持续发展。下面介绍几种典型的垃圾分类方法。

(1) 手工垃圾分类。

手工垃圾分类主要依靠环卫工人和居民自觉进行垃圾分类,将垃圾分为可回收物、有害垃圾、湿垃圾和干垃圾等不同种类。分类时,通常会设置专门的垃圾桶或回收站,对不同类型的垃圾分别进行收集和处理。这种系统的优点是实施成本较低,但需要依靠人工进行分类和处理,因此存在一定的主观性和不准确性。垃圾分类回收的垃圾桶有四种,如图18-1所示,分别为有害垃圾、可回收垃圾、其他垃圾、厨余垃圾。

另一种手工分拣方式借助于传送带持续传送生活垃圾,两侧站立多名垃圾分拣工人,用手对垃圾进行分拣,如图18-2所示。这种人工方式进行操作较单一的工作,导致工人工作量大、易于疲劳而工作效率低,且恶劣的工作环境对工人也会造成伤害。

(2) 机械垃圾分类。

机械垃圾分类系统是一种利用机械设备对垃圾进行分类和处理的系统。该系统通过在垃圾处理厂设置不同的机械设备,如磁选机、风选机、破碎机等,将垃圾分为不同的种类。在进行分类时,机械设备利用自身的物理或化学特性对垃圾进行筛选、分离和破碎等处理,将不同种类的垃圾分离开来。这种系统的优点是处理效率较高,但需要较高的设备投入和维护成本。

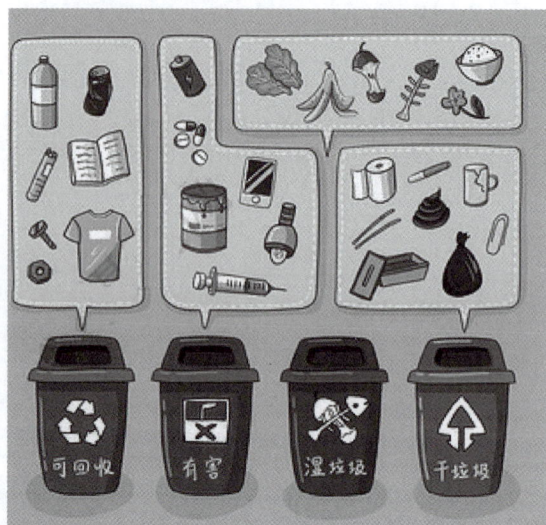

图 18-1　垃圾分类示意图

图 18-2　人工垃圾分拣图

（3）智能垃圾分类。

智能垃圾分类系统是一种利用物联网、大数据、人工智能等技术手段对垃圾进行分类处理的系统。2011 年，芬兰 ZenRobotics 公司研制出了一款机器人，将视觉传感器、金属探测器和质量测量仪安装在机器人的手臂上，通过将传感器、探测器所采集的综合数据作为反馈，从成堆的垃圾中分拣出可以回收利用的材料，如金属、混凝土、木材和塑料等，并进行分类，如图 18-3 所示。

德国 TITECH 公司研发了 TITECH Autosort 多功能分选系统，如图 18-4 所示。该系统的优势在于其利用 DUOLINE 扫描技术，一方面保证了系统可以探测目标物体的材质和颜色两方面重要信息，达到将目标物料从混合、单一等复杂环境中识别出来的目的；另一方面通过使用双线扫描技术，在保证高分辨率的基础上，增加了探测识别距离，降低了系统的环境条件苛刻程度，同时也为其他辅助系统的逐步扩展提供了可能。

图 18-3 ZenRobotics 公司的垃圾分拣机器人

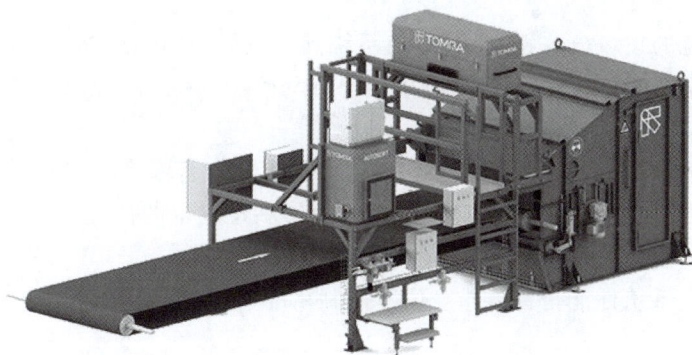

图 18-4 TITECH Autosort 多功能分选系统

上海交通大学中英国际低碳学院固体废弃物资源化技术与智能装备团队研发出超视觉垃圾分拣机器人,通过机器视觉中的三种主流识别传感系统(CCD 视觉、激光视觉、近红外视觉)相耦合,综合判断目标物体的外部特征(颜色、形状、纹理等)与内部特征(材质),达到对垃圾的精准定位与细分判别,利用无模型的超视觉技术,实现各品类、各形状、各表面材料的样品识别。

18.2 项目任务

本创新性实验的目标是设计一款基于直流电机和视觉传感器的垃圾分拣系统,该系统不仅涉及自动控制理论相关知识,还融合了图像处理、逻辑控制等内容,任务书仅设置最低要求,鼓励学生提出创新性的解决方案和更优性能。项目实施过程需要教师引导学生组成项目团队,充分发挥学生自组织、自学习能力,通过研究、讨论、交流等方式获得项目最终方案。

项目的总体任务要求是实现至少三种颜色垃圾块的识别与分拣,根据不同种类垃圾的识别结果实现对各种垃圾的自动分拣和处理,减轻人工分拣的负担,提高垃圾分类的效率和精度。给出的一种基础的解决方案如图 18-5 所示。系统执行的基本逻辑是:转停模块搭载垃圾传动到指定位置,通过相机模块识别垃圾的颜色,分拣模块根据识别的垃圾颜色进行不同方向的分类击打。

实验室提供的设备包括:2 台直流电机系统、1 个摄像头、1 个垃圾运输转盘等。学生可以自行设计和 3D 打印的产品,包括:击打模块摆杆、运输系统转盘等。

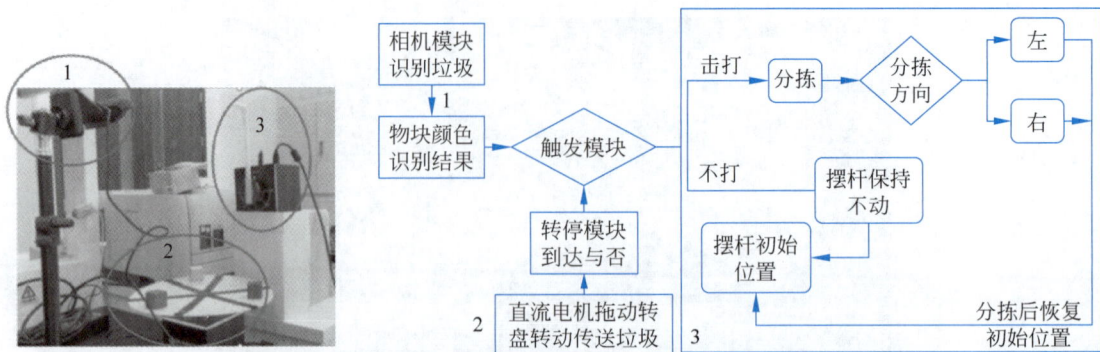

图 18-5　垃圾分拣系统实物及逻辑结构图
1—相机模块；2—转停模块；3—分拣模块

项目具体的任务要求如下。

(1) 搭建基于视觉的垃圾分拣系统结构,使系统满足垃圾识别和运输分拣的需求。

(2) 设计颜色识别算法,使该系统能准确识别和区分至少用颜色(红色、黄色和绿色)模拟的不同种类垃圾块。

(3) 设计垃圾运输系统控制算法,使系统完成垃圾系统的运输,既能够满足视觉识别系统的识别时间,又能够提高系统整体分拣效率,且运输系统能够满足一定的位置控制精度要求。

(4) 设计系统控制逻辑关系,使系统能够完成整体功能要求。

(5) 运输模块控制系统性能指标要求:位置控制精准(稳态误差小于 5%),转动平稳(超调量小于 10%),效率高。

(6) 调节系统参数,提高系统分拣效率并提升系统分拣正确率,通过计算 1min 内垃圾分拣数量和正确率,评估系统性能。

18.3　系统结构

根据项目任务书要求,可以将系统拆分为三个功能模块——垃圾运输(转停模块)、垃圾识别(相机模块)和垃圾分类(分拣模块),系统总体结构如图 18-6 所示。三个模块以触发模块为核心进行连接,在算法方面,需要设计运输系统转停控制算法、图像处理与颜色识别算法、逻辑控制算法、机械臂初态控制算法、机械臂击打控制算法等。

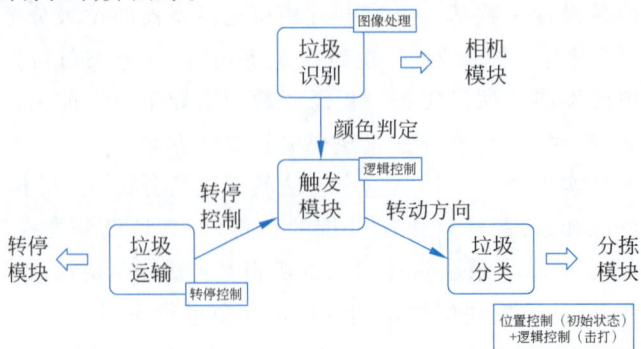

图 18-6　分拣系统总体结构

18.3.1 硬件设备选型

1. 直流电机系统

直流电机系统,如图 18-7 所示,该系统通过磁吸转轴搭载惯性圆盘,将圆盘取下后,可以设计其他硬件机械结构,并吸附于转轴上,完成复杂系统设计。在垃圾分拣系统中使用两台直流电机,一个用于转停模块设计,一个用于分拣模块设计。

2. 摄像头

摄像头的主要功能是将相机目标区域内的 RGB 值转换成 HSV 值,分别找到色块目标并计算区域中像素点的数量,最后根据像素点数量,识别对象的颜色特征,进而给出相应的信号来触发不同的操作。可选用一台海康威视 DS-E12 型 1080P 广角摄像头,其实物图如图 18-8 所示。

图 18-7 直流电机系统外观图   图 18-8 摄像头实物图

3. 机械结构

系统机械结构主要由联动杆、转盘、机械臂等组成,实验室提供基本的圆盘作为传输机构,如图 18-9 所示。学生也可以根据自己设计的系统整体方案,进行更具创新的机械结构,并利用 3D 打印进行创新实践。

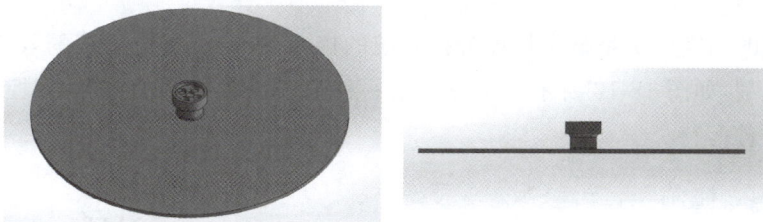

图 18-9 运输模块实物模型结构

4. 其他需要准备的材料

实验室还需要为学生提供一台安装好 MATLAB 和 QUARC 的电脑,为学生实验创造软件环境,并且为学生提供模拟不同垃圾的色块,以及手工操作需要的胶带、剪刀等设备,提醒学生注意操作安全。

18.3.2 系统软件模型

根据以上描述的系统硬件系统,设计系统控制软件模型,主要分为四部分:运输模块、分拣模块、相机模块和触发模块,系统整体结构如图 18-10 所示,请读者查看本书配套电子资源。

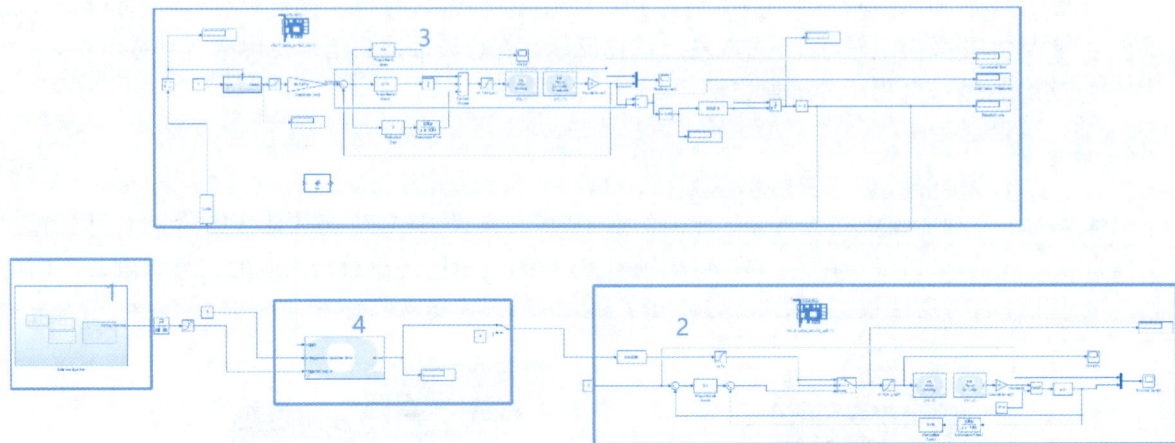

图 18-10　系统软件总体仿真模型

1—相机模块;2—分拣模块;3—运输模块;4—触发模块

本书提供的方案均为基本参考方案,可为学生提供基本的设计思路,学生可根据实际需求,设计系统软硬件结构。本书配套电子资源中提供了 3 种设计案例,均具有较强的创新性,为读者提供参考。

需要注意的是,在这个模型中,由于存在两个电机系统,在模型中需要同时拖入两组初始化板卡和输入输出模块,且输入输出模块的配置需要与两个初始化板卡关联,模型配置方式如图 18-11 所示,图中两组板卡(HIL-1 和 HIL-2)对应的输入输出模块在配置时在粗线框位置选择对应板卡。

1. 运输模块仿真模型

垃圾分拣系统的运输模块是整个垃圾分拣系统的核心,决定了整个系统的效率。本书给出的一种运输模块仿真模型,如图 18-12 所示。本方案是一种基于位置控制的"转-停"控制方法,电机带动圆盘每转过 60°,暂停等待 2s。

2. 分拣模块仿真模型

分拣模块实际上模拟了机械臂的结构,学生可以自行设计该结构。该模块有三种基本的工作状态:初始状态、向左击打状态和向右击打状态,其工作逻辑结构示意图如图 18-13 所示。在本书给出的基础方案中,选用了一个轻便的吸管粘贴在转盘上作为分拣模块,仿真模型也较为简单,能够实现基本的分拣目标,希望留给学生广阔的创新空间。

初始状态分拣模块处于垂直向上状态,由于吸管质量较轻,只需给恒为 0 的控制量即可;左/右击打状态实际由正/负给定电压决定电机正转或者反转,实现机械臂向两个方向击打垃圾物块。电

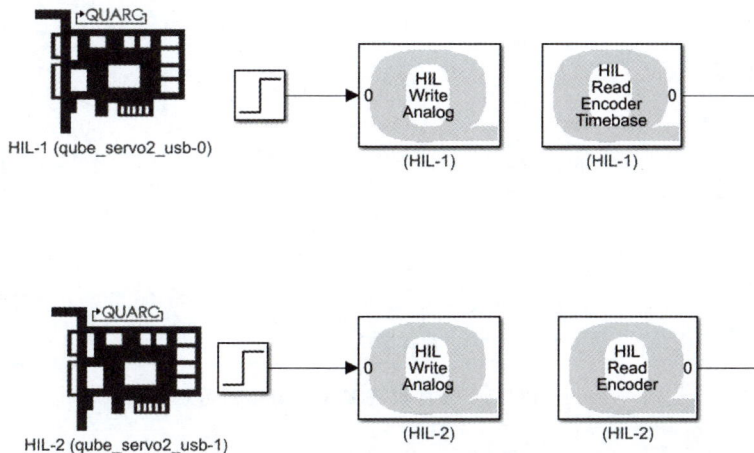

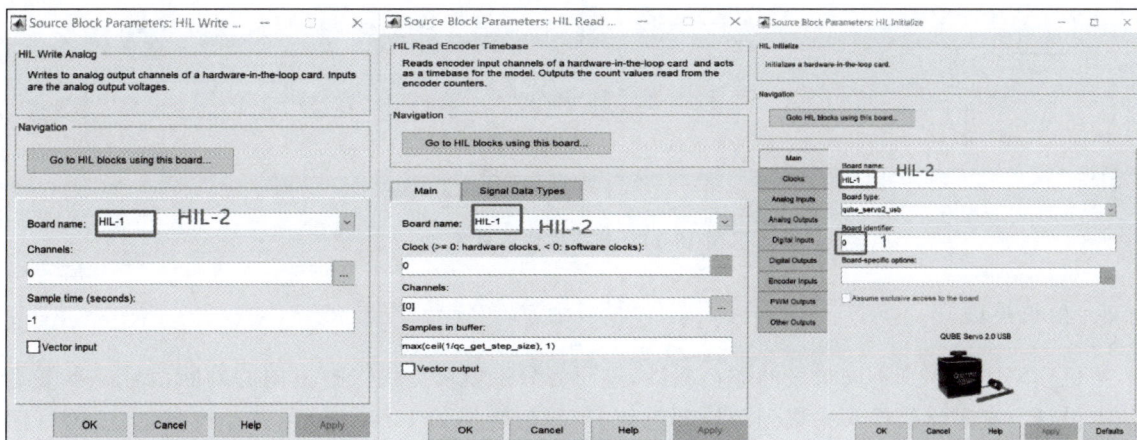

图 18-11　系统模型配置方式

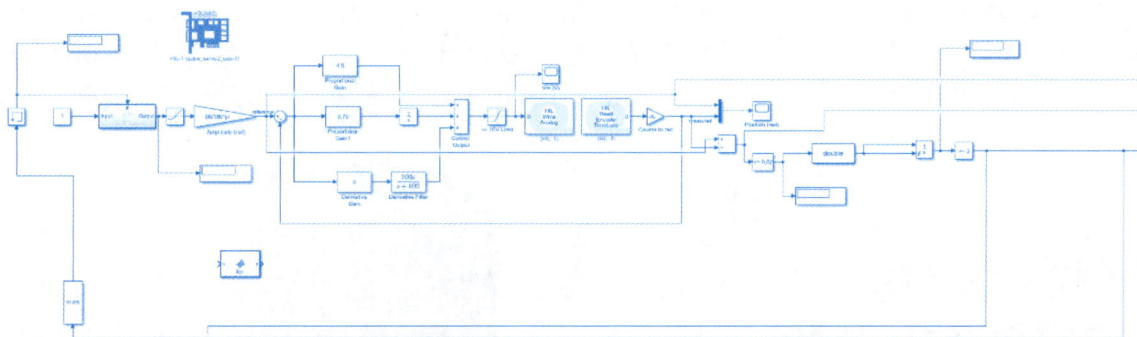

图 18-12　运输模块仿真模型

机给定电压的正/负由垃圾识别模块的判定结果经过处理后给出。分拣模块仿真模型如图 18-14
所示。

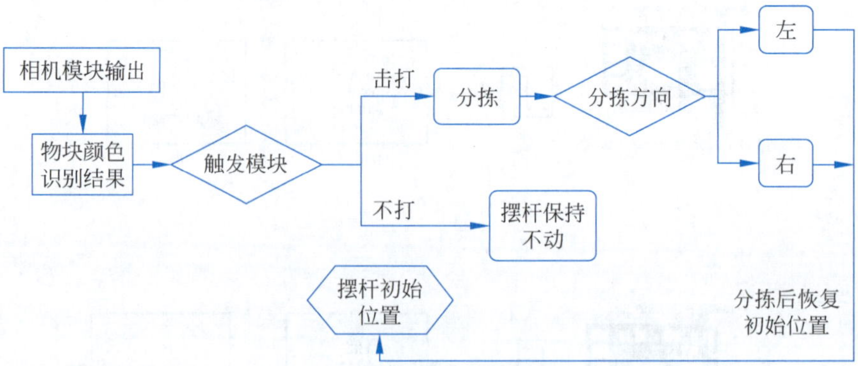

图 18-13　分拣模块工作逻辑结构示意图

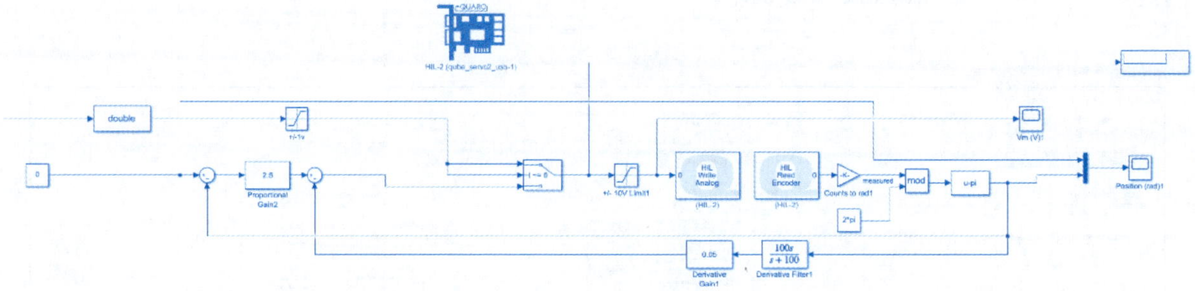

图 18-14　分拣模块仿真模型

3. 相机模块

相机模块用于识别不同垃圾的颜色属性,进而为分拣模块提供击打方向的判断信号。本书给出的基本设计方案是将摄像头采集到垃圾颜色的 RGB 值转换为 HSV 值,再去寻找黄色、红色目标并计算识别区域对应颜色像素点数量,通过对像素点数量进行运算得到一个确切的输出值,从而得到判定结果。

RGB 模型是一种最常用的三基色模型,一般电视、摄像机和彩色扫描仪都是根据 RGB 模型工作的。RGB 模型建立在笛卡儿坐标系里,三个坐标轴分别代表 R、G、B,原点对应黑色,离原点最远的顶点对应白色,如图 18-15 所示。RGB 模型基于光的加色,红光加绿光加蓝光等于白光。

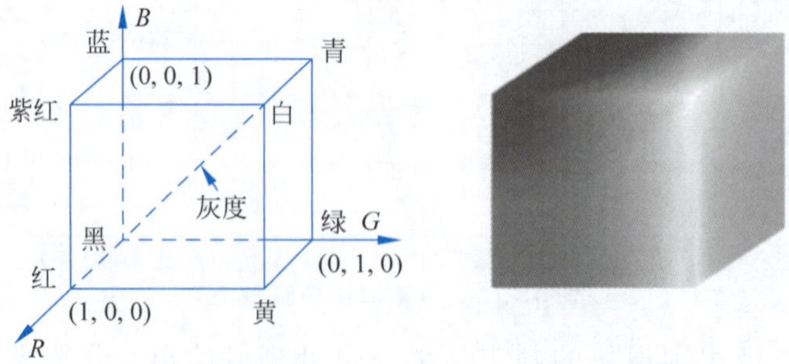

(a) RGB坐标示意图　　　　(b) 色彩显示

图 18-15　RGB 模型

HSV 模型是一种直观的颜色模型,是从 RGB 模型演化而来的,其中,H 代表 Hue(色调)表示色彩信息,即所处的光谱颜色的位置。该参数用一角度量来表示,取值范围为 0°~360°。若从红色开始按逆时针方向计算,红色为 0°,绿色为 120°,蓝色为 240°;S 代表 Saturation(饱和度),取值范围为 0.0~1.0;V 代表 Value(明度),取值范围为 0.0(黑色)~1.0(白色)。HSV 色彩空间模型如图 18-16 所示。

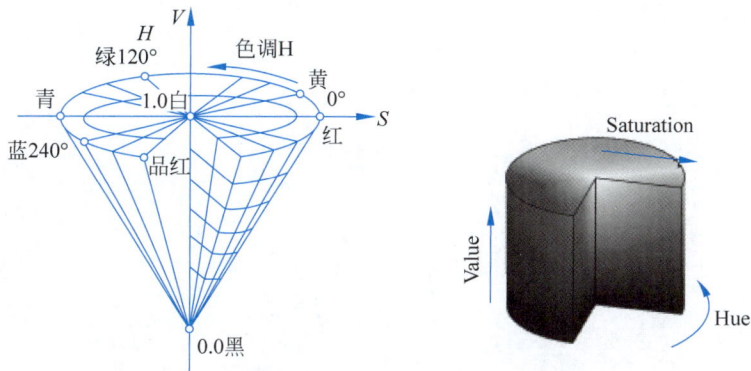

图 18-16 HSV 色彩空间模型

相比于 RGB 模型,HSV 模型更不容易受到光线强弱和反射面料材质的影响,更能在较复杂环境下对物体进行较为精确的颜色识别。RGB 模型是以原色组合的方式定义颜色,而 HSV 模型以人类更熟悉的方式封装了关于颜色的信息,即"这是什么颜色?深浅如何?明暗如何?"。

RGB 模型是可以转换为 HSV 模型的,设 (R,G,B) 分别是一个颜色的红、绿和蓝坐标,将其进行归一化,转换为值是 0 到 1 的 (R',G',B')。

$$\begin{cases} R' = R/255 \\ G' = G/255 \\ B' = B/255 \end{cases} \tag{18-1}$$

设 $C_{\max}$ 是其中的最大者,$C_{\min}$ 是其中的最小者。具体转换过程如下:

$$\begin{cases} C_{\max} = \max(R',G',B') \\ C_{\min} = \min(R',G',B') \end{cases} \tag{18-2}$$

$$\Delta = C_{\max} - C_{\min} \tag{18-3}$$

再将 (R',G',B') 值转换至对应的 H、S、V 值:

$$H = \begin{cases} 0, \Delta = 0 \\ 60 \times \left(\dfrac{G'-B'}{\Delta} \bmod 6\right), C_{\max} = R' \\ 60 \times \left(\dfrac{B'-R'}{\Delta} + 2\right), C_{\max} = G' \\ 60 \times \left(\dfrac{R'-G'}{\Delta} + 4\right), C_{\max} = B' \end{cases}, \quad S = \begin{cases} 0, C_{\max} = 0 \\ \dfrac{\Delta}{C_{\max}}, C_{\max} \neq 0 \end{cases}, \quad V = C_{\max} \tag{18-4}$$

为了测试 H、S、V 三个参数,可以根据图 18-17 中色彩空间初步判断色调范围,得到 H 的对应值。为获得 S 与 V 参数,将方块一角抵在桌面上,同时采集三个面的数据,以更加全面地获取物体的明度、饱和度信息特征。最后观察摄像头所呈现内容,调整各参数范围,得到黄色模块参数为 H:30~90、S:60~255、V:40~255;红色模块参数为 H:0~30、S:20~255、V:20~255。

相机模块仿真模型分为格式转换模块、黄色识别模块、红色识别模块及分类模块四部分,如

图 18-17 所示。模型中 1 为格式转换模块,主要功能为选择相机采集图像的目标区域,并将该区域图像由 RGB 格式转换为 HSV 格式。

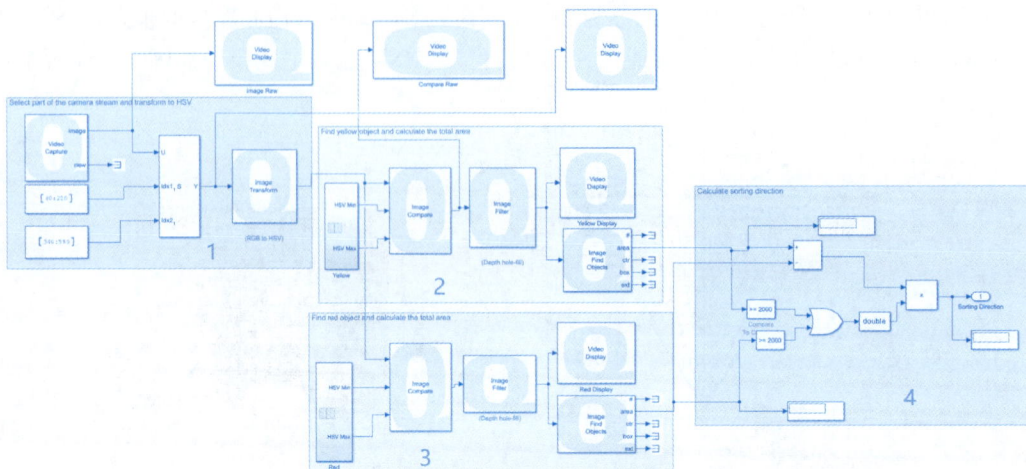

图 18-17　相机模块程序
1—格式转换模块;2—黄色识别模块;3—红色识别模块;4—计算分类模块

模型中 2、3 分别为黄色识别模块和红色识别模块,主要功能是找到黄色和红色目标并计算区域内像素点数量,该模块基于 HSV 色彩空间通过调节 H、S、V 的参数进行模型优化。参数设定如图 18-18 所示,左侧方框中的六个数值从上至下依次代表"色调下限阈值""色调上限阈值""饱和度下限阈值""饱和度上限阈值""明度下限阈值"和"明度上限阈值"。色调下限和上限阈值应根据识别色彩在 HSV 色彩空间中的位置设定,色调识别的范围不宜过大,否则可能会将其他颜色识别为目标颜色。饱和度下限和上限阈值的设定目的在于保证准确识别目标物体的同时不被环境中的其他颜色所干扰。明度下限和上限阈值设定目的在于保证相机模块能准确地捕捉物块各个面的颜色。通常情况下,相机视野中的物块会呈现亮面、灰面、暗面三种明度。如果不能完整地识别物块各个表面的颜色,可能导致计算出的黄色像素点数量不够,对颜色判定分类造成影响。

如图 18-17 所示的模型中 4 为分类模块,其主要功能是通过比较黄色识别模块和红色识别模块输出的像素数量实现颜色的判定。当黄色像素的个数大于 2000 时,分类模块输出 1;当红色像素的个数大于 2000 时,分类模块输出 −1。因此在实际运用中,应尽量避免红色与黄色的小方块同时出现在摄像头目标区域里的情况。

上述相机模块将拍摄的垃圾物块颜色识别后,传输给执行触发模块进行逻辑判定,由于相机采样频率和系统频率存在偏差,使用频率转换模块将频率统一,如图 18-19 所示。

4. 触发模块

触发模块 One Shot 是 QUARC 中自带的模块,可以在如图 18-20(a)中的位置找到。双击该模块,可以设置模块属性(如图 18-20(c)所示),其中,Pulse width 表示输出信号持续的时间。

One Shot 模块如图 18-20(b)所示,它具有三个输入端口和一个输出端口,在未触发时(触发信号 C 输入为低电平),输出端口的值等于输入端口 A;当触发信号 C 经高电平触发后,输出端口的值为输入端口 A 叠加输入端口 B 的值。对模块进行测试,可以得到如图 18-21 所示的波形(注意,测试时仿真模型在 External 模式下)。以 One Shot 模块为核心,可以构建垃圾分拣系统识别和击打之间的联动。

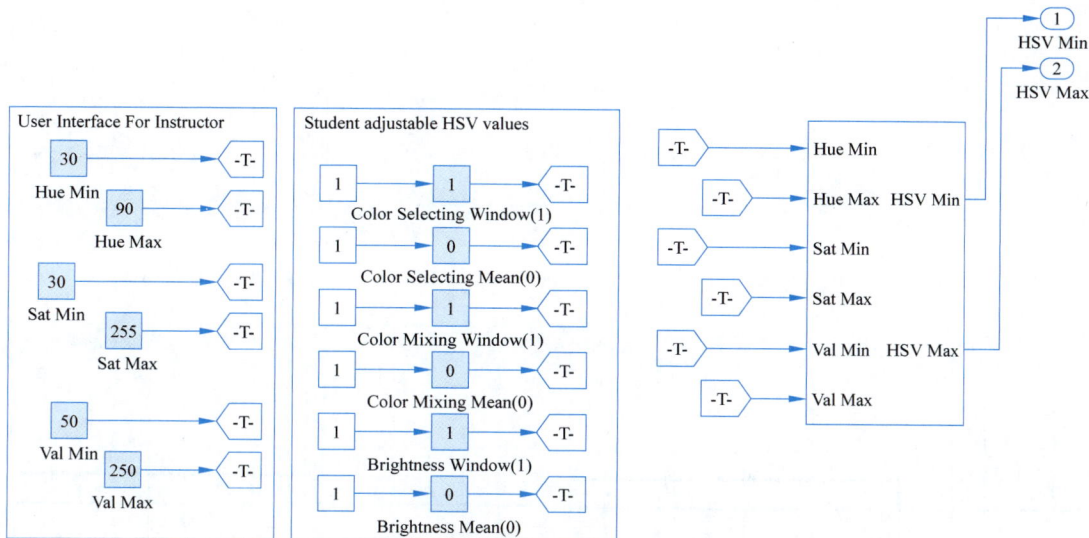

图 18-18　颜色识别模块参数设定

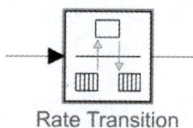

Rate Transition

图 18-19　频率转换模块

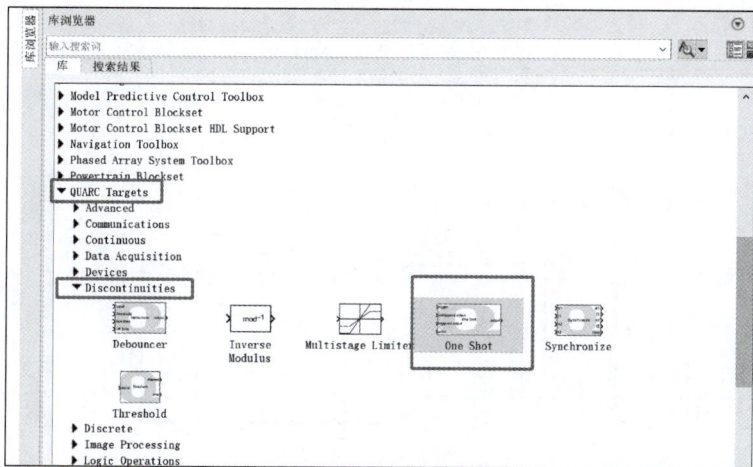

(a) One Shot模块位置

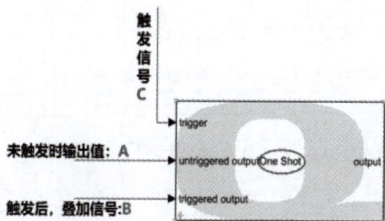

(b) One Shot模块输入输出含义　　(c) One Shot属性

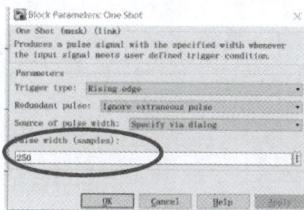

图 18-20　**One Shot 模块**

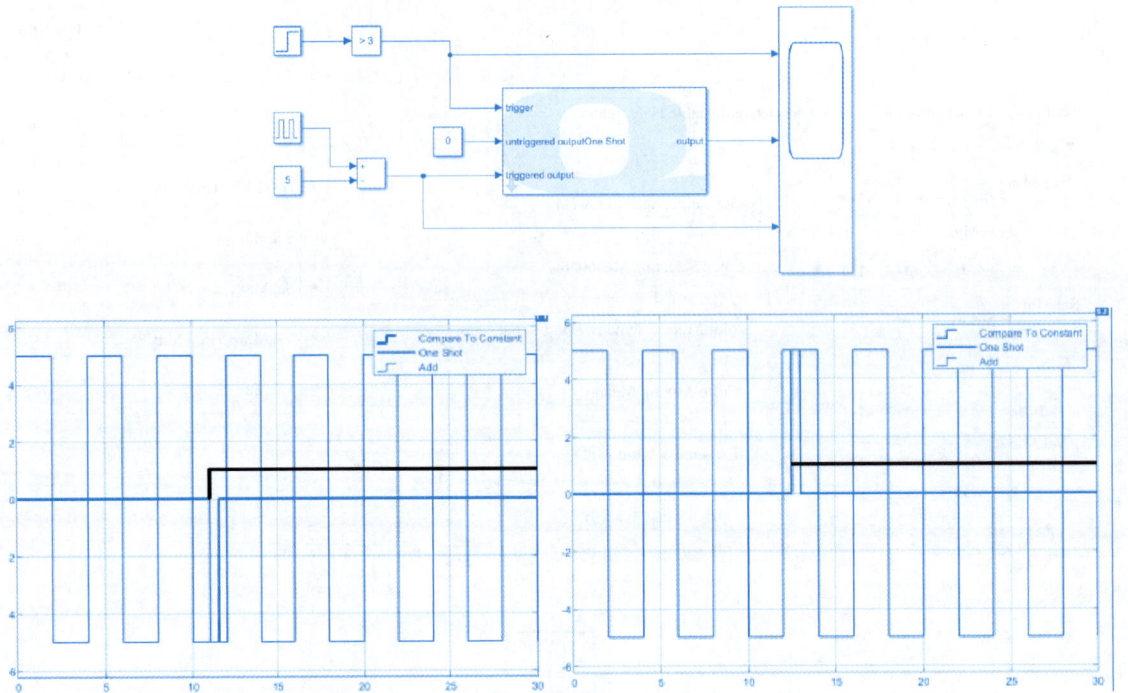

(a) 测试方案一 （$A=0$；$B=$阶跃信号；$C=$黑色触发信号）

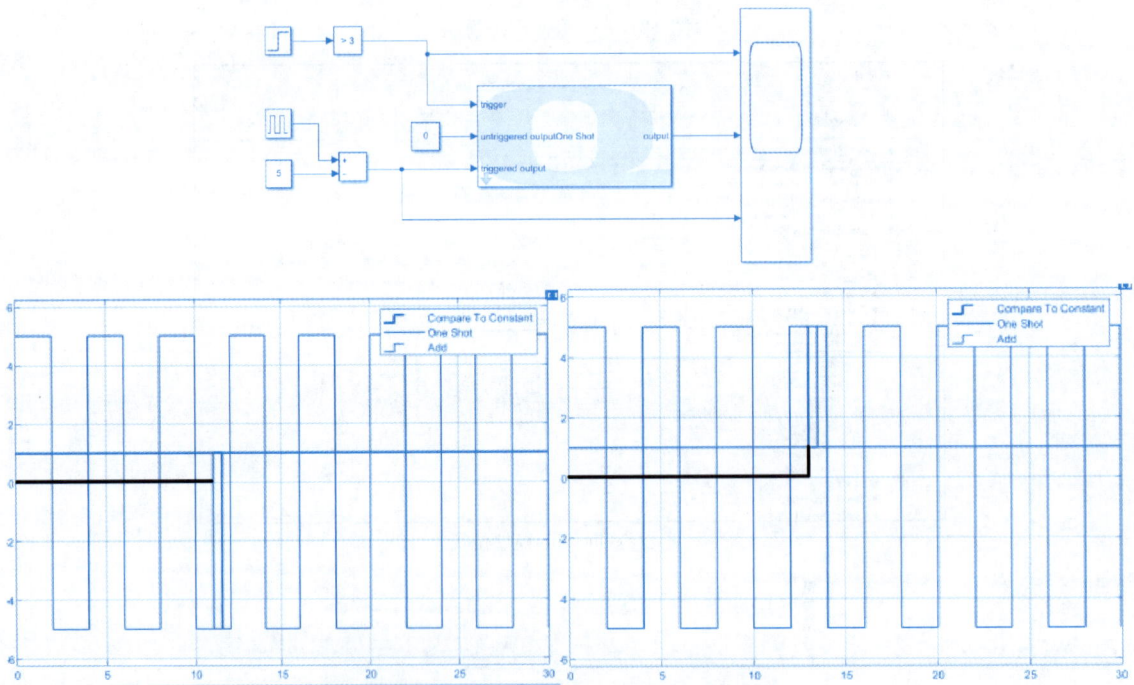

(b) 测试方案二 （$A=0$；$B=$阶跃信号；$C=$黑色触发信号）

图 18-21　One Shot 模块测试信号和输出波形

18.4 项目实施过程

18.4.1 项目制创新性实验参考流程

（1）组建团队，对项目总体任务进行理解，设计项目总体方案，根据项目总时间设计进度安排和人员分工。

（2）检查实验设备情况，包括电机系统、摄像头、转盘等，确保实验设备完好无损。

（3）根据项目总体方案和人员分工，分模块进行创新项目设计，定期研讨遇到的问题，注意项目进度管理，填写项目记录单。

（4）进行系统集成和优化调试，尽可能提高系统分拣效率。

（5）项目验收、展示汇报和项目报告撰写。

18.4.2 设计要点和创新点

（1）本书给出的基本方案仅作为参考，学生不必拘泥于此设计方案。

（2）电机系统可通过磁吸刚性连接轴搭载不同的机械结构，学生可以根据创意设计方案进行 3D 打印，连接轴的尺寸参数请读者查看本书配套电子资源。

（3）进一步优化相机模块结构，可以使垃圾分拣系统识别的垃圾颜色更加丰富。

读者也可以查看本书配套资源获取更多学生自主设计的优秀案例，希望能够给读者一定启发。

第19章 平衡球传递系统设计

19.1 项目背景

系统平衡控制是一类经典的控制问题,通过传感器对系统状态信息的采样和处理,输入控制算法计算得到精确控制量使被控对象保持稳定的平衡态。生活中经常可以看到各式各样的平衡控制系统,在人们出行乘坐的各种交通工具上,平衡控制系统被用于提高人们出行时的舒适度;在工业生产过程中,生产的产品质量和精度与生产机床的平衡稳定密不可分;在航空航天领域,平衡控制更是重中之重,火箭发射控制、飞行器姿态控制等都会用到平衡控制系统。常见的平衡控制系统有以下几种。

(1) 倒立摆小车:通过对小车运动方向和速度的控制,对小车上的摆杆进行平衡控制,确保摆杆只在一定角度范围内摆动,并最大限度地与水平方向保持垂直。

(2) 球杆系统:球杆系统是一种典型的非线性系统,它具有结构简单、便于观察的特点,是大学控制实验室里常见的实验设备。通过控制电机轴的转角,可以实现对横杆角度的控制以保持球的平衡。当前球杆系统的控制研究主要针对控制方法进行。传统控制方案主要是控制器设计和参数整定及优化;现代控制方法主要有自适应控制、智能控制及与常规控制方法结合。

(3) 自平衡小车:自平衡小车是一种不稳定的机器人,它是两轮并行布置的,工作原理与倒立摆相似,但是该系统需要在三种情况下保持动态平衡,包括静止、执行和转弯,因此该系统更复杂。

19.2 项目任务

本实验采用两台电机系统,1个摄像头,2个沟槽,1个小球(可选用乒乓球、塑料球、钢球等不同材质、不同密度属性的小球),设计基于视觉的平衡球传递系统实验,实现以下任务目标。

(1) 设计视觉检测方法,能够实时反馈小球的位置。

(2) 保持平衡。能够保证小球在单独1台电机沟槽上不滑落,设计控制器,分析比较控制算法和控制指标。

（3）小球传递。小球平衡后，设计控制方法使小球在两台电机控制的沟槽之间进行一次传递，系统性能根据 1min 内传递的次数评估。

平衡球传递系统预期成果模型示意图如图 19-1 所示。

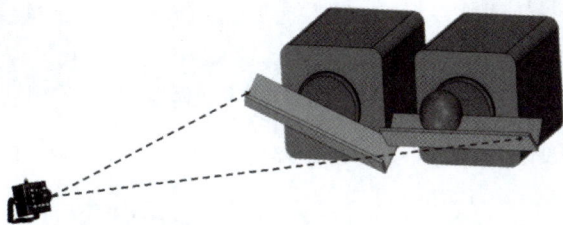

图 19-1　平衡球传递系统预期成果模型示意图

19.3　系统设计

以乒乓球为例给出系统的一种设计方案，供读者参考。具体内容请读者查看本书配套电子资源。

系统的主体部分采用两台直流电机系统，分别可以通过磁铁吸附的方式搭载一个沟槽，并可通过电机旋转带动沟槽旋转。在两台电机中间位置的正前方，放置一个摄像头，以摄像头正好能够完全捕捉两台电机为准。摄像头捕捉乒乓球在沟槽的位置，对图像进行处理后获得乒乓球的位置和速度曲线，之后对乒乓球的位置进行 LQR 控制，并将得到的控制量传递给直流电机，使电机旋转带动沟槽转动，使乒乓球达到平衡状态。电机伺服位置控制则采用了 PIV（比例-积分-速度）控制。在达到平衡状态后经过一定时间延时，将乒乓球从一台电机传递到另一台电机，并再次达到平衡状态。整个系统能在一定时间内多次重复上述过程，总体结构图如图 19-2 所示。

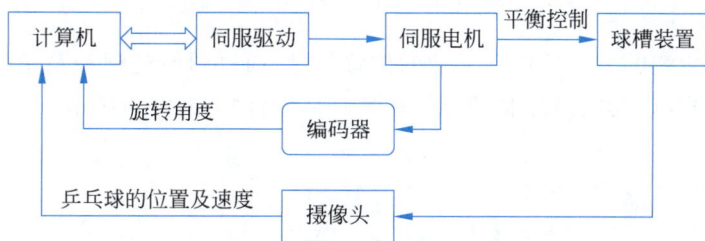

图 19-2　系统总体结构图

19.3.1　机械结构设计

系统选用乒乓球作为平衡传递对象，测量待传递的乒乓球尺寸，在 Solidworks 软件中设计了三种传递沟槽结构，如图 19-3 所示。方案一如图 19-3(a)所示，此方案中沟槽是 V 形槽，与电机相连一侧与水平面垂直，高度为 45mm，另一侧与水平面夹角为 30°，宽度为 40mm。方案二如图 19-3(b)所示，此方案中沟槽为 L 形槽，与电机相连一侧与水平面垂直，高度为 45mm，另一侧与水平面夹角为 3°，宽度为 43mm，并在末端加装了 3mm 高的挡板，用以防止乒乓球的意外掉落。方案三如图 19-3(c)所示，此方案中沟槽也是 L 形槽，与电机相连一侧与水平面垂直，高度为 45mm，但与方案二不同的是，另一侧与水平面夹角为 5°，宽度仅有 30mm。三种方案在侧面连接处均设计了与电机主轴磁铁块等尺寸的圆形凹槽,可嵌入小磁铁以保证沟槽与电机转轴的刚性连接,此处如图 19-3(d)所示。

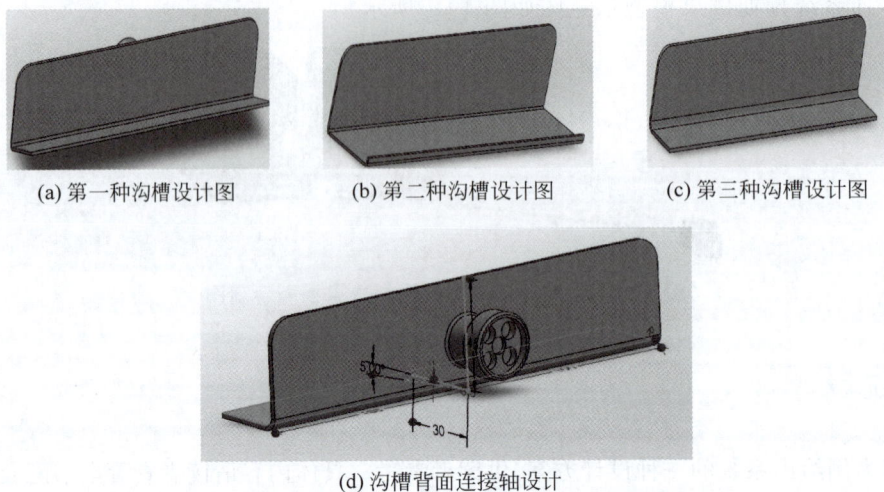

(a) 第一种沟槽设计图　　(b) 第二种沟槽设计图　　(c) 第三种沟槽设计图

(d) 沟槽背面连接轴设计

图 19-3　沟槽设计方案

传递的黄色乒乓球的直径是 40mm,质量约为 2.7g,可以计算其转动惯量为

$$J = \frac{2}{3}mr^2 \tag{19-1}$$

乒乓球转动惯量主要是用于球槽系统数学模型建立。

19.3.2　视觉位移检测模型

采用摄像头视觉检测的方法反馈乒乓球的位置信息,通过图像处理和数学计算等获得乒乓球位置变化曲线,并将其输入后续电机控制部分。模型具体设计如图 19-4 所示。

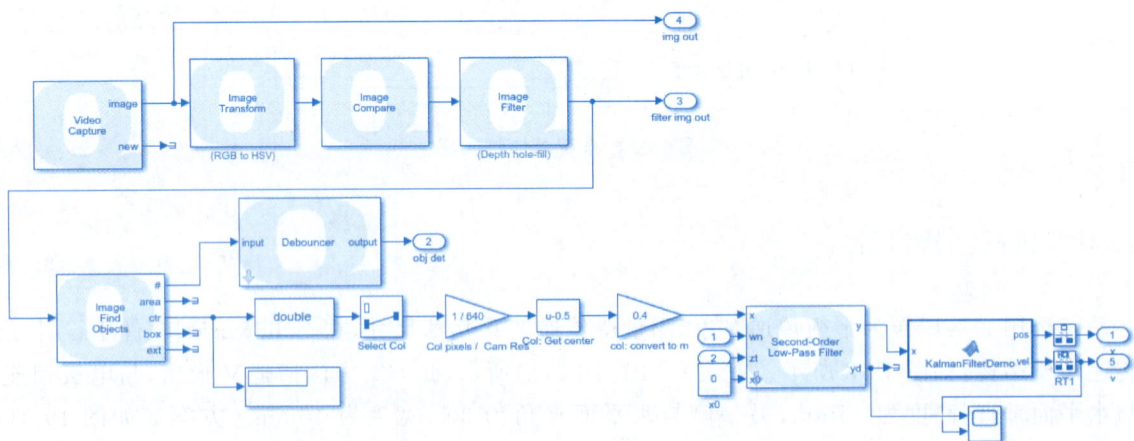

图 19-4　视觉检测部分模型图

(1) 图像捕捉与预处理。

首先调用 QUARC Targets 模块库中的 Video Capture 模块获取摄像头捕捉到的视频图像,图

像设置为 30 帧,图像显示窗口的长度和宽度分别为 640mm 和 480mm。将输出接到 Image Transform 模块,并将其设置为 RGB 转换为 HSV,选择用 HSV 色彩空间筛选像素点。继续将输出接到 Image Compare 模块,双击该模块并分别将色调(H)、饱和度(S)及明度(V)值的筛选范围设定为 25~40,120~255,200~255,确保能够筛选出所用乒乓球的黄色像素,并得到一个黑白图像。继续将输出接到 Image Filter 模块,对图像进行深度孔填充处理,经过前后对比发现乒乓球上面印刷的文字导致图像中代表乒乓球的白色圆有一些黑色小孔,经过深度孔填充后变成比较完整的白色圆。Image Find Object 模块能够获取目标在图像中的位置,可以看到它有多个输出,其中,"♯"输出代表在图像中捕捉到的目标的数量,ctr 输出能够输出目标对象在整个图像显示窗口当中的质心坐标,为方便观察,外接了一个 display 模块用以显示具体的质心坐标值。

(2)坐标系建立。

得到乒乓球质心坐标后,接下来经过一个选择模块,Select Col 表示从输入元素中选取列元素,也就是乒乓球质心位置的纵坐标。经过数据类型转换处理后,用此纵坐标值除以图像显示窗口的长度 640mm,即归一化处理得到一个 0 到 1 的值,减去 0.5 后得到一个 −0.5 到 0.5 的值。因为设计好的单个 3D 打印沟槽长度为 0.2m,两个沟槽挨着摆放总长度为 0.4m,将上一步得到的值乘以 0.4,得到乒乓球在以两个沟槽中点为原点的坐标系上的横坐标,经过后续二阶低通滤波器与卡尔曼滤波处理得到速度和位置曲线。系统坐标系建立模型如图 19-5 所示。

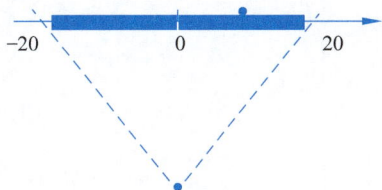

图 19-5 系统坐标系建立模型

(3)滤波和平滑处理。

二阶低通滤波器是一种基于频域的滤波器,通过去除高频噪声来平滑信号,但是在信号发生突变或者快速变化时,它的响应速度较慢,会导致输出出现较大的振荡和偏差。卡尔曼滤波器是一种基于状态空间模型的滤波器,不仅考虑了测量噪声,还考虑了状态变量的噪声,可以通过状态估计来预测未来状态,因此在信号发生突变或者快速变化时,它的响应速度比二阶低通滤波器更快,同时也能够更好地抑制噪声,使输出更加平滑。

在二阶低通滤波器的位置输出曲线后加入卡尔曼滤波环节,消除噪声和误差,对乒乓球位置和速度进行估计和预测,能更准确地反映乒乓球运动真实状态。最后,将计算的乒乓球位置和速度结果输出,得到卡尔曼滤波后的乒乓球位置和速度变化曲线,并进一步用于后续乒乓球位置控制。

19.3.3 单体平衡球控制系统设计

1. 数学模型

首先建立球槽模型,如图 19-6 所示。建立单个电机上球槽系统的模型,设乒乓球受到的重力为 mg,半径为 R,乒乓球中心到转动轴的距离为 r,沟槽与水平方向的夹角为 θ,沟槽受到的重力为 Mg,沟槽长为 L,乒乓球绕自身轴线旋转角度为 α,沟槽的转动惯量为 J_L,乒乓球的转动惯量为 J_b。

将系统看作二维空间相互约束的两个质点,选取

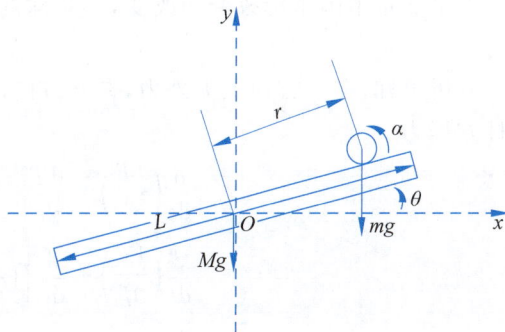

图 19-6 单台电机的球槽模型

θ 和 r 为广义坐标系,设乒乓球在直角坐标系中的位置坐标为 (x,y),与广义坐标之间的关系为

$$\begin{cases} x = r\cos\theta \\ y = r\sin\theta \end{cases} \tag{19-2}$$

分别求导得到速度关系为

$$\begin{cases} \dot{x} = \dot{r}\cos\theta - r\dot{\theta}\sin\theta \\ \dot{y} = \dot{r}\sin\theta + r\dot{\theta}\cos\theta \end{cases} \tag{19-3}$$

系统动能主要包括乒乓球沿沟槽方向运动的动能,乒乓球绕自身轴线旋转的动能和沟槽绕固定点旋转的动能三部分,分别为 T_1,T_2,T_3。

乒乓球沿沟槽方向运动的动能 T_1 为

$$T_1 = \frac{1}{2}m\left[(\dot{x})^2 + (\dot{y})^2\right] = \frac{1}{2}m\left[(\dot{r})^2 + (r\dot{\theta})^2\right] \tag{19-4}$$

乒乓球绕自身轴线旋转的角度为

$$\alpha = \frac{r}{R} \tag{19-5}$$

对时间求导得到角速度为

$$\dot{\alpha} = \frac{\dot{r}}{R} \tag{19-6}$$

乒乓球绕自身轴线旋转的动能 T_2 为

$$T_2 = \frac{1}{2}J_b\dot{\alpha}^2 = \frac{J_b}{2R^2}\dot{r}^2 \tag{19-7}$$

其中,$J_b = \frac{2}{3}mR^2$。

沟槽绕固定点转动的动能 T_3 为

$$T_3 = \frac{1}{2}J_L\dot{\theta}^2 \tag{19-8}$$

其中,$J_L = \frac{1}{12}mL^2$。

则系统的总动能为

$$T = T_1 + T_2 + T_3 = \frac{1}{2}m(\dot{r}^2 + r^2\dot{\theta}^2) + \frac{J_b}{2R^2}\dot{r}^2 + \frac{1}{2}J_L\dot{\theta}^2 \tag{19-9}$$

由于能量不因坐标改变而改变,乒乓球的势能为

$$V = mgr\sin\theta \tag{19-10}$$

分析可知,在 r 方向上无外力,在 θ 方向的作用力矩为沟槽的驱动力矩 τ,建立 r 方向上的拉格朗日方程为

$$\frac{\mathrm{d}}{\mathrm{d}t}\left(\frac{\partial T}{\partial \dot{r}}\right) - \frac{\partial T}{\partial r} + \frac{\partial V}{\partial r} = 0 \tag{19-11}$$

$$\frac{\mathrm{d}}{\mathrm{d}t}\left(\frac{\partial T}{\partial \dot{r}}\right) = \frac{\mathrm{d}}{\mathrm{d}t}\left[\left(m + \frac{J_b}{R^2}\right)\dot{r}\right] = \left(m + \frac{J_b}{R^2}\right)\ddot{r} \tag{19-12}$$

$$\frac{\partial T}{\partial r} = mr\dot{\theta}^2, \quad \frac{\partial V}{\partial r} = mg\sin\theta \tag{19-13}$$

简化之后得到：

$$\left(m + \frac{J_b}{R^2}\right)\ddot{r} + mg\sin\theta - mr\dot{\theta}^2 = 0 \tag{19-14}$$

θ 方向上的拉格朗日方程为

$$\frac{\mathrm{d}}{\mathrm{d}t}\left(\frac{\partial T}{\partial \dot{\theta}}\right) - \frac{\partial T}{\partial \theta} + \frac{\partial V}{\partial \theta} = \tau \tag{19-15}$$

$$\frac{\mathrm{d}}{\mathrm{d}t}\left(\frac{\partial T}{\partial \dot{\theta}}\right) = \frac{\mathrm{d}}{\mathrm{d}t}\left[(mr^2 + J_L)\dot{\theta}\right] = (mr^2 + J_L)\ddot{\theta} + 2mr\dot{r}\dot{\theta} \tag{19-16}$$

$$\frac{\partial T}{\partial \theta} = 0, \quad \frac{\partial V}{\partial \theta} = mgr\cos\theta \tag{19-17}$$

简化之后得到：

$$(mr^2 + J_L)\ddot{\theta} + 2mr\dot{r}\dot{\theta} + mgr\cos\theta = \tau \tag{19-18}$$

将式(19-14)和式(19-18)联立可得：

$$\ddot{r} = \frac{m}{m + \dfrac{J_b}{R^2}}(r\dot{\theta} - g\sin\theta) \tag{19-19}$$

$$\ddot{\theta} = \frac{-2mr\dot{r} - mgr\cos\theta}{mr^2 + J_L} + \frac{1}{mr^2 + J_L}\tau \tag{19-20}$$

当 θ 很小时，可近似认为 $\sin\theta \approx \theta, \dot{\theta} \approx 0, \dot{r} = d$，此时有：

$$\ddot{r} = -\frac{mg\theta}{m + \dfrac{J_b}{R^2}} \tag{19-21}$$

$$\ddot{\theta} = \frac{-mgr}{mr^2 + J_L} + \frac{1}{mr^2 + J_L}\tau \tag{19-22}$$

式(19-22)经过拉氏变换为

$$\frac{r(s)}{\theta(s)} = -\frac{mg}{\left(m + \dfrac{J_b}{R^2}\right)s^2} \tag{19-23}$$

系统以直流伺服电机作为动力，电机驱动转轴转动并带动沟槽转动，进而使乒乓球达到平衡状态，需要对直流电机建立模型。

根据基尔霍夫电压定律，首先得到电机的电气模型为

$$u_a = e_b + L_a \frac{\mathrm{d}i_a}{\mathrm{d}t} + R_a i_a \tag{19-24}$$

其中，u_a 表示直流电机的输入电压，e_b 表示电机转动过程中产生的反电动势，L_a 表示电机的电枢电感，i_a 表示电枢电流，R_a 表示电枢电阻。

定义如下：

$$e_b = K_b \frac{\mathrm{d}\theta}{\mathrm{d}t} \tag{19-25}$$

其中，K_b 为反电动势常数，θ 为电机旋转的角度。又因为直流电机转矩与电枢电流成正比。

$$T_m = K_m i_a \tag{19-26}$$

其中，T_m 为电机转矩，K_m 为电机扭矩常数。可以写出电机转矩平衡的方程为

$$b_0 \frac{d\theta}{dt} + J_0 \frac{d\theta}{dt} = T_m - T_L \tag{19-27}$$

其中，b_0 表示电机转轴上的摩擦力，J_0 表示电机转动惯量，T_L 表示负载转矩。由于直流电机电枢电感 L_a 较小，可以将其忽略，联立式(19-24)~式(19-27)可以得到：

$$b_0 \dot{\theta} + J_0 \dot{\theta} = \frac{K_m (u_a - K_b \dot{\theta})}{R_a} - T_L \tag{19-28}$$

将式(19-28)简化得到：

$$K_m u_a = R_a J_0 \ddot{\theta} + (R_a b_0 + K_m K_b) \dot{\theta} + R_a T_L \tag{19-29}$$

忽略负载转矩 T_L，得到直流电机输入电压 u_a 与转轴转动角度 θ 的开环传递函数为

$$\frac{\theta(s)}{u_a(s)} = \frac{K_m}{R_a J_0 s^2 + (R_a b_0 + K_m K_b) s} \tag{19-30}$$

可以将式(19-30)写为

$$G_{u\theta} = \frac{K}{s(Ts+1)} \tag{19-31}$$

其中，$K = \dfrac{K_m}{R_a b_0 + K_m K_b}$，$T = \dfrac{R_a J_0}{R_a b_0 + K_m K_b}$。

观察式(19-30)，可以发现直流电机输入电压 u_a 与转轴转动角度 θ 的开环传递函数当中包含一个积分项。通常情况下，直流电机的 R_a 和 J_0 都比较小，因此式(19-31)中的 T 也很小，所以直流电机可以被简化成一个积分环节。

2. 控制器设计

一个线性定常连续系统的状态空间描述包括两部分：状态方程和输出方程。

状态方程(输入维度为 r，状态维度为 n，输出维度为 m)描述了系统下一个状态与当前行为之间的关系，即

$$\dot{x}(t) = Ax(t) + Bu(t) \tag{19-32}$$

其中，A 是 $n \times n$ 的常系数矩阵，称为系统矩阵；B 是 $n \times r$ 的常系数矩阵，称为控制矩阵。A 和 B 都是由系统自身的参数决定的。u 是输入量，x 是状态量。

输出方程表示为

$$y(t) = Cx(t) + Du(t) \tag{19-33}$$

其中，C 是 $m \times n$ 的常系数矩阵，称为输出矩阵，它表示输出变量与状态变量之间的关系；D 是 $m \times r$ 的常系数矩阵，称为直接转移矩阵，它表示输入变量通过矩阵 D 直接转移到输出。

因此，对于线性定常连续系统，其状态空间描述形式为

$$\begin{cases} \dot{x}(t) = Ax(t) + Bu(t) \\ y(t) = Cx(t) + Du(t) \end{cases} \tag{19-34}$$

在已知状态空间描述方程的基础上，设计一个状态反馈控制器，增加反馈环节 K，使闭环系统能够满足我们期望的系统性能。

$$u(t) = r(t) - Kx(t) \tag{19-35}$$

一般直接取 $u = -Kx$。将式(19-35)代入式(19-33),得到闭环系统状态空间描述为

$$\begin{cases} \dot{x}(t) = (A - BK)x(t) + Br(t) \\ y(t) = (C - DK)x(t) + Dr(t) \end{cases} \tag{19-36}$$

全状态反馈控制器的描述框图如图 19-7 所示。

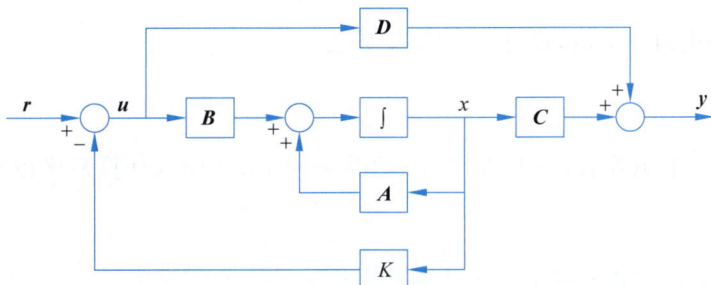

图 19-7　全状态反馈控制器的描述框图

采用 LQR 控制算法对乒乓球位置进行控制,利用状态空间方程形式计算状态转移矩阵与控制矩阵,设计其他参数并在 Simulink 搭建控制器模型。单台电机的球槽模型如图 19-6 所示。

在单台电机的球槽系统中,乒乓球相对沟槽中心的距离 r 和电机转角 θ 之间的关系为

$$\frac{r(s)}{\theta(s)} = -\frac{mg}{\left(m + \dfrac{J_b}{R^2}\right)s^2} \tag{19-37}$$

将式(19-1)代入式(19-37),即将乒乓球的转动惯量 $J_b = 2/3mR^2$ 代入,可以得到:

$$\frac{r(s)}{\theta(s)} = -\frac{6}{s^2} \tag{19-38}$$

转换为状态空间方程模型,已知:

$$\begin{cases} \dot{x} = Ax + Bu \\ y = Cx + Du \end{cases} \tag{19-39}$$

令

$$\begin{cases} x_1 = r(s) \\ x_2 = \dot{r}(s) = sr(s) \end{cases} \tag{19-40}$$

其中,x_1 表示乒乓球位置,x_2 表示乒乓球速度。构建状态方程如下:

$$\begin{cases} \dot{x}_1 = x_2 \\ \dot{x}_2 = \ddot{r}(s) = s^2 r(s) \end{cases} \tag{19-41}$$

将式(19-38)代入式(19-41)中,可以得到:

$$\dot{x} = \begin{bmatrix} \dot{x}_1 \\ \dot{x}_2 \end{bmatrix} = \begin{bmatrix} x_2 \\ -6\theta \end{bmatrix} \tag{19-42}$$

令 $u = 6\theta(s)$,则有:

$$\begin{bmatrix} \dot{x}_1 \\ \dot{x}_2 \end{bmatrix} = \begin{bmatrix} 0 & 1 \\ 0 & 0 \end{bmatrix} \begin{bmatrix} x_1 \\ x_2 \end{bmatrix} + \begin{bmatrix} 0 \\ -1 \end{bmatrix} u \tag{19-43}$$

状态转移矩阵 A 和控制矩阵 B 可以表示为

$$\boldsymbol{A} = \begin{bmatrix} 0 & 1 \\ 0 & 0 \end{bmatrix}, \quad \boldsymbol{B} = \begin{bmatrix} 0 \\ -1 \end{bmatrix} \tag{19-44}$$

设计状态反馈控制器 $\boldsymbol{u} = -\boldsymbol{K}\boldsymbol{x}$，定义代价函数为

$$J = \int_0^\infty (\boldsymbol{x}^{\mathrm{T}}\boldsymbol{Q}\boldsymbol{x} + \boldsymbol{u}^{\mathrm{T}}\boldsymbol{R}\boldsymbol{u})\mathrm{d}t \tag{19-45}$$

为了使代价函数达到极小值，设计 $\boldsymbol{Q}$ 和 $\boldsymbol{R}$ 矩阵为

$$\boldsymbol{Q} = \begin{bmatrix} 1 & 0 \\ 0 & 100 \end{bmatrix}, \quad \boldsymbol{R} = [0.2] \tag{19-46}$$

得到 $\boldsymbol{A}, \boldsymbol{B}, \boldsymbol{Q}, \boldsymbol{R}$ 4 个矩阵后，在 MATLAB 直接调用 LQR 函数计算最优控制时的 K 值，代码形式为

```
K = lqr(A,B,Q,R)
```

根据计算的 K 值在 Simulink 搭建 LQR 控制器，图 19-8 是经过子系统封装后的乒乓球位置 LQR 控制模型，内部具体结构如图 19-9 所示。其中，pos 表示乒乓球位置曲线，与图 19-4 卡尔曼滤波后的位置输出 1 相接；v 表示乒乓球速度曲线，与图 19-4 卡尔曼滤波后的速度输出 5 相接；ref 表示参考平衡位置，即沟槽中点位置，是一个常量。

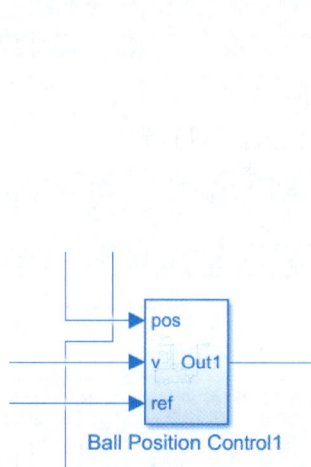

图 19-8　乒乓球位置控制　　　　　　　图 19-9　LQR 控制器内部结构

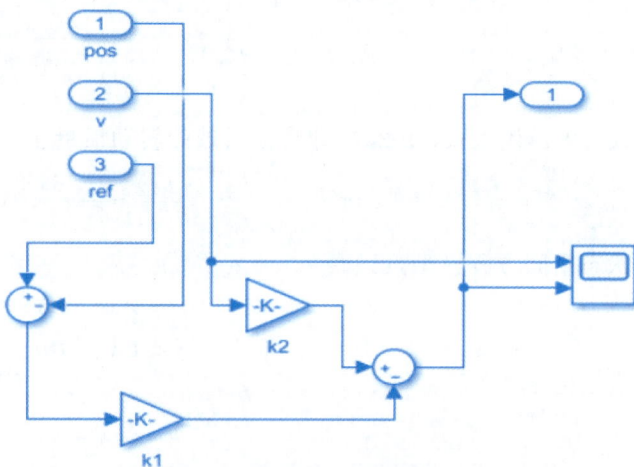

根据以上分析，设计直流电机伺服位置控制器。直接调用 QUARC Targets 模块库中的 PIV Controller 模块，双击该模块，在打开的界面中将 controller type 即控制器类型设置为 PIV 控制器，经整定后的参数 K_p、K_i 及 K_v，也一并填入模块面中。

将 LQR 控制器的输出作为 PIV 控制器的参考输入，输出电压经过电压限幅，其值设置为 $\pm 10\mathrm{V}$，输入 QUBE-Servo2 系统。由 HIL Write Analog 模块将电压输出给电机控制电机转动，通过 HIL Read Encoder 模块读取电机编码器参数，再经过比例模块设置编码器计数值转换角度系数 $(2\pi/512/4)$，即可完成数据采集和读取，并将读取的值作为反馈输入 PIV 控制器中。直流电机控制及电机输入输出模型如图 19-10 和图 19-11 所示。

电机的编码器采用的是单端光学同轴编码器，用于测量 QUBE-Servo2 中直流电机和摆的转角位置。编码器的分辨率为 512 线/转，但在四倍频模式下工作会上升为 2048 线/转，即每转一圈

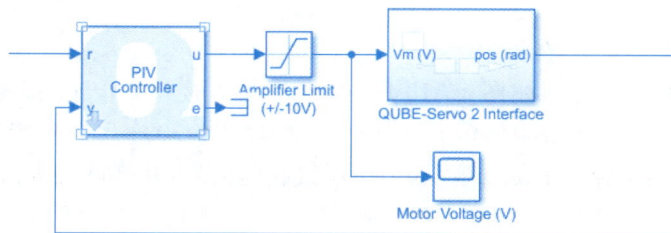

图 19-10　直流电机控制

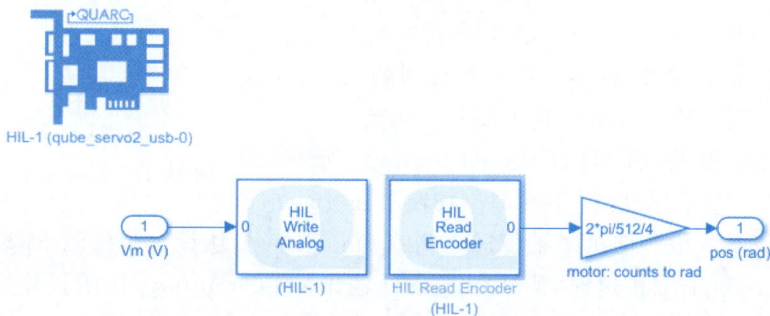

图 19-11　直流电机输入输出

输出 $4 \times 512 = 2048$ 个脉冲,要将读取到的编码器计数值转换为弧度值,就需要将其除以 2048,再乘以上一圈的弧度值 2π。

19.3.4　传递协作机制设计

在设计传递协作模型时,首先介绍两个 QUARC Targets 模块库中的模块,它们是 Debouncer 模块和 One Shot 模块,分别用于判断乒乓球处于正或负半轴和检测传递时刻。

1. 正负半轴位置判断

Debouncer 模块判断乒乓球正负位置如图 19-12 所示,它能够确定开关信号的开关状态,双击该模块,可以在打开的界面设置一个阈值,也可以设置上升时间和下降时间等参数。当输入信号保持在预设的阈值以上并超过上升时间时,开关打开,输出为 1;当输入信号保持在预设的阈值以下并超过下降时间时,开关关闭,输出为 0。

在实际使用时,将它作为判断乒乓球位置处于正半轴还是负半轴的依据。将其阈值设置为 0,上升时间与下降时间也设置为 0 确保快速响应。本系统中有两台电机分别在正半轴和负半轴位置,将乒乓球位置曲线的一支直接接入判断正半轴位置的 Debouncer 模块;另一支再乘以−1 的增益后接入判断负半轴位置的 Debouncer 模块,以保证当乒乓球位于负半轴即位置小于 0 时,Debouncer 模块的输出为 1,便于后续设计逻辑控制。两个 Debouncer 模块的输出再分别与对应半轴的单电机平衡控制系统相接。

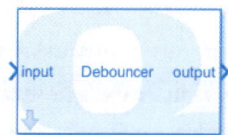

图 19-12　Debouncer 模块判断
乒乓球正负位置

2. 传递时刻检测

One Shot 模块检测传递时刻如图 19-13 所示，模块输入接口 trigger 接触发信号，untriggered output 接未触发时的输出，triggered output 接触发时的输出。当输入信号满足设计者定义的触发条件时，One Shot 模块就会输出 triggered output 所接收的信号，并且可对该信号进行脉冲宽度的设置；当输入信号未满足设计者定义的触发条件时，One Shot 模块就会输出 untriggered output 所接收的信号。

在实际使用时，有正负半轴两台电机，因此调用两个 One Shot 模块，且两个模块的 trigger 均接作为参考平衡位置输入的阶跃信号。其中，负责检测向正半轴传递时刻的 One Shot 设置为检测上升沿，当阶跃信号由负到正即乒乓球要向正半轴传递时，满足触发条件输出 triggered output 所接输入 -0.1745，也就是 $-10°$ 的弧度值；其余时刻均输出 untriggered

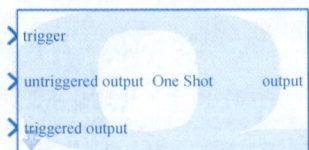

图 19-13　One Shot 模块检测传递时刻

output 所接输入 0。负责检测向负半轴传递时刻的 One Shot 模块设置为检测下降沿，当阶跃信号由正到负即乒乓球要向负半轴传递时，满足触发条件输出 triggered output 所接输入 0.1745，也就是 $10°$ 的弧度值；其余时刻均输出 untriggered output 所接输入 0。

19.3.5　平衡球传递系统控制器设计

传递协作及控制部分整体模型如图 19-14 所示，根据系统整体功能，可分为 8 个模块，包括：视觉检测模块、正半轴电机平衡控制模块、负半轴电机平衡控制模块、阶跃信号模块和 4 个传递控制模块。下面分别对其进行介绍。

视觉检测模块是整个控制系统的环境感知部分，有 3 个输出，其中 x 表示乒乓球位置曲线，v 表示乒乓球速度曲线，obj det 表示是否检测到目标对象（检测到时输出为 1，未检测到时输出为 0），用于后续传递协作和平衡控制中。

控制系统运行的流程：调整两台电机的沟槽保持水平，当程序开始运行时，乒乓球还未被放置到沟槽中，因此视觉检测模型的 obj det 输出为 0，可以看到，该输出首先与两个 Debouncer 模块的输出相与，并将结果分别输出到选择开关 Multiport Switch。该开关的作用是当控制信号为 1 时，输出是标号为 1 的输入口的信号；当控制信号为 0 时，输出是标号为 0 的输入口的信号。此时由于 obj det 输出为 0，则相与结果为 0，那么四个选择开关的输出就是标号为 0 的输入口的信号。靠左侧两个选择开关标号为 0 的输入口的信号接 Constant，即常量模块，值为 0。因此，中间两个 One Shot 模块的 triggered output 与 untriggered output 所接输入均为 0，输出一直为 0。那么，右侧两个选择开关的输出也为 0，作为电机参考平衡伺服位置输入 PIV 控制器中，使电机保持初始平衡位置，沟槽不发生转动。

阶跃信号的具体设置是幅值为 10，频率为 0.05Hz，即周期为 20s，这满足 10s 传递一次的设计要求。当阶跃信号的幅值为 10 时，意味着乒乓球应该在右侧正半轴电机沟槽上靠近参考平衡位置达到平衡。此时将乒乓球放到右侧电机沟槽上的任意位置，视觉检测模型的 obj det 输出会变为 1。又因为乒乓球位置为正，那么上面判断正半轴位置的 Debouncer 模块输出为 1，下面检测负半轴位置的 Debouncer 模块输出为 0。负半轴的 Debouncer 模块输出与 obj det 相与仍为 0，左侧负半轴电机保

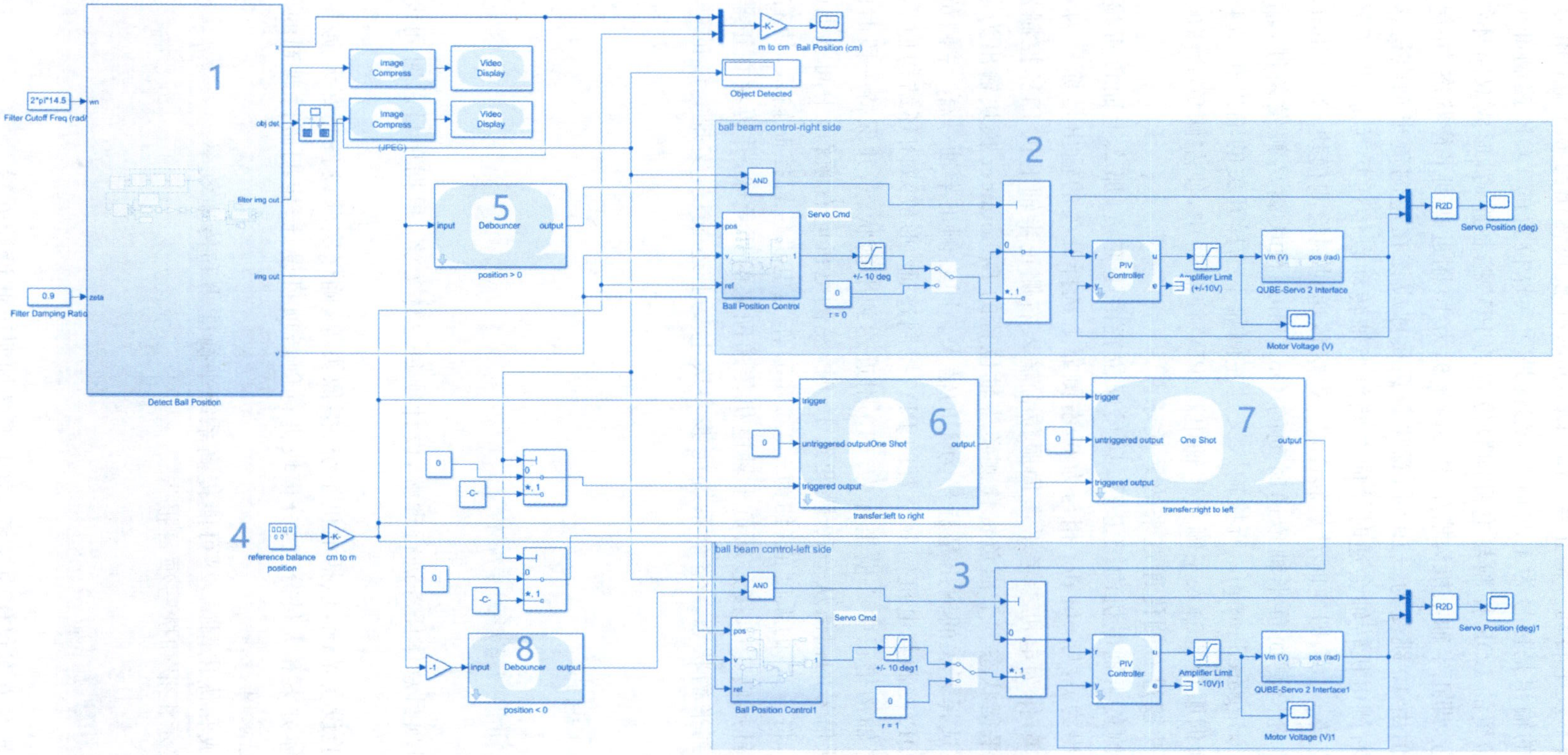

图 19-14 传递协作及控制部分整体模型

1—视觉检测模块；2—正半轴电机平衡控制模块；3—负半轴电机平衡控制模块；
4—阶跃信号模块；5、6、7、8—传递控制模块

持初始平衡位置，沟槽不发生转动。而正半轴的 Debouncer 模块输出与 obj det 相与结果为 1，此时右侧靠上的选择开关的输出是标号为 1 的输入，也就是乒乓球位置的 LQR 控制部分。右侧正半轴单台电机系统乒乓球位置的 LQR 控制与电机伺服位置的 PIV 控制连通，形成双闭环结构使乒乓球处在预设的参考平衡位置，即正半轴电机沟槽正中心横坐标为 10 附近达到平衡状态，并保持一段时间。

当阶跃信号的幅值由 10 跳变为 −10 时，意味着乒乓球应该在左侧负半轴电机沟槽上靠近平衡位置达到平衡。此时右侧电机转轴会逆时针向左侧负半轴转动以传递乒乓球，由于转动角度存在限幅，右侧的沟槽最多旋转 −10°，即逆时针旋转 10°。观察传递时刻检测模块 One Shot，由于此时是下降沿触发信号，下面负责检测向负半轴传递时刻的 One Shot 模块满足触发条件，输出为 triggered output 所接输入。而 triggered output 所接输入又是左侧靠下选择开关的输出 0.1745，即 10° 的弧度值，作为电机参考平衡伺服位置输入左侧负半轴电机 PIV 控制器中，使左侧负半轴电机旋转 10°，即顺时针旋转 10°，并成功接过右侧传递过来的乒乓球。

乒乓球传递到左侧负半轴电机沟槽上后，乒乓球位置由正变负，那么上面负责检测正半轴位置的 Debouncer 模块输出为 0，与 obj det 相与为 0，右侧靠上选择开关的输出是标号为 0 的输入，而标号为 0 的输入是常量 0，作为电机参考平衡伺服位置输入右侧正半轴电机 PIV 控制器中，使右侧正半轴电机回到初始的平衡状态。下面负责检测负半轴位置的 Debouncer 模块输出为 1，与 obj det 相与结果为 1，右侧靠下选择开关的输出是标号为 1 的输入。同右侧正半轴一样，左侧负半轴单台电机系统乒乓球位置的 LQR 控制与电机伺服位置的 PIV 控制连通，形成双闭环结构使乒乓球在预设的参考平衡位置，即负半轴沟槽正中心横坐标为 −10 附近达到平衡状态，并保持一段时间。

以此类推，当阶跃信号的幅值从 −10 跳变到 10 时，左侧电机向右倾斜，中间靠上的 One Shot 模块受上升沿信号触发，将 −10° 的弧度值（约为 −0.1745）作为电机位置控制输入，使右侧正半轴电机向左旋转 10°，即逆时针旋转 10°，接过从负半轴电机传递回来的乒乓球，并再次在正半轴电机沟槽上参考平衡位置附近达到平衡状态。整个系统能够多次重复上述过程，实现完整的平衡球传递系统功能。

19.4　项目实施过程

19.4.1　项目制创新性实验参考流程

（1）组建团队，对项目总体任务进行理解，设计项目总体方案，根据项目总时间设计进度安排和人员分工。

（2）检查调试实验设备情况，包括电机系统、摄像头等，确保实验设备完好无损。

（3）根据项目总体方案和人员分工，分模块进行创新项目设计，定期研讨遇到的问题，注意项目进度管理，填写项目记录单。

（4）进行系统集成和优化调试，尽可能提高系统平衡能力和传递效率。

（5）项目验收、展示汇报和撰写项目报告。

19.4.2　设计要点和创新点

（1）本书给出的基本方案仅作为参考，学生不必拘泥于此设计方案。

（2）本书给出的案例是最容易控制的乒乓球，学生可以改变小球的属性或平衡沟槽的表面属性，探索不同被控对象参数对控制器设计的影响。

（3）本书给出的控制算法为经典的 LQR 和 PID 方法，学生可以设计其他控制策略和控制方案，达到更优的控制效果。

（4）进行干扰测试，如在平衡球传递过程，当乒乓球达到平衡时轻轻拨动球，观察并记录其再次平衡状态及后续传递过程。

项目制创新性实验区别于一般实验，能够进一步培养学生的团队合作能力、沟通表达能力、终身学习能力和项目管理能力。本书设计的创新性实验记录单可以在配套电子资源中获取，能够帮助学生对项目实施过程中涉及的人员管理、进度管理和经费管理进行记录和分析。同时，对于项目制创新性实验的评价体系更为复杂，给出了一种包含主观客观的评价方式，供选用此方案的老师、学生参考。

读者可在本书电子资源中获取创新性实验记录单、创新性实验评价体系表。